工程软件数控加工自动编程经典实例

UG NX 8.5 数控加工自动编程经典实例

第3版

钟平福　编著

机 械 工 业 出 版 社

本书共分7章，详细介绍了UG NX 8.5的铣削加工方法、参数设置、加工工艺等，实例以考证或技能竞赛试题为主，从简单的单面体加工到双面体配合件加工，再由曲面类零件加工到多轴零件加工。为了提高读者的实际操作能力，本书还介绍了SINUMERIK 802D与FANUC 0i-MD加工中心机床操作。书中对每一章的重点和难点做了详尽解析，可帮助读者尽快掌握UG NX软件的编程方法与技巧。为方便读者学习和巩固知识，本书配有书中实例源文件、操作方法的AVI演示动画的光盘。

本书可供数控技术应用专业学生和从事数控加工的技术人员学习参考。

图书在版编目（CIP）数据

UG NX 8.5数控加工自动编程经典实例/钟平福编著. —3版.
—北京：机械工业出版社，2019.7
工程软件数控加工自动编程经典实例
ISBN 978-7-111-63091-3

Ⅰ.①U… Ⅱ.①钟… Ⅲ.①数控机床—加工—计算机辅助设计
—应用软件 Ⅳ.①TG659-39

中国版本图书馆CIP数据核字（2019）第131350号

机械工业出版社（北京市百万庄大街22号 邮政编码100037）
策划编辑：周国萍　　责任编辑：周国萍
责任校对：梁　静　　封面设计：马精明
责任印制：孙　炜

河北宝昌佳彩印刷有限公司印刷

2019年9月第3版第1次印刷
184mm×260mm · 11.25印张 · 264千字
000 1—3 000册
标准书号：ISBN 978-7-111-63091-3
　　　　　ISBN 978-7-89386-217-5（光盘）
定价：45.00元（含1DVD）

电话服务　　网络服务
客服电话：010-88361066　　机 工 官 网：www.cmpbook.com
　　　　　010-88379833　　机 工 官 博：weibo.com/cmp1952
　　　　　010-68326294　　金 书 网：www.golden-book.com
封底无防伪标均为盗版　　机工教育服务网：www.cmpedu.com

前　言

CAD/CAM（计算机辅助设计与制造）技术是现代信息技术与传统机械设计制造技术相结合的一个典型范例，是先进制造技术的重要组成部分。运用这项技术，可以大大缩短企业的产品开发周期、改善产品质量、提高工作效率，提高企业的竞争力。

Unigraphics（简称 UG）是一套集 CAD/CAE/CAM 于一体的三维参数化软件，也是当今世界上最先进的计算机辅助设计、分析和制造软件之一，同时也是目前在我国应用最广泛、最具代表性的 CAD/CAM/CAE 软件之一，广泛应用于航天航空、汽车、机械、模具和家用电器等工业领域。

本书内容

本书详细介绍了 UG NX 8.5 CAM 数控铣加工模块。全书共分 7 章，第 1 章介绍 UG NX 8.5 概述与通用设置；第 2 章介绍 UG NX 8.5 常用编程方法；第 3 章介绍数控加工中心的基本操作；第 4 章介绍典型单面零件编程；第 5 章介绍典型双面零件编程；第 6 章介绍典型曲面类零件编程；第 7 章介绍典型多轴零件编程。

本书实例介绍由浅入深，从易到难，各章节既相互独立又前后关联。在介绍过程中，编著者根据自己多年的经验，以最易懂的讲解帮助读者快速掌握所学知识。

本书特色

- 实例典型

本书的实例均为一些技能竞赛或考证题，有代表性，可帮助读者快速掌握考证的方法，提高自身技能。

- 适用性强

本书先分析各产品的线框构造思路，然后以步骤 1、步骤 2 的方式进行讲解，读者根据书中的步骤就能很快地上机操作，掌握操作技能。

配书光盘使用说明

为了方便读者学习和巩固知识，本书配有光盘，含书中所有实例的源文件、操作方法的 AVI 演示动画（带语音讲解），望读者能够参考方法及讲解过程，达到举一反三的学习效果。

本书的编写得到了深圳第二高级技工学校领导的大力支持和帮助，同时也得到了许多同行和机械工业出版社的大力支持与帮助，在此一并表示衷心的感谢。最后特别感谢唐英女士的点滴支持与帮助。

由于编著者理论与实践经验有限，且时间仓促，书中难免有错误和欠妥之处，恳请广大专家和读者批评指正，以便以后改进。

编著者

目　录

第1章　UG NX 8.5概述与通用设置

UG是Unigraphics的缩写，它是一个交互式CAD/CAM（计算机辅助设计与计算机辅助制造）系统，功能强大，可以轻松实现各种复杂实体及造型的建构。它在诞生之初主要基于工作站，但随着PC硬件的发展和个人用户的迅速增长，在PC上的应用取得了迅猛的增长。

UG的开发始于1969年，它是基于C语言开发实现的。UG的目标是用最新的数学技术，即自适应局部网格加密、多重网格和并行计算，为复杂应用问题的求解提供一个灵活的可再使用的软件基础。来自SIEMENS PLM的UG NX使企业能够通过新一代数字化产品开发系统实现向产品全生命周期管理转型的目标。UG NX包含了企业中应用最广泛的集成应用套件，用于产品设计、工程和制造全范围的开发过程。

1.1　UG NX 8.5新功能概述

2012年10月SIEMENS PLM Software发布了UG NX 8.5版本。虽然已发布了UG NX 12版本，但UG NX 8.5仍然是目前市面上应用最广泛的版本。此版本相比以前版本有很多功能得到了提升。

1.1.1　设计功能增强

在设计环境中，为特征建模、自由曲面建模、同步技术以及包括可视化和用户交互在内的核心功能提供了重要的功能增强。

1．特征建模的增强

- 在两个体之间创建合并时，可以选择要保留和舍弃的区域。此增强功能很大程度上降低了针对复杂形状的工作量。
- 可从分型面形成拔模面。此增强功能避免了对分型面的选择，并大大减少了创建铸件或模塑部件的步骤。
- 强大的凸起体功能，支持在薄壁组件上创建凸起区域。
- 选择圆角边等几何体的自动“通透显示”样式，可更便捷地实现此功能结果的可视化。

2．自由曲面建模的增强

- 可以通过存储于文本文件中的点数据生成曲线和曲面。
- 增强的X成形和整体变形功能，允许以最轻松的方式设计复杂的形状。

3．制图和文档的增强

- 关联视图布局可确保在图纸页上移动的视图能够在移动后，相对于彼此正确定位。
- 轻量级图纸视图可加快创建和注释包含大型装配的图纸，并提高其内存。

1.1.2 制造功能增强

UG NX 8.5 制造功能的增强，提高了生成制造数据时的生产力。UG NX 8.5 大大提高了机械、航空、医疗和模型以及凹模行业的部件制造生产力。凭借新的加工工序、更广泛的刀轨控制以及更简单的自动编程方式，可以节省编程和部件加工的时间。要闭合质量环路，可以直接在 UG NX 中创建 CMM 检测程序并分析结果。通过全新的刀具库和 CAM 数据管理功能，可以节省加工刀具的成本，并在 NC 编程到加工的过程中使用正确的数据。

此外，UG NX 8.5 加工功能还包括：

- 新的粗加工工序选项，可提升加工涡轮和多叶片部件的效率。通过加深开槽运动的深度，可为粗加工工序分配更高的进给率或更深的深度。具有交互式握柄的动态刀轴控制允许在拖动刀具的过程中查看整个机床装配，以查看如何针对任何刀具位置定位机床。碰撞和机床轴限制将高亮显示。
- 包含新接触点控制的侧刃铣或侧面铣，可在需要 5 轴策略的复杂部件上减少刀路，并产生较好的表面质量，而该 5 轴策略使用端铣的侧面进行切削。通过使刀尖定位于通过接触点，可在每次进刀时移除更多的材料，从而让刀具尖头更尖，并延长刀具使用寿命。
- 增强的 UG NX CAM 刀具加工库支持更广的刀具定义，其中包括刀具加工设备和夹持器。它还包括可加快机床仿真设置的关联信息，例如腔体指派、安装点和可视预览等。

1.2 UG NX 8.5 的 CAM 典型编程流程

UG NX 8.5 CAM 典型编程流程操作如图 1-1 所示。

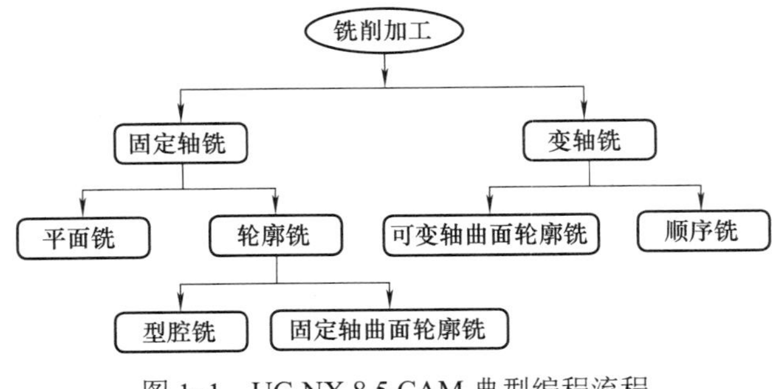

图 1-1 UG NX 8.5 CAM 典型编程流程

1.2.1 获取 CAD 模型

可直接利用 UG 建模功能建立 CAD 模型，还可以利用其他三维软件建立（如 Pro/E、Solid Edge 等）并经过文件的转档而获取。

1.2.2 加工工艺分析和规划

数控加工程序编制简称数控编程。数控编程由编程员或工艺员完成。加工零件之前，必须将零件的全部工艺过程、工艺参数和位移数据等进行拟定，其过程与常规工艺路线拟定过程相似，数控加工工艺路线的设计，需先找出零件所有的加工表面并逐一确定各表面的加工方法，其每一步相当于一个工步，然后将所有工步内容按一定原则排列成先后顺序。

接着确定哪些相邻工步可以划为一个工序，即进行工序的划分。最后再将所需的其他工序如常规工序、辅助工序、热处理工序等插入，衔接于数控加工工序序列之中，就得到了要求的工艺路线。数控加工的工艺路线设计与普通机床加工的常规工艺路线拟定的区别，主要在于它仅是几道数控加工工艺过程的概括，而不是指从毛坯到成品的整个工艺过程。由于数控加工工序一般均穿插于零件加工的整个工艺过程之中，因此在工艺路线设计中，一定要兼顾常规工序的安排，使之与整个工艺过程协调吻合。

1. 工序的划分

在数控机床上加工的零件，一般按工序集中原则划分工序。划分方法如下：

（1）按安装次数划分工序　以一次安装完成的那一部分工艺过程为一道工序。该方法一般适合于加工内容不多的工件，加工完毕就能达到待检状态。

（2）按所用刀具划分工序　以同一把刀具完成的那一部分工艺过程为一道工序。这种方法适用于工件的待加工表面较多，机床连续工作时间过长，加工程序的编制和检查难度较大等情况。在专用数控机床和加工中心上常用这种方法。

（3）按粗、精加工划分工序　考虑工件的加工精度要求、刚度和变形等因素来划分工序时，可按粗、精加工分开的原则来划分工序，即以粗加工中完成的那部分工艺过程为一道工序，精加工中完成的那部分工艺过程为另一道工序。一般来说，在一次安装中不允许将工件的某一表面粗、精不分地加工至精度要求后再加工工件的其他表面。

（4）按加工部位划分工序　以完成相同型面的那一部分工艺过程为一道工序。有些零件加工表面多而复杂，构成零件轮廓的表面结构差异较大，可按其结构特点（如内型、外形、曲面或平面等）划分成多道工序。

综上所述，在划分工序时，一定要视零件的结构与工艺性、机床的功能、零件数控加工内容的多少、安装次数以及生产组织等实际情况灵活掌握。

2. 加工顺序的安排

加工顺序安排得合理与否，将直接影响到零件的加工质量、生产率和加工成本。应根据零件的结构和毛坯状况，结合定位及夹紧的需要综合考虑，重点应保证工件的刚度不被破坏，尽量减少变形，同时还应遵循下列原则：

1）尽量使工件的装夹次数、工作台转动次数、刀具更换次数及所有空行程时间减至最少，提高加工精度和生产率。

2）先内后外原则，即先进行内型内腔加工，后进行外形加工。

3）为了及时发现毛坯的内在缺陷，精度要求较高的主要表面的粗加工一般应安排在次要表面粗加工之前；大表面加工时，因内应力和热变形对工件影响较大，一般也需先加工。

4）在同一次安装中进行的多个工步，应先安排对工件刚性破坏较小的工步。

5）为了提高机床的使用效率，在保证加工质量的前提下，可将粗加工和半精加工合为一道工序。

6）加工中容易损伤的表面（如螺纹等），应放在加工路线的后面。

3. 数控加工工序与普通工序的衔接

这里所说的普通工序是指常规的加工工序、热处理工序和检验等辅助工序。数控工序前后一般都穿插其他普通工序，若衔接不好就容易产生矛盾。较好的解决办法是建立工序间的相互状态联系，在工艺文件中做到互审会签。例如是否预留加工余量，留多少、定位基准的要求、零件的热处理等，这些问题都需要前后衔接，统筹兼顾。

4. 工件的定位与夹紧方案

工件的定位，粗基准方案的确定应遵循以下原则：相互位置要求原则；加工余量合理分配原则；重要表面原则；不重复使用原则；便于装夹原则。

精基准的选择原则：基准重合原则；基准统一原则；自为基准原则；互为基准反复加工原则；便于装夹原则。

辅助基准：辅助基准是为了便于装夹或易于实现基准统一而人为制成的一种定位基准。

工件的夹紧：夹紧装置由力源部分和夹紧机构两个基本部分组成。

夹紧力方向的确定：夹紧力的作用方向应垂直指向主要定位基准，应使所需夹紧力尽可能小，应使工件变形尽可能小。夹紧力作用点的选择：应施加于工件刚性较好的部位上，应尽量靠近工件加工面，应落在定位元件的支承范围内。夹紧力的大小：一般按静力平衡原理，计算所需的理论夹紧力，乘上安全系数即为实际所需夹紧力。

5. 铣削刀具的选择

铣刀主要参数的选择：选择铣刀时要根据不同的加工材料和加工精度要求，选择不同参数的铣刀进行加工。数控铣床上使用最多的是可转位面铣刀和立铣刀，下面重点介绍面铣刀和立铣刀参数的选择。

（1）面铣刀主要参数的选择　标准可转位面铣刀直径为 16 ～ 630mm，应根据侧吃刀量选择适当的铣刀直径（一般比切宽大 20% ～ 50%），尽量包容工件整个加工宽度，以提高加工精度和效率，减小相邻两次进给之间的接刀痕迹和保证铣刀的寿命。粗铣时，铣刀直径要大些，因为粗铣切削力大，选小直径铣刀会减小切削扭矩。精铣时，铣刀直径也要大些，尽量包容工件整个加工宽度，以提高加工精度和效率，并减小相邻两次进给之间的接刀痕迹。

（2）立铣刀主要参数的选择　立铣刀的有关参数，推荐按下述经验数据选取。

- 刀具半径 R 应小于零件内轮廓面的最小曲率半径 ρ，一般取 $R=(0.8 \sim 0.9)\rho$。
- 零件的加工高度 $H \leqslant (1/6 \sim 1/4)R$，以保证刀具有足够的刚度。
- 对不通孔（深槽），选取 $L=H+5 \sim 10$mm（L 为刀具切削部分长度，H 为零件高度）。
- 加工外形及通槽时，选取 $L=H+r+5 \sim 10$mm（r 为刀尖半径）。
- 粗加工内轮廓面时，铣刀最大直径 $D_{粗}$ 可按下式计算：

$$D_{粗}=2(\delta\sin\theta/2-\delta_1)/(1-\sin\theta/2)+D$$

式中，D—轮廓的最小凹圆角直径；

δ—圆角邻边夹角等分线上的槽加工余量；

δ_1—精加工余量；

θ—圆角两邻边的夹角。

- 加工肋时，刀具直径 $D=(5 \sim 10)b$，其中 b 为肋的厚度。

技巧提示：刀具的选择要注意考虑：切削性能好，精度高，可靠性高，寿命长，断屑及排屑性能好。

6．切削用量的选择

切削用量包括切削速度、进给速度、背吃刀量和侧吃刀量。从刀具寿命出发，切削用量的选择方法是：先选取背吃刀量或侧吃刀量，其次确定进给速度，最后确定切削速度。

（1）背吃刀量（端铣）或侧吃刀量（圆周铣）　背吃刀量和侧吃刀量的选取主要由加工余量和对表面质量的要求决定。

- 在工件表面粗糙度值要求为 *Ra*12.5～25μm 时，如果圆周铣削的加工余量小于 5mm，端铣的加工余量小于 6mm，粗铣一次进给就可以达到要求。但在余量较大、工艺系统刚性较差或机床动力不足时，可分两次进给完成。
- 在工件表面粗糙度值要求为 *Ra*3.2～12.5μm 时，可分粗铣和半精铣两步进行，粗铣时背吃刀量或侧吃刀量选取不同，粗铣后留 0.5～1.0mm 余量，在半精铣时切除。
- 在工件表面粗糙度值要求为 *Ra*0.8～3.2μm 时，可分粗铣、半精铣、精铣三步进行。半精铣时背吃刀量或侧吃刀量取 1.5～2.0mm，精铣时圆周铣侧吃刀量取 0.3～0.5mm，面铣背吃刀量取 0.5～1mm。

（2）进给速度　进给速度 v_f 是单位时间内工件与铣刀沿进给方向的相对位移，单位为 mm/min。它与铣刀转速 n、铣刀齿数 z 及每齿进给量 f_z（单位为 mm/z）的关系式为：

$$v_f=f_z zn$$

（3）切削速度　铣削的切削速度计算公式为 $v_c=\pi Dn/1000$，其中 n 为主轴转速，D 为刀具直径。

1.2.3　填写程序单

CNC 程序单见表 1-1 所示。

表 1-1　CNC 程序单　（单位：mm）

CNC 程序加工单				加 工 简 图		
模具编号	01	编程日期	2017-1-10			
加工编号	02	跟模组长				
加工内容	铣型腔	编程人员				
加工数量	1 件	测量部位				
加工尺寸	230×190×40	测量尺寸				
对刀位置	顶为 0					
序　号	刀　具	方　法	刀　长	加 工 深 度	加 工 余 量	备　注
T1	D12	粗铣	5	-15	0.5	
T2	D6	粗铣	5	-15	0.5	
T3	D4R2	半精	5	-15	0.3	

1.3　工序导航器与父节点

工序导航器具有 4 个用来创建和管理 NC 程序的分级视图。每个视图都根据视图主题（工序在程序中的顺序、所用工具、加工的几何体或所用的加工方法）组织相同的工序集。

当工序导航器位于资源条上时，左上角会有一个图钉图标，单击此图钉，可以固定工序导航器，如图 1-2 所示。

工序导航器可以通过编辑、剪切、复制、删除或重命名等操作来管理复杂的编程刀路选项。熟练应用工序导航器的操作功能，不仅能提高编程速度，还能提高编程刀路的质量和链接性。在工序导航器中任意选择某一对象，右击，系统将弹出编辑菜单。用户可以根据个人的需要选择对应的对象进行编辑和修改，如图 1-3 所示。

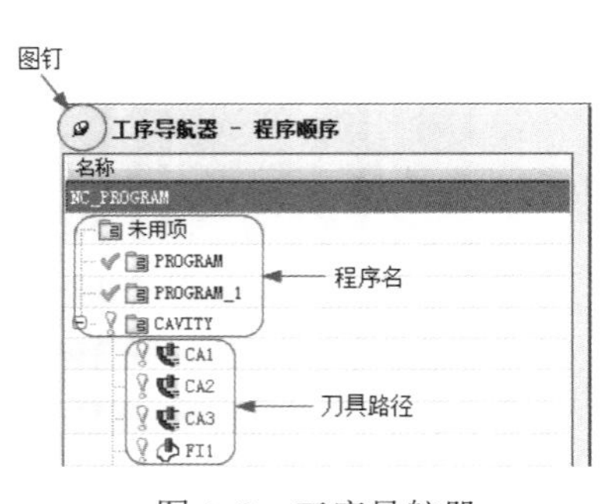

图 1-2　工序导航器

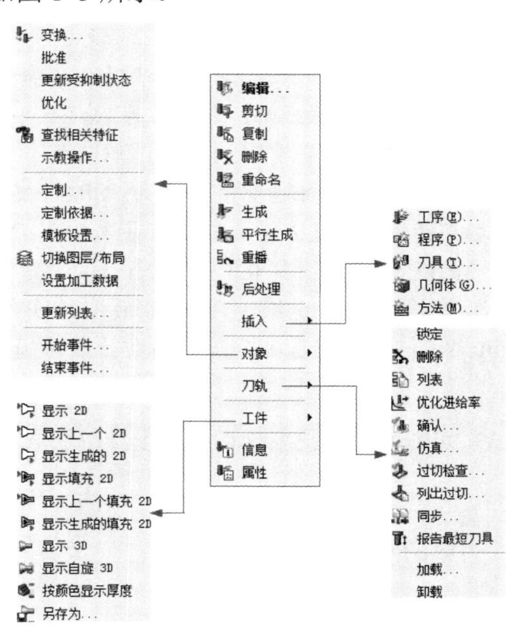

图 1-3　编辑选项操作栏

1.3.1　程序顺序视图

程序顺序视图中按加工顺序列出了所有操作。该视图可帮助用户根据创建时间对设置中的所有操作进行分组，如需要更改加工刀轨的先后顺序，则可以轻松地对某一程序进行拖放排序。当使用程序顺序视图时，用户可以进行更改、检查操作顺序，同时输出到后处理器时不更改顺序视图。在程序顺序视图中 NC_PROGRAM 和未使用的项两个节点是系统自定的，不可修改和删除，如图 1-4 所示。

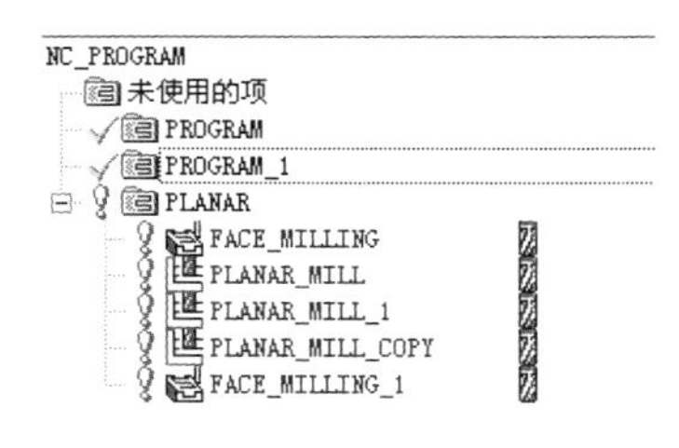

图 1-4　程序顺序视图对话框

1.3.2　刀具视图

刀具视图是以刀具为主线来显示加工操作，如图 1-5 所示。

技巧提示： 在刀具视图选项中选取GENERIC_MACHINE选项，并同时右击，系统弹出相关快捷方式选项，如图 1-6 所示，在快捷方式中单击编辑，系统弹出【通用机床】对话框，如图 1-7 所示，在此可以选取相关的机床参数。

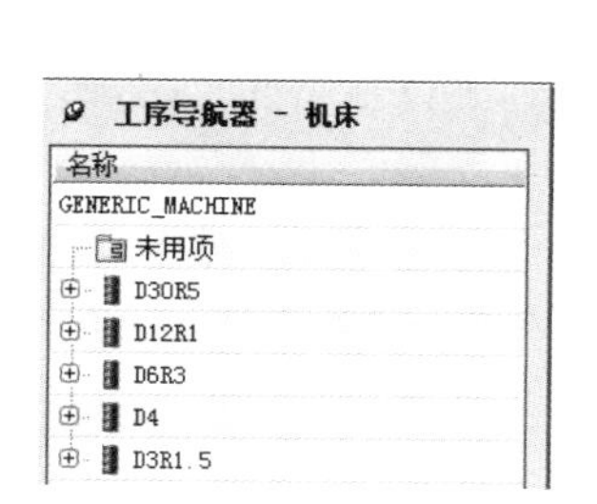

图 1-5　刀具视图对话框

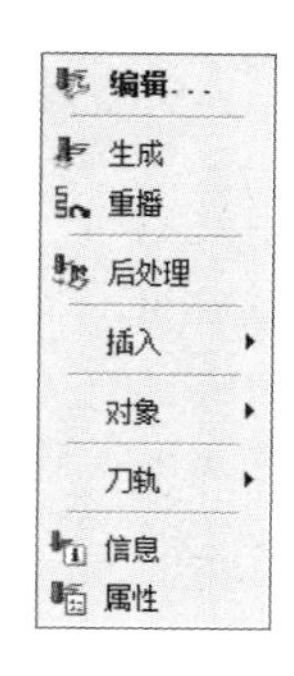

图 1-6　快捷方式选项

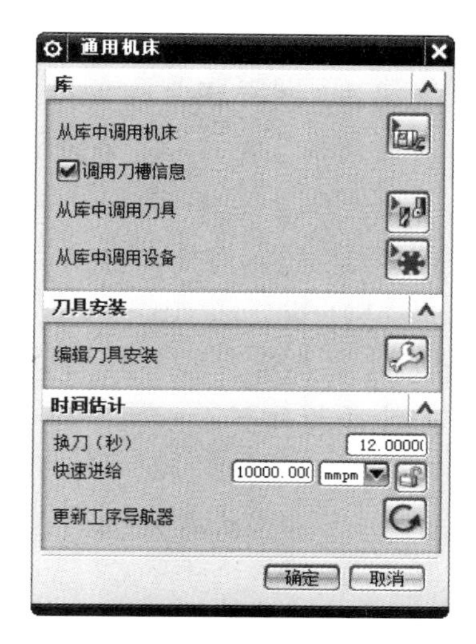

图 1-7　【通用机床】对话框

1.3.3　几何视图

几何视图是以几何体为主线来显示加工操作，如图 1-8 所示。

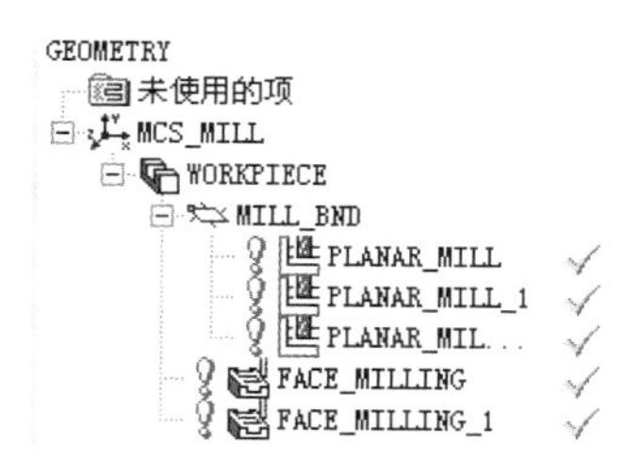

图 1-8　几何视图对话框

1.3.4　方法视图

方法视图可以帮助用户根据其加工方法来对操作进行分组。例如，铣、钻、车、粗加工、半精加工、精加工。在进行编辑时，可以快速查看每个操作中使用的方法，然后根据相关要求进行相关的编辑即可。

使用方法视图可以一次更改多个操作的方法信息。比如，要更改所有粗加工操作的切削颜色，则可以在MILL_ROUGH选项中进行相关参数的更改，同时MILL_ROUGH方法中的所有操作均会继承新的颜色。这样比起逐个更改显示选项更容易、方便和快捷，加工方法视图如图 1-9 所示。

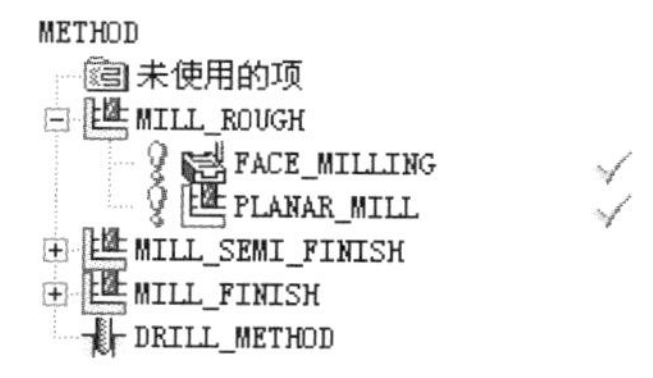

图 1-9　加工方法视图对话框

实例 1：工序导航器的应用

步骤 1：运行 UG NX 8.5。

步骤 2：选择主菜单的【文件】|【打开】命令，或单击工具栏图标按钮，将弹出【打开部件文件】对话框，在此找到放置练习文件夹 ch1 并选择 exe1.prt 文件，单击确定进入 UG NX 加工主界面，显示结果如图 1-10 所示。

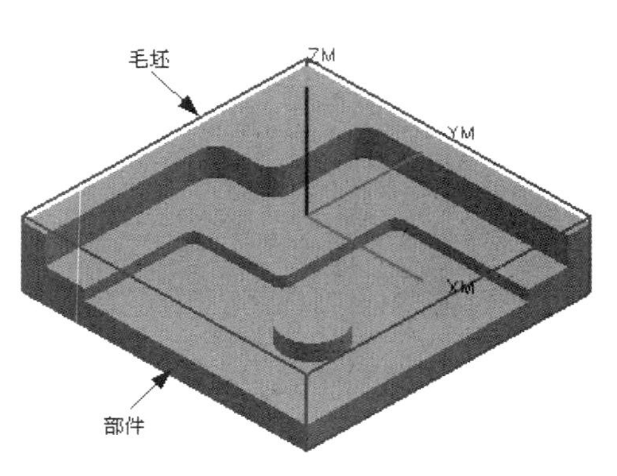

图 1-10　部件和毛坯模型

步骤 3：单击资源条中的操作选项卡，系统弹出【工序导航器—程序顺序】对话框，此时在【工序导航器—程序顺序】中可以看到【NC_PROGRAM】中已经有了一个名为 PROGRAM 的程序名，如图 1-11 所示。

- 在 PROGRAM 程序名中右击，系统弹出快捷工具条，如图 1-12 所示。
- 在快捷工具条中单击重命名选项，接着输入 PLANAR，重命名结果如图 1-13 所示。

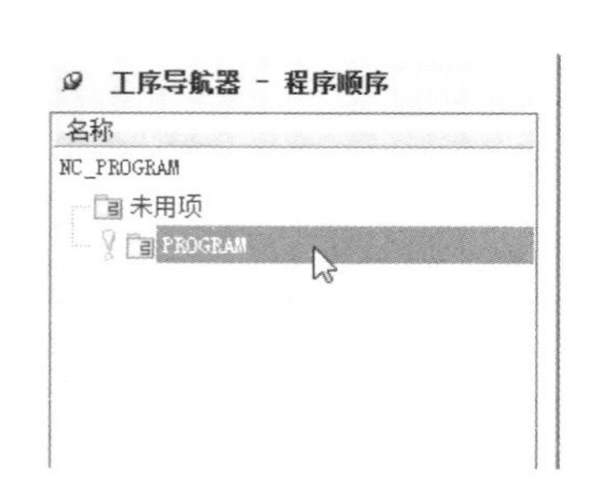

图 1-11　程序名

图 1-12　快捷工具条 1

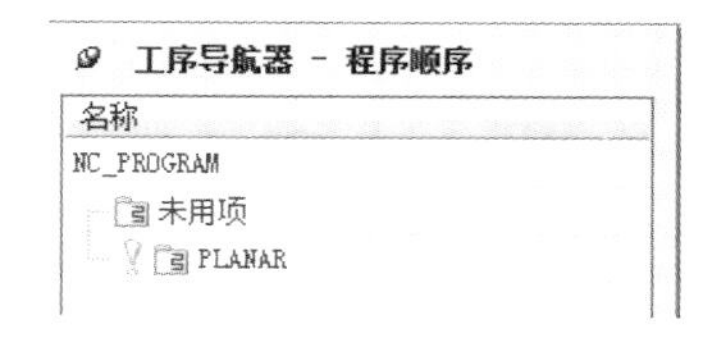

图 1-13　程序重命名结果

步骤 4：在【工序导航器—程序顺序】空白处右击，系统弹出快捷工具条，如图 1-14 所示。

- 在快捷工具条中单击几何视图选项，系统显示几何体视图对话框，如图 1-15 所示。
- 在 MCS_MILL 选项中单击 + 号，系统会显示几何体相关对象，如图 1-16 所示。

步骤 5：在【工序导航器—程序顺序】空白处右击，系统弹出快捷工具条，如图 1-14 所示。

- 在快捷工具条中单击加工方法视图选项，系统显示加工方法视图对话框，如图 1-17 所示，在此不做任何更改，完成工序导航器应用操作。

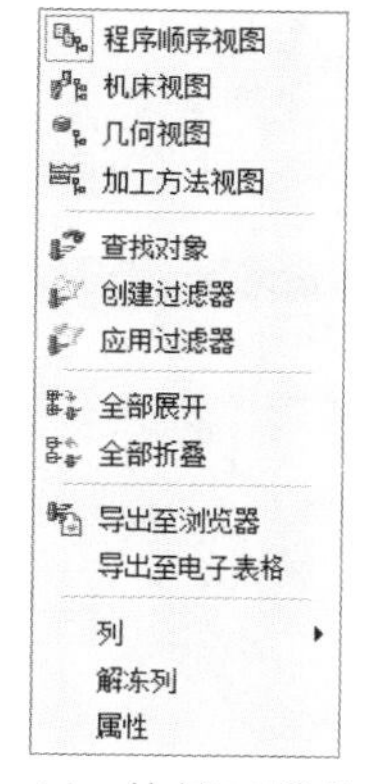

图 1-14　快捷工具条 2

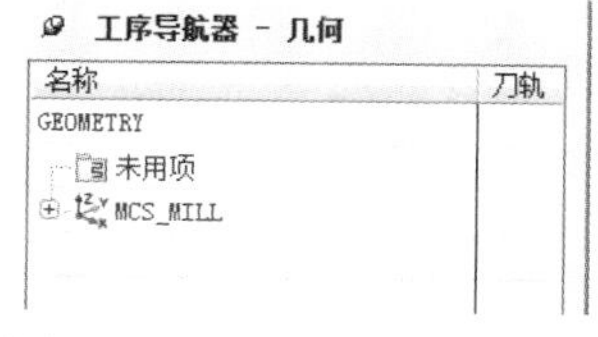

图 1-15　几何体视图对话框

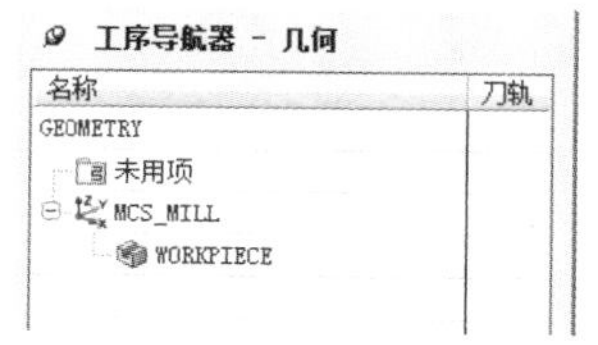

图 1-16　几何体视图对话框展开结果

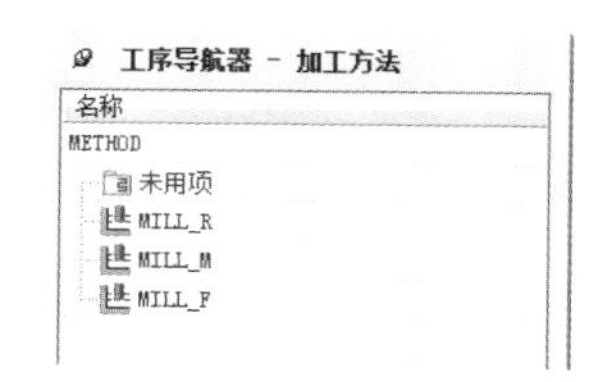

图 1-17　加工方法视图对话框

实例 2：程序视图与刀具创建

步骤 1： 接上一实例。

步骤 2： 在【刀片】工具条中单击图标按钮，系统弹出【创建程序】对话框，如图 1-18 所示。

- 在 类型 下拉列表中选取 mill_planar 选项。
- 在 名称 文本框中输入 CORE，其余参数按系统默认，单击两次 确定 完成创建程序操作，此时在【工序导航器—程序顺序】对话框中显示两个程序名，如图 1-19 所示。

图 1-18　【创建程序】对话框

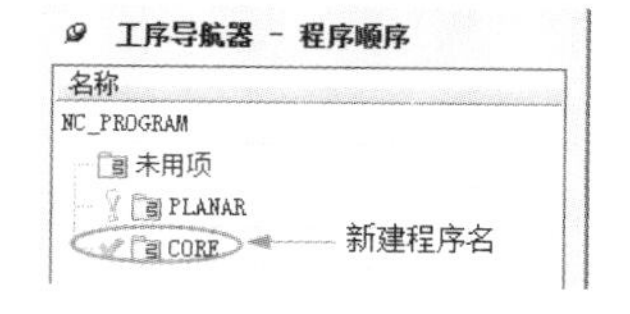

图 1-19　创建程序结果

步骤 3： 在【导航器】工具条中单击机床视图图标按钮，在【工序导航器—机床】中没有任何刀具，如图 1-20 所示。

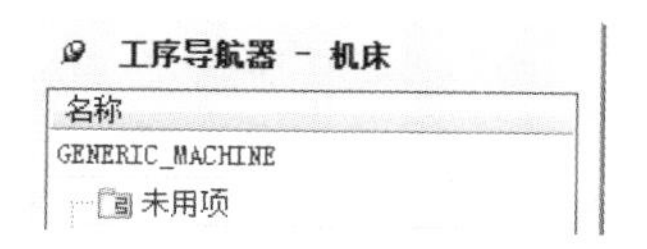

图 1-20　刀具视图对话框

步骤 4： 在【刀片】工具栏中单击创建刀具图标按钮，系统弹出【创建刀具】对话框，如图 1-21 所示。

- 在 类型 下拉列表中选择 mill_planar 选项。
- 在 刀具子类型 下拉列表中单击图标按钮。

- 在 位置 下拉列表中选择【GENERIC_MACHINE】选项。
- 在 名称 下拉列表中的文本框中输入 D25_R5，单击 确定 进入刀具参数设置对话框，如图 1-22 所示。

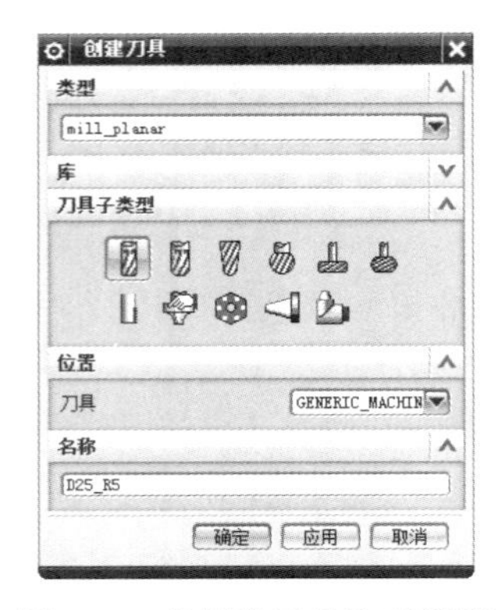

图 1-21 【创建刀具】对话框

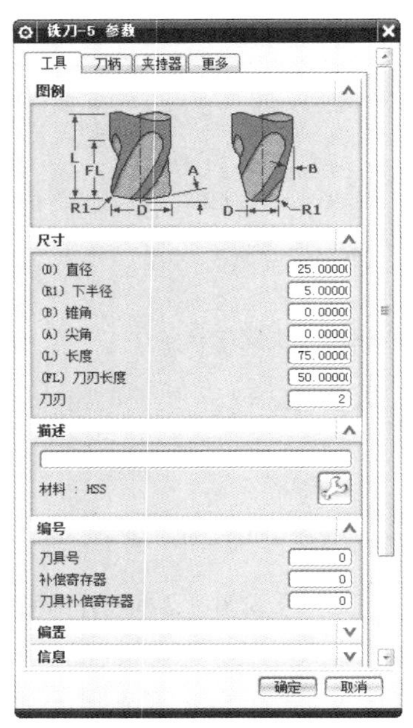

图 1-22 刀具参数设置对话框

技巧提示：刀具名称应当反映刀具的主要参数和形式，因此在【名称】中输入的数据尽量与刀具设置的参数保持一致。

步骤 5：在【铣刀—5 参数】对话框中设置如下参数。

- 在【直径】文本框中输入 25。
- 在【下半径】文本框中输入 5，其余参数按系统默认，单击 确定 按钮完成创建刀具操作，在【工序导航器—机床】对话框中显示图 1-23 所示的创建刀具结果。

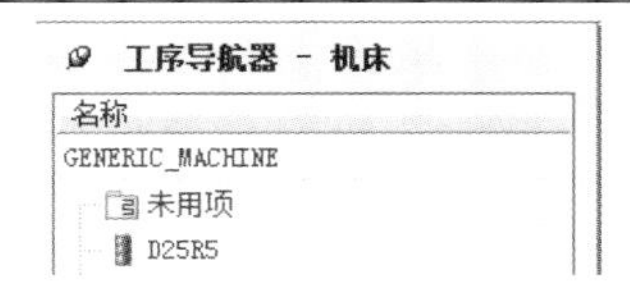

图 1-23 刀具创建结果

实例 3：创建几何体

几何体主要用来定义 MCS 坐标、部件几何、毛坯几何、检查几何、修剪几何和底平面。

步骤 1：运行 UG NX 8.5。

步骤 2：选择主菜单的【文件】|【打开】命令，或单击工具栏图标按钮，弹出【打开部件文件】对话框，在此找到放置练习文件夹 ch1 并选择 exe2.prt 文件，单击 确定 进入 UG NX 加工界面，如图 1-24 所示。

步骤 3：在工序导航器对话框空白处右击，系统弹出快捷工具条，如图 1-25 所示。

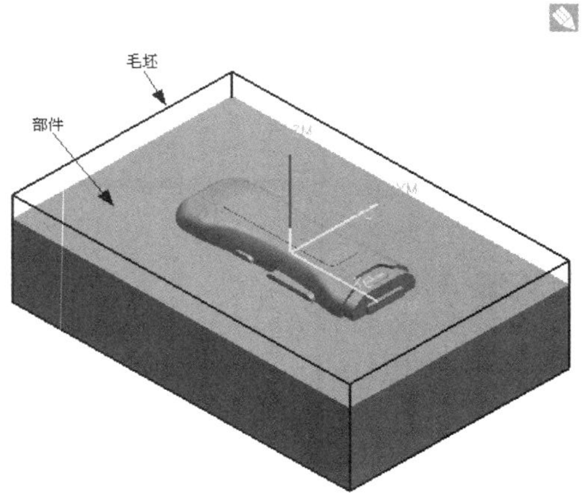

图 1-24 部件和毛坯模型

- 在快捷工具条中单击【几何视图】选项，此时【工序导航器—几何】对话框中显示几何体视图，同时读者可以看到几何体视图中只有系统默认的父节点GEOMETRY和未用项，如图 1-26 所示。

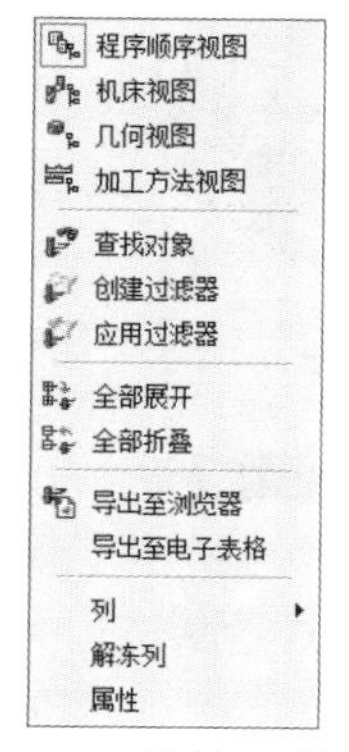

图 1-25　快捷工具条

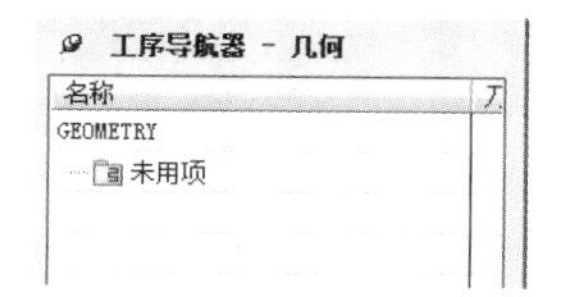

图 1-26　几何体视图

步骤 4： 在【刀片】工具条中单击图标按钮，系统弹出【创建几何体】对话框，如图 1-27 所示。

- 在 类型 下拉列表中选择 mill_contour 选项。
- 在 几何体子类型 下拉选项中单击图标按钮。
- 在 位置 下拉列表中选择 GEOMETRY 。
- 在 名称 文本框中输入 MCS_MILL，单击 应用 系统弹出【MCS】对话框，如图 1-28 所示。

图 1-27　【创建几何体】对话框

图 1-28　【MCS】对话框

步骤 5： 在作图区选取毛坯顶面为 MCS 放置面，如图 1-29 所示，其余参数按系统默认，单击 确定 完成 MCS 坐标系的创建，结果如图 1-30 所示，同时在【操作导航器—几何体】中显示 MCS 创建结果，如图 1-31 所示。

步骤 6： 在【刀片】工具栏中单击图标按钮，系统弹出【创建几何体】对话框，如图 1-27 所示。

- 在 类型 下拉列表中选择 mill_contour 选项。
- 在 几何体子类型 下拉选项中单击图标按钮。
- 在 位置 下拉列表中选择 MCS_MILL 。
- 在 名称 文本框中按系统内定的名称 MILL_GEOM ，单击 确定 按钮，系统弹出【铣削几何体】对话框，如图 1-32 所示。

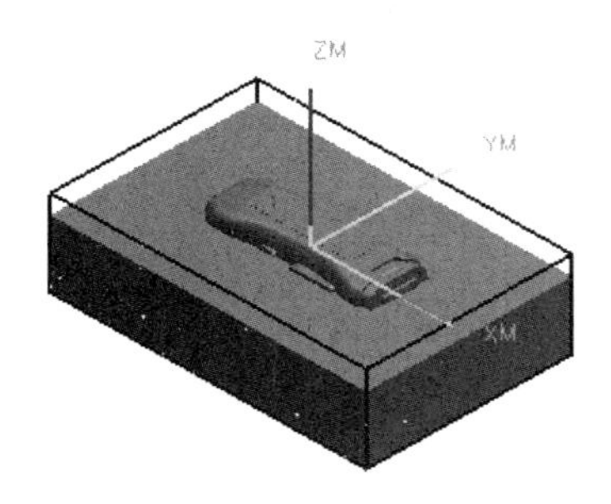

图 1-29 MCS 原始放置面

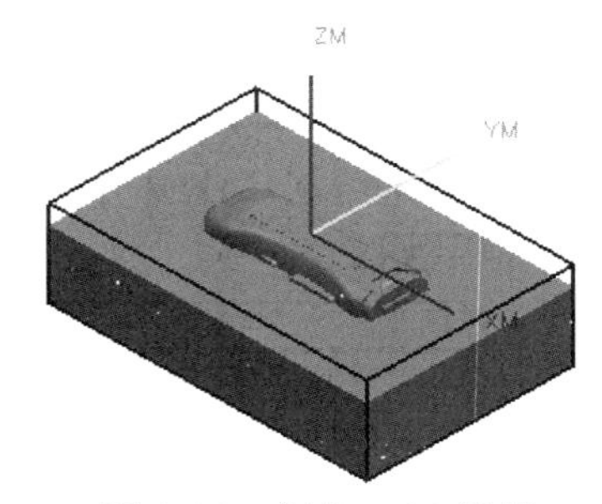

图 1-30 创建 MCS 结果

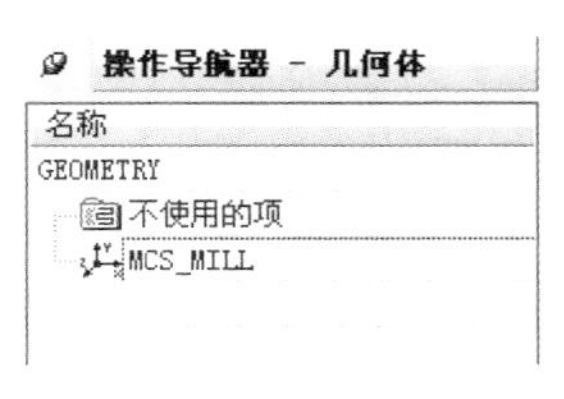

图 1-31 MCS 创建结果

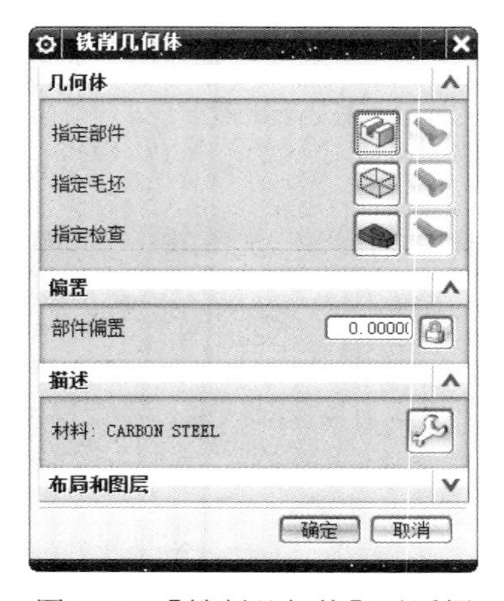

图 1-32 【铣削几何体】对话框

步骤 7：在【铣削几何体】对话框中设置如下参数。

- 在**指定部件**处单击图标按钮，系统弹出【部件几何体】对话框，如图 1-33 所示；接着在作图区选取部件模型，其余参数按系统默认，单击确定完成部件几何体操作。
- 在**指定毛坯**处单击图标按钮，系统弹出【毛坯几何体】对话框，如图 1-34 所示；接着在作图区选取毛坯模型，单击确定完成毛坯模型操作，再单击确定完成几何体创建操作，结果在几何体视图中显示创建的几何体对象，如图 1-35 所示。

图 1-33 【部件几何体】对话框

图 1-34 【毛坯几何体】对话框

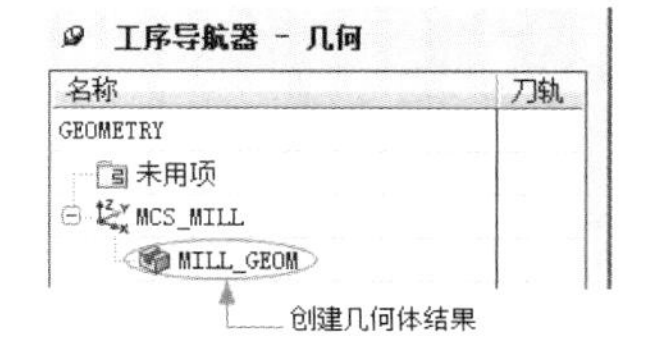

图 1-35 创建几何体结果

步骤 8：在【刀片】工具栏中单击图标按钮，系统弹出【创建方法】对话框，如图 1-36 所示。

- 在类型下拉列表中选择mill_contour选项。
- 在方法子类型下拉选项中单击图标按钮。
- 在位置下拉列表中选择METHOD选项。
- 在名称文本框中输入 MILL_R，单击应用，系统弹出【铣削方法】对话框，如图 1-37 所示。

图 1-36 【创建方法】对话框

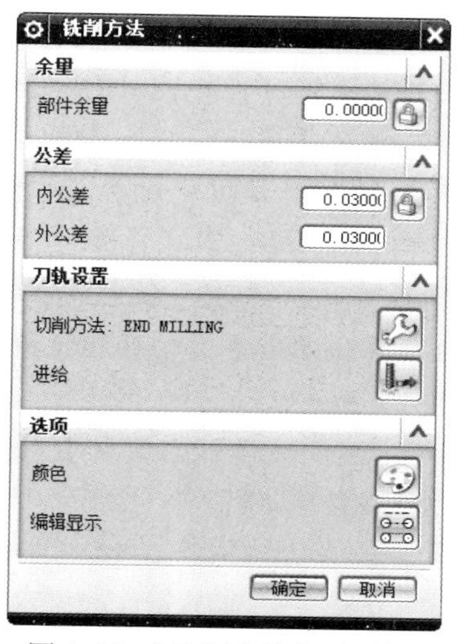

图 1-37 【铣削方法】对话框

步骤 9：在【铣削方法】对话框中设置如下参数。

- 在部件余量文本框中输入 0.5。
- 在刀轨设置下拉选项单击图标按钮，系统弹出【进给】对话框，如图 1-38 所示。
- 在切削文本框中输入 1200，其余参数按系统默认，单击确定完成进给操作，并返回【铣削方法】对话框，再单击确定完成铣削方法操作，结果如图 1-39 所示。
- 依照上述操作，读者完成中加工参数和精加工参数操作，最终结果如图 1-40 所示。

图 1-38 【进给】对话框

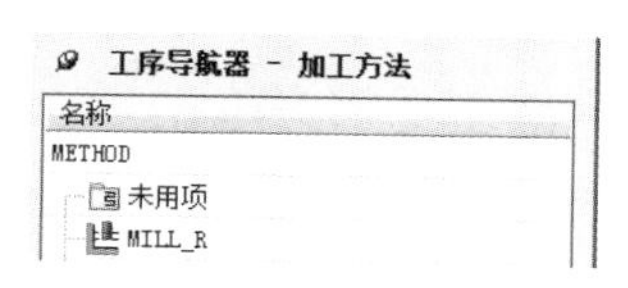

图 1-39 粗加工方法创建

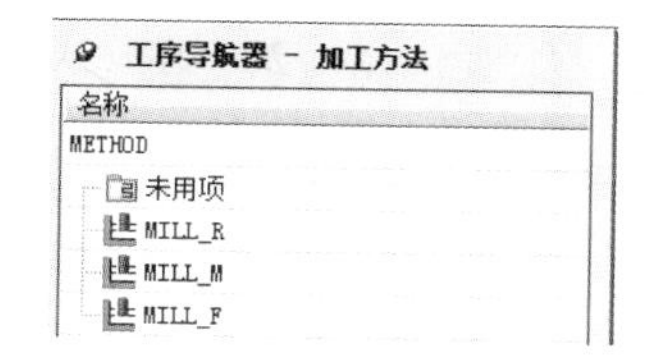

图 1-40 加工方法创建结果

1.4 刀具路径的检查与后处理

刀具路径的仿真主要用来对加工过程进行切削仿真检查。仿真方式有重播、2D 动态、3D 动态 3 种方式。过切检查主要用来对加工过程是否存在过切进行检查。

后处理（POST）是指将刀轨及后处理命令转换为数控代码。UG 后处理（UG POST）可以直接对刀轨进行后处理，并可以自动添加机床控制操作，不需要用户自己添加。使用 UG 后处理可以针对一个工序、一组工序或一个节点进行。

实例：刀具路径的检测与后处理

步骤 1： 运行 UG NX 8.5。

步骤 2： 选择主菜单的【文件】|【打开】命令，或单击工具栏图标按钮，弹出【打开部件文件】对话框，在此找到放置练习文件夹 ch1 并选择 exe3.prt 文件，单击确定进入 UG NX 加工界面。

步骤 3： 在工序导航器对话框中选择刀具路径 CA1，接着在主菜单中选择【工具】|【工序导航器】|【刀轨】|【过切检查】，或在【操作】工具条中单击图标按钮，系统弹出【过切和碰撞检查】对话框，如图 1-41 所示。

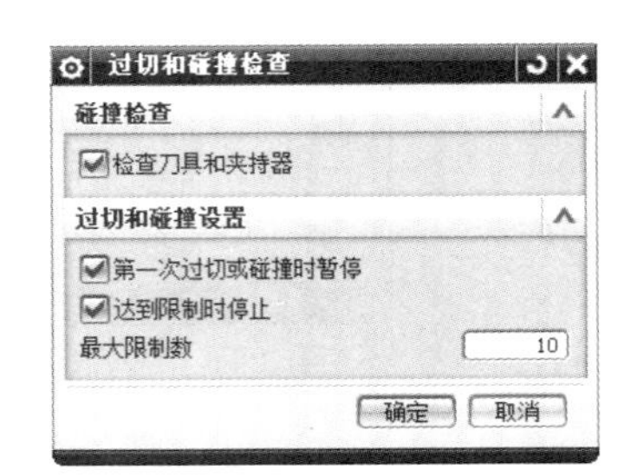

图 1-41 【过切和碰撞检查】对话框

步骤 4： 单击确定，系统弹出【信息】对话框，如图 1-42 所示，单击关闭图标按钮，完成过切和碰撞检查操作。

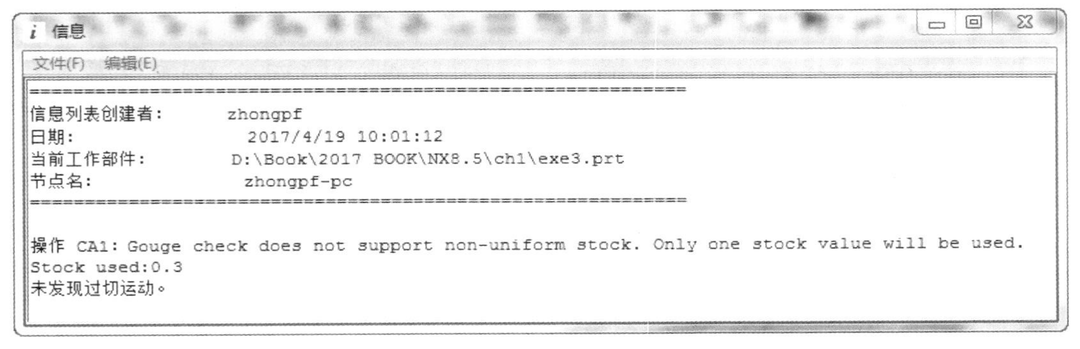

图 1-42 过切和碰撞检查信息

技巧提示： 1. 检查刀柄碰撞：用来检查刀柄是否和工件干涉，如果干涉则会警告。
2. 第一次过切或碰撞时暂停：信息栏显示的信息是第一次过切的警告。

步骤 5： 在工序导航器对话框中选择刀具路径 CA1，接着在主菜单中选择【工具】|【工序导航器】|【输出】|【后处理】，或在【操作】工具条中单击图标按钮，系统弹出【后处理】对话框，如图 1-43 所示。

➘ 在【后处理器】对话框中选择MILL_3_AXIS，其余参数默认，单击确定完成后处理操作，处理结果如图 1-44 所示。

技巧提示： 实际生产中，应定制与自己公司机床相对应的后处理（可用 UG 软件中的 Postbuilder 创建自己的后处理），做好的后处理用于实际加工时，要先进行全面测试与仿真，在确保无误时方可加工。

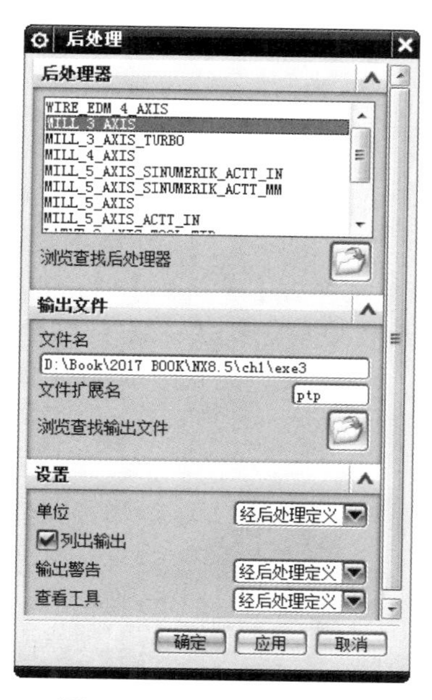

图 1-43　【后处理】对话框

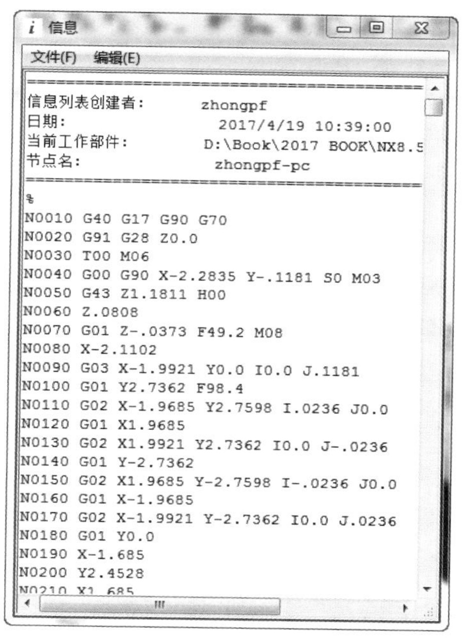

图 1-44　后处理程序

1.5　切削模式

切削模式用于决定刀轨的样式，其中平面铣有 8 种切削方式，型腔铣有 7 种切削模式，不同的切削模式会有不同的切削参数相对应。

1.5.1　往复式切削

往复式切削创建一系列平行直线刀路，彼此切削方向相反，但步距方向一致。此切削类型通过允许刀具在步距时保持连续的进刀状态来使切削移动最大化。切削方向相反的结果是交替出现一系列“顺铣”和“逆铣”切削。指定“顺铣”或“逆铣”切削方向不会影响此类型的切削行为，但却会影响其中用到的“清壁”操作的方向，其逆铣刀轨如图 1-45 所示。

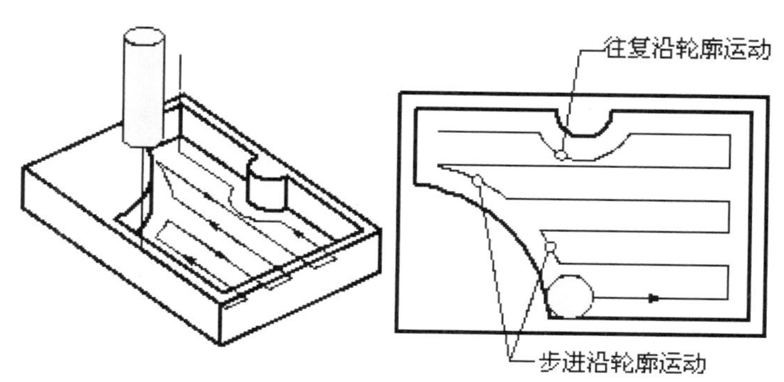

图 1-45　往复式切削逆铣刀轨

实例 1：往复切削模式

步骤 1： 运行 UG NX 8.5。

步骤 2： 选取主菜单的【文件】|【打开】命令，或单击工具栏的图标按钮，系统弹出【打开部件文件】对话框，在此找到放置练习文件夹 ch1 并选取 exe4.prt 文件，再单击 OK 进入 UG NX 加工主界面，如图 1-46 所示；同时，在加工导航器对话框中已经设置好了相关的父节点。

步骤 3： 在加工导航器对话框中双击 PL1 刀轨对象，系统弹出【平面铣】对话框。

➘ 在切削模式下拉选项中选取往复选项，其余参数按系统默认；接着在操作下拉选项中单击图标按钮，系统开始计算刀轨，单击确定完成刀轨生成操作，结果如图 1-47 所示。

（注：不要关闭，下一实例将继续使用。）

图 1-46　加工对象

图 1-47　往复式刀轨结果

1.5.2　单向切削

单向切削可创建一系列沿一个方向切削的直线平行刀路。“单向”将保持一致的“顺铣”或“逆铣”切削，并且在连续的刀路间不执行轮廓切削，除非指定的“进刀”方式要求刀具执行该操作。刀具从切削刀路的起点处进刀，并切削至刀路的终点，然后刀具退刀，移动至下一刀路的起点，并以相同方向开始切削，其刀轨如图 1-48 所示。

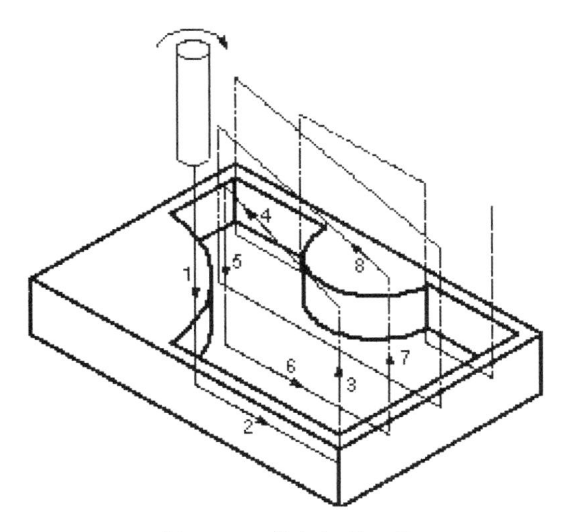

图 1-48　单向切削刀轨

实例 2：单向切削模式

步骤 1：接上一实例。

步骤 2：在【工序导航器】工具条中单击图标按钮，系统在【工序导航器—几何体】中显示几何体视图。

- 在PL1刀轨对象中双击，系统弹出【平面铣】对话框。
- 在切削模式下拉选项中选取单向选项，其余参数按系统默认；接着在操作下拉选项中单击图标按钮，系统开始计算刀轨，单击确定完成刀轨生成操作，结果如图 1-49 所示。

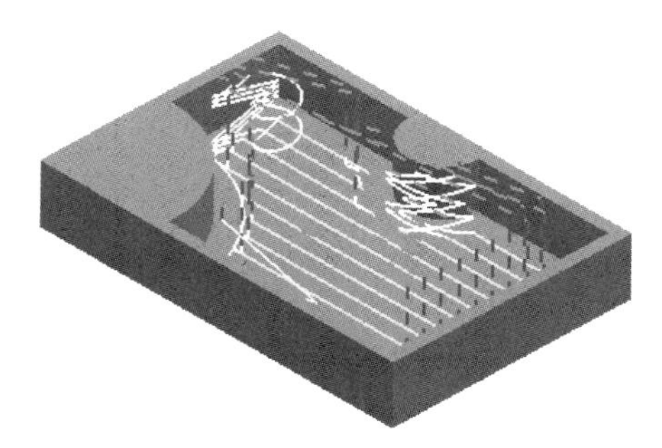

图 1-49　单向切削刀轨结果

技巧提示：在使用往复切削模式、单向切削模式时，在【切削参数】对话框中应打开【清壁】选项，这样可以保证部件的壁面不会残留多余的材料。

1.5.3　单向带轮廓铣

单向带轮廓铣产生一系列单向的平行线性刀轨，回程是快速横越运动，在两段连续刀轨之间跨越的刀轨（步距）是切削壁面的刀轨，因此壁面的加工质量比前两种切削模式都要好，其顺铣刀轨如图 1-50 所示。

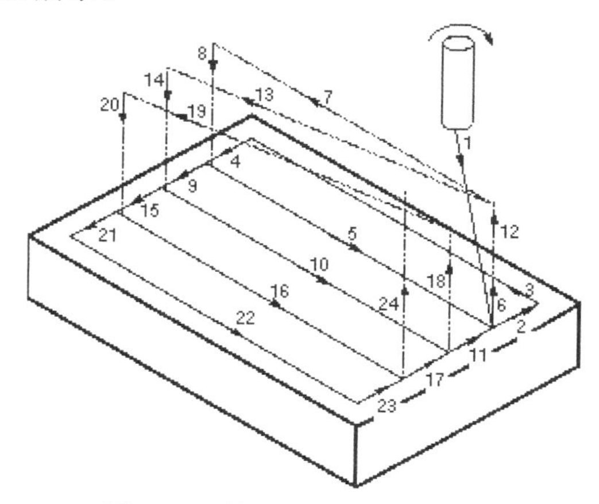

图 1-50　单向带轮廓铣顺铣刀轨

实例 3：单向带轮廓铣切削模式

步骤 1：运行 UG NX 8.5。

步骤 2：选取主菜单的【文件】|【打开】命令，或单击工具栏的图标按钮，系统弹出【打开部件文件】对话框，在此找到放置练习文件夹 ch1 并选取 exe4.prt 文件，再单击 OK 进入 UG NX 加工主界面，如图 1-51 所示；同时，在加工导航器对话框中已经设置好了相关的父节点。

步骤 3：在加工导航器对话框中双击 PL1 刀轨对象，系统弹出【平面铣】对话框。

➘ 在切削模式下拉选项中选取 单向轮廓 选项，其余参数按系统默认；接着在 操作 下拉选项中单击图标按钮，系统开始计算刀轨，单击 确定 完成刀轨生成操作，结果如图 1-52 所示。

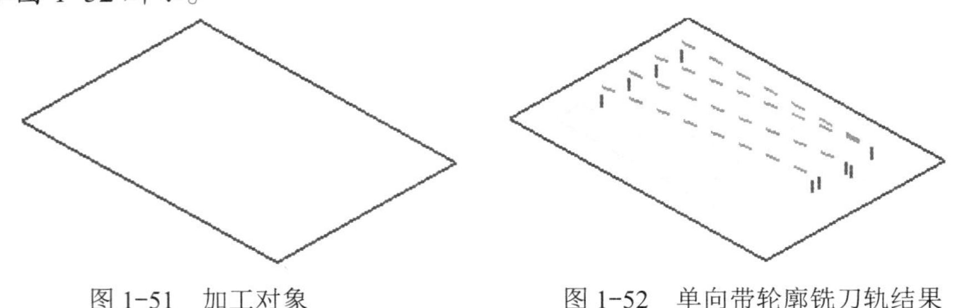

图 1-51　加工对象　　　　图 1-52　单向带轮廓铣刀轨结果

1.5.4　跟随周边

跟随周边创建了一种能跟随切削区域的轮廓生成一系列同心刀路的切削图样。通过偏置该区域的边缘环可以生成这种切削图样。当刀路与该区域的内部形状重叠时，这些刀路将合并成一个刀路，然后再次偏置这个刀路就形成下一个刀路。可加工区域内的所有刀路都将是封闭形状。

与“往复”方式相似，“跟随周边”通过使刀具在步距过程中不断地进刀而使切削运动达到最大限度。除了将切削方向指定为“顺铣”或“逆铣”外，还必须将“腔体方向”指定为“向内”或“向外”，其刀轨如图 1-53 所示。

使用“向内”腔体方向时，离切削图样中心最近的刀具一侧将确定“顺铣”或“逆铣”。使用“向外”腔体方向时，离切削区域边缘最近的刀具一侧将确定“顺铣”或“逆铣”。顺铣例子如图 1-54 所示。

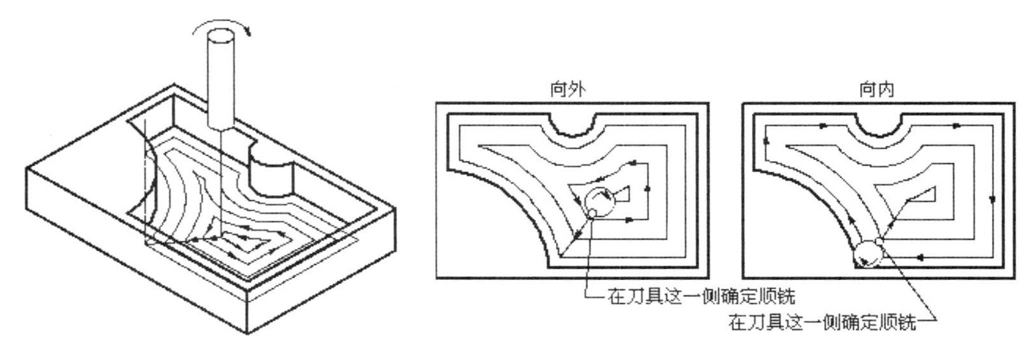

图 1-53　跟随周边刀轨　　　　图 1-54　由内向外和由外向内的跟随周边刀轨

实例 4：跟随周边切削模式

步骤 1：运行 UG NX 8.5。

步骤 2： 选取主菜单的【文件】|【打开】命令，或单击工具栏的图标按钮，系统弹出【打开部件文件】对话框，在此找到放置练习文件夹 ch1 并选取 exe5.prt 文件，再单击 OK 进入 UG NX 加工主界面，如图 1-55 所示；同时，在加工导航器对话框中已经设置好了相关的父节点。

步骤 3： 在加工导航器对话框中双击 PL1 刀轨对象，系统弹出【平面铣】对话框。

➘ 在切削模式下拉选项中选取 跟随周边 选项，其余参数按系统默认；接着在 操作 下拉选项中单击图标按钮，系统开始计算刀轨，单击 确定 完成刀轨生成操作，结果如图 1-56 所示。

（注：不要关闭，下一实例将继续使用。）

图 1-55　加工对象　　　　图 1-56　跟随周边刀轨结果

技巧提示：使用跟随周边切削模式时，切削参数提供了向内和向外两种图样方向。对于向内图样方向时，系统先切削所有开放刀路，然后才切削所有封闭的内刀路；对于向外图样方向时，系统先切削所有封闭的内刀路，然后才切削所有开放刀路。

1.5.5　跟随部件

跟随部件通过从整个指定的“部件”几何体中形成相等数量的偏置，创建切削图样。与“跟随周边”不同，“跟随周边”只从由“部件”或“毛坯”几何体定义的边缘环生成偏置，“跟随部件”通过从整个“部件”几何体中生成偏置创建切削图样，不管该“部件”几何体定义的是边缘环、岛或型腔。因此它可以保证刀具沿着整个“部件”几何体进行切削，从而无须设置“岛清理”刀路，只有当没有定义要从其中偏置的“部件”几何体时（如在面区域中），“跟随部件”才会从“毛坯”几何体偏置。如图 1-57 中，系统从定义了型腔和岛的“部件”几何体偏置来创建“跟随部件”切削图样。

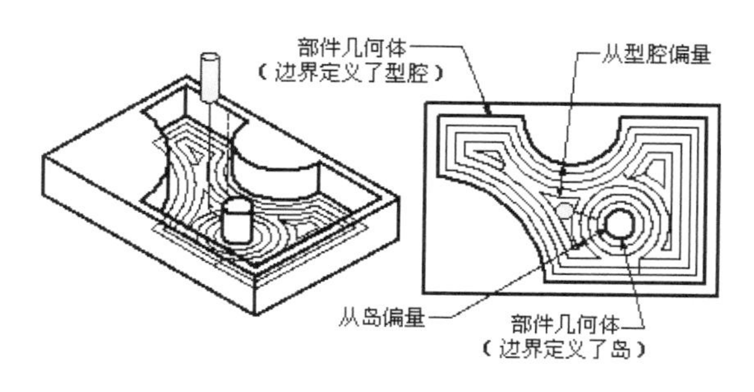

图 1-57　跟随部件刀轨

实例 5：跟随部件切削模式

步骤 1：接上一实例。

步骤 2：在【工序导航器】工具条中单击图标按钮，系统在【工序导航器—几何体】对话框中显示几何体视图。

➘ 在PL1刀轨对象中双击，系统弹出【平面铣】对话框。

➘ 在切削模式下拉选项中选取跟随部件选项，其余参数按系统默认；接着在操作下拉选项中单击图标按钮，系统开始计算刀轨，单击确定完成刀轨生成操作，结果如图 1-58 所示。

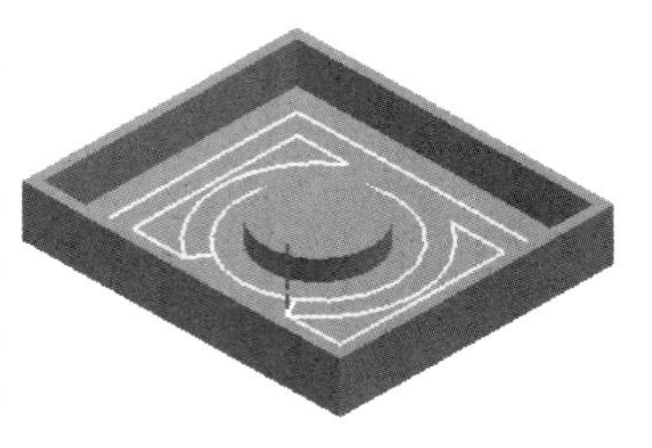

图 1-58 跟随部件刀轨结果

技巧提示：注意区分实例 4 及实例 5 的刀轨变化。

1.5.6 摆线

摆线切削是一种刀具以圆形回环模式移动而圆心沿刀轨方向移动的铣削方法。表面上，这与拉开的弹簧相似，其图样如图 1-59 所示。当需要限制过大的步距以防止刀具在完全嵌入切口时折断，且需要避免过量切削材料时，需使用此功能。在进刀过程中的岛和部件之间以及窄区域中，几乎总是会得到内嵌区域。系统可从部件创建摆线切削偏置来消除这些区域。系统沿部件进行切削，然后使用光顺的跟随模式向内切削区域。

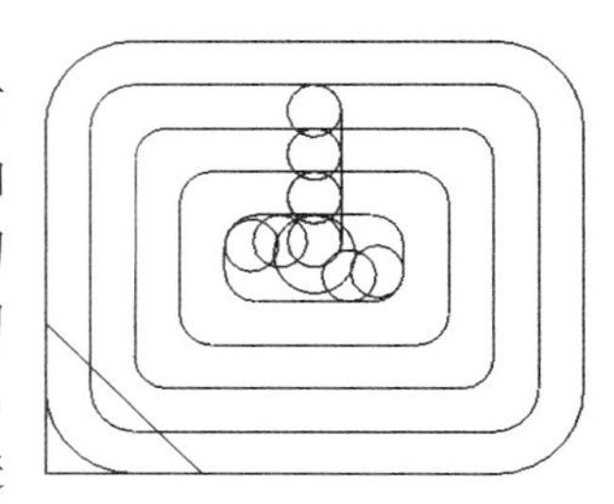

图 1-59 摆线切削图样

实例 6：摆线切削模式

步骤 1：运行 UG NX 8.5。

步骤 2：选取主菜单的【文件】|【打开】命令，或单击工具栏的图标按钮，系统弹出【打开部件文件】对话框，在此找到放置练习文件夹 ch1 并选取 exe6.prt 文件，再单击OK进入 UG NX 加工主界面，如图 1-60 所示；同时，在加工导航器对话框中已经设置好了相关的父节点。

步骤 3：在加工导航器对话框中双击PL1刀轨对象，系统弹出【平面铣】对话框。

➘ 在切削模式下拉选项中选取摆线选项，其余参数按系统默认；接着在操作下拉选项中单击图标按钮，系统开始计算刀轨，单击确定完成刀轨生成操作，结果如图 1-61 所示。

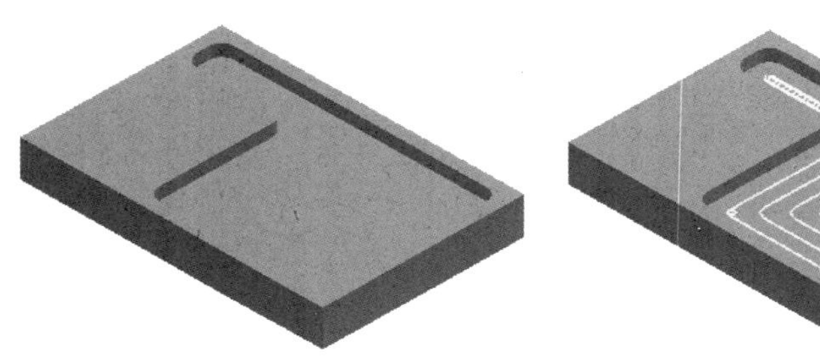

图 1-60 加工对象　　图 1-61 摆线刀轨结果

1.5.7　轮廓加工（轮廓）

轮廓加工创建一条或指定数量的切削刀路来对部件壁面进行精加工。它可以加工开放区域，也可以加工闭合区域。对于具有封闭形状的可加工区域，轮廓刀路的构建和移动与“跟随部件”切削图样相同，如图 1-62 所示。

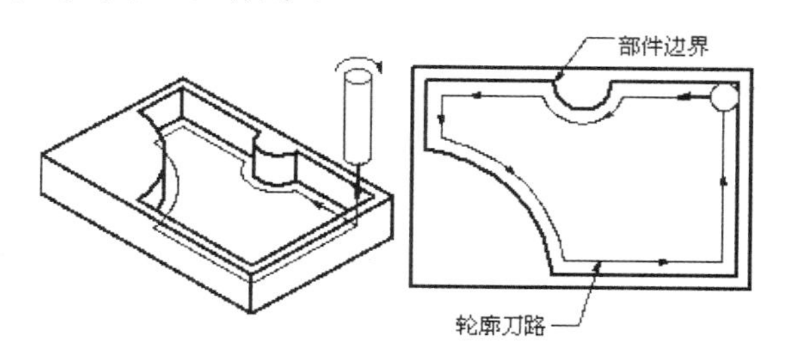

图 1-62　轮廓加工刀轨

实例 7：轮廓加工切削模式

步骤 1： 运行 UG NX 8.5。

步骤 2： 选取主菜单的【文件】|【打开】命令，或单击工具栏的图标按钮，系统弹出【打开部件文件】对话框，在此找到放置练习文件夹 ch1 并选取 exe7.prt 文件，再单击 OK 进入 UG NX 加工主界面，如图 1-63 所示；同时，在加工导航器对话框中已经设置好了相关的父节点。

步骤 3： 在加工导航器对话框中双击 FL1 刀轨对象，系统弹出【平面铣】对话框。

➘ 在切削模式下拉选项中选取 配置文件 选项，其余参数按系统默认；接着在 操作 下拉选项中单击图标按钮，系统开始计算刀轨，单击 确定 完成刀轨生成操作，结果如图 1-64 所示。

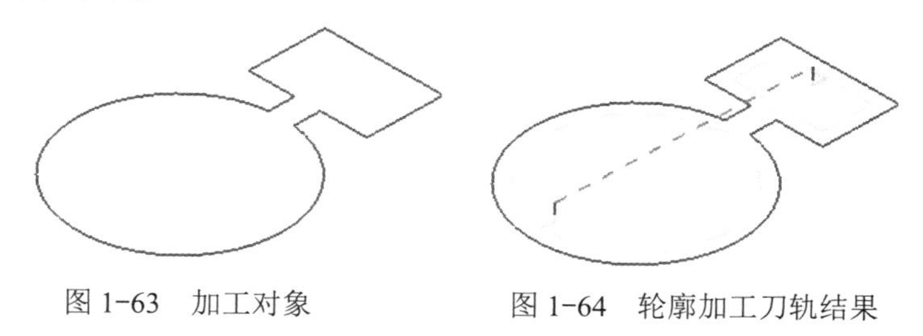

图 1-63　加工对象　　　图 1-64　轮廓加工刀轨结果

技巧提示：在切削模式选取 轮廓加工，当步距非常大，如步距大于刀具直径的 50% 而小于刀具直径的 100% 时，则连续刀路之间的某些区域就可能切削不到，而对于切削不到的区域，处理器将会生成额外的清理运动来切除这些材料。

1.5.8　标准驱动

标准驱动（仅平面铣）是一种轮廓切削方式，它允许刀具准确地沿指定边界移动，从而不需要再应用“轮廓”中使用的自动边界裁剪功能。通过使用自相交选项，可以使用“标准驱动”来确定是否允许刀轨自相交，如图 1-65 所示。

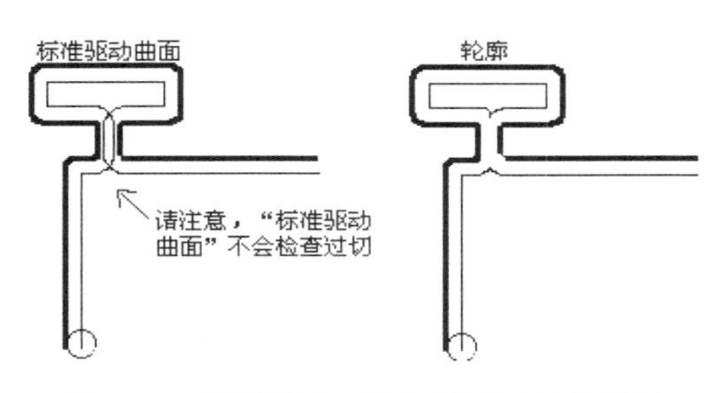

图 1-65　标准驱动刀轨与轮廓刀轨的区别

实例 8：标准驱动切削模式

步骤 1： 接上一实例。

步骤 2： 在【工序导航器】工具条中单击图标按钮，系统在【工序导航器—几何体】对话框中显示几何体视图。

- 在 PL1刀轨对象中双击，系统弹出【平面铣】对话框。
- 在切削模式下拉选项中选取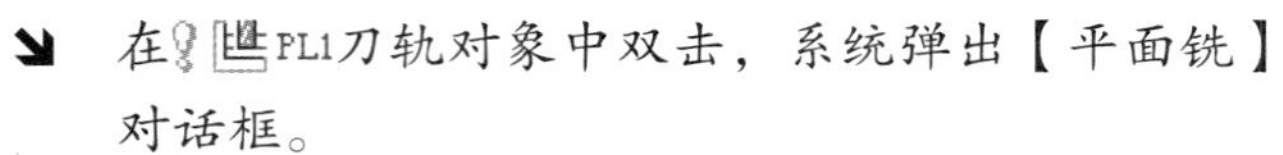选项，其余参数按系统默认；接着在操作下拉选项中单击图标按钮，系统开始计算刀轨，单击确定完成刀轨生成操作，结果如图 1-66 所示。

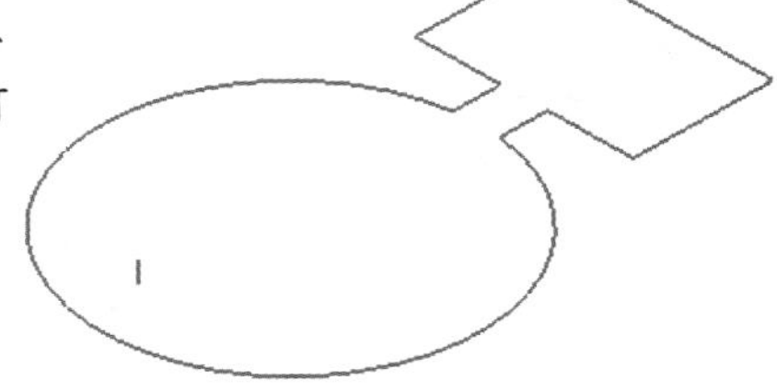

图 1-66　标准驱动刀轨结果

技巧提示： 1．注意区分实例 7 及实例 8 的刀轨变化。

2．标准驱动切削模式不会检查过切操作，如图 1-65 所示。

3．在以下几种情况下使用标准驱动切削模式时，可能会导致无法预想的结果。(1) 在与边界自相交处非常接近的位置时，更改刀具的位置，如更改为“相切于”选项或“位于”选项；(2) 在刀具切削不到的拐角处使用“位于”选项。(3) 由多个小边界段组成的凸角，如由样条创建的边界而形成的凸角。

1.6　步距设置

步距是指定切削刀路之间的距离，如图 1-67 所示。步距选项包括恒定、刀具直径、残余高度以及可变 4 种。用户可以通过输入一个恒定的参数值、一把刀具直径的百分比、残余高度的数值来计算切削刀路间的距离，这种距离是间接指定该距离的。

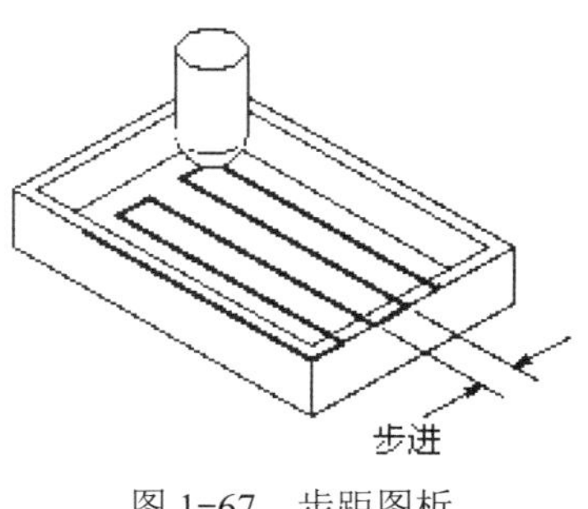

图 1-67　步距图析

1.6.1　恒定步距

恒定步距就是按自己指定的数据来进行加工走刀。如果指定的刀路间距不能平均分割所在区域，系统将减小这一刀路间距以保持恒定步距。例如图 1-68 所示，用户指定的步距距离是 0. 750mm，但系统将其减小为 0. 583mm，以在宽度为 3. 50mm 的切削区域中保持恒定步距。

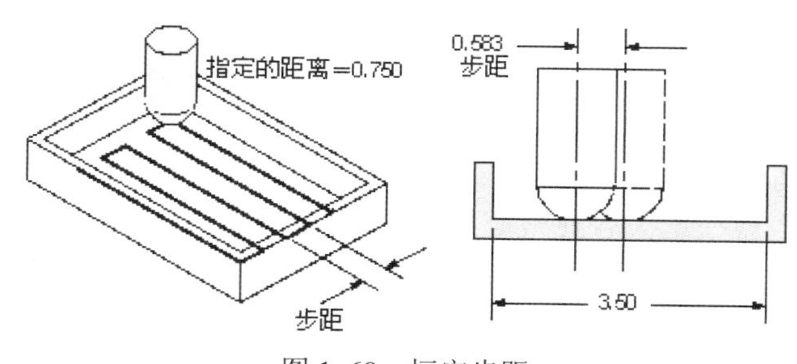

图 1-68　恒定步距

实例 1：恒定步距

步骤 1： 运行 UG NX 8.5。

步骤 2： 选取主菜单的【文件】|【打开】命令，或单击工具栏的图标按钮，系统弹出【打开部件文件】对话框，在此找到放置练习文件夹 ch1 并选取 exe8.prt 文件，再单击 OK 进入 UG NX 加工主界面，如图 1-69 所示；同时，在加工导航器对话框中已经设置好了相关的父节点。

步骤 3： 在加工导航器对话框中双击 FA1 刀轨对象，系统弹出【面铣削】对话框。

- 在切削模式下拉选项中选取 往复 选项。
- 在步进下拉选项中选取 恒定 选项，其余参数按系统默认；接着在 操作 下拉选项中单击图标按钮，系统开始计算刀轨，单击 确定 完成刀轨生成操作，结果如图 1-70 所示。

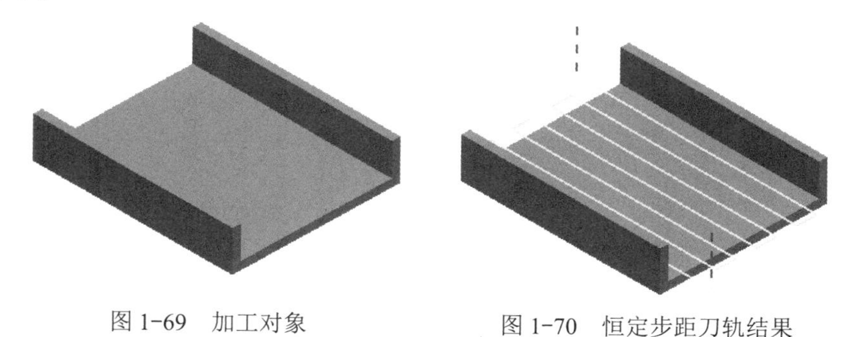

图 1-69　加工对象　　　　图 1-70　恒定步距刀轨结果

技巧提示：恒定步距是指定往复连续切削的固定距离，如果指定的刀具路径步距不能平均分割所在区域时，则系统将减小这一刀具路径步距以保持恒定步距。

1.6.2　刀具平直百分比

刀具平直百分比是以刀具直径乘以百分比的积作为切削步距。如果指定的刀路间距不能平均分割所在区域，系统将减小这一刀路间距以保持恒定步距。例如：使用刀具直径是 30mm，输入的百分比为 65%，则步距为 30mm×65%=14. 5mm。对于“球头立铣刀”，系统将使用整个刀具直径作为“有效刀具直径”。对于 R 刀，“有效刀具直径”按 *D*-2*R* 计算，如图 1-71 所示。

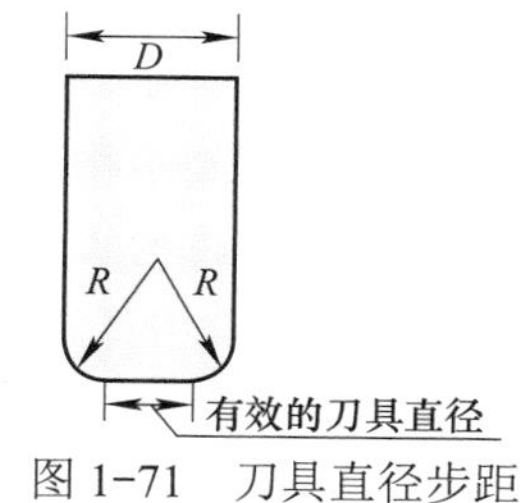

图 1-71　刀具直径步距

实例 2：刀具平直百分比步距

步骤 1： 运行 UG NX 8.5。

步骤 2： 选取主菜单的【文件】|【打开】命令，或单击工具栏的图标按钮，系统弹出【打开部件文件】对话框，在此找到放置练习文件夹 ch1 并选取 exe9.prt 文件，再单击 OK 进入 UG NX 加工主界面，如图 1-72 所示；同时，在加工导航器对话框中已经设置好了相关的父节点。

步骤 3： 在加工导航器对话框中双击 FA1 刀轨对象，系统弹出【面铣削】对话框。

- 在切削模式下拉选项中选取 往复 选项。
- 在步进下拉选项中选取 刀具平直百分比 选项，其余参数按系统默认；接着在 操作 下拉选项中单击图标按钮，系统开始计算刀轨，单击 确定 完成刀轨生成操作，结果如图 1-73 所示。

  （注：不要关闭，下一实例将继续使用。）

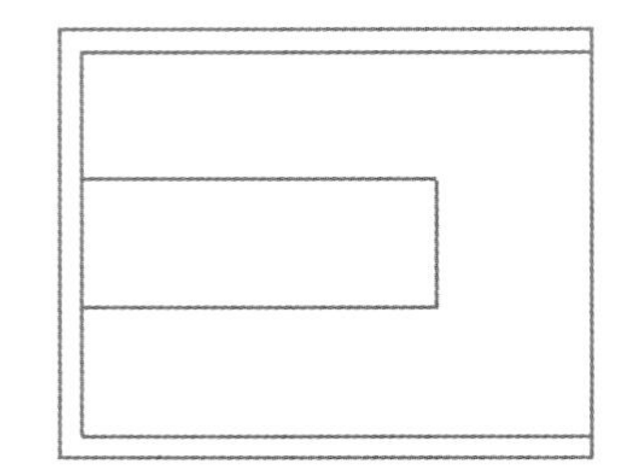

图 1-72 加工对象

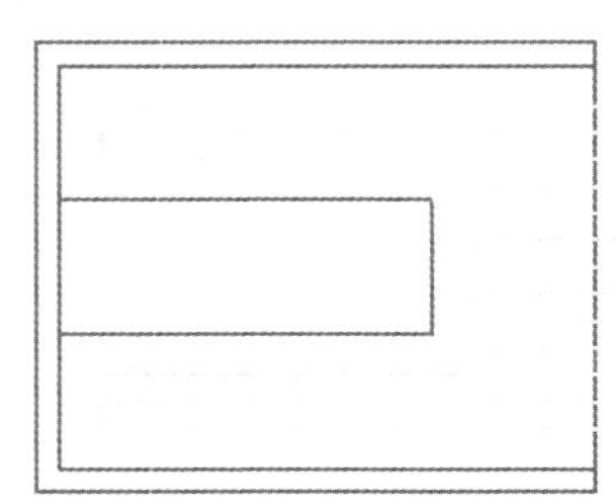

图 1-73 刀具平直百分比步距刀轨结果

1.6.3 变量平均值

变量平均值可以为 Zig-Zag、Zig 和 Zig With Contour 创建步距，按给定的最大与最小间距的范围进行走刀，有利于刀具切削均匀，如图 1-74 所示。

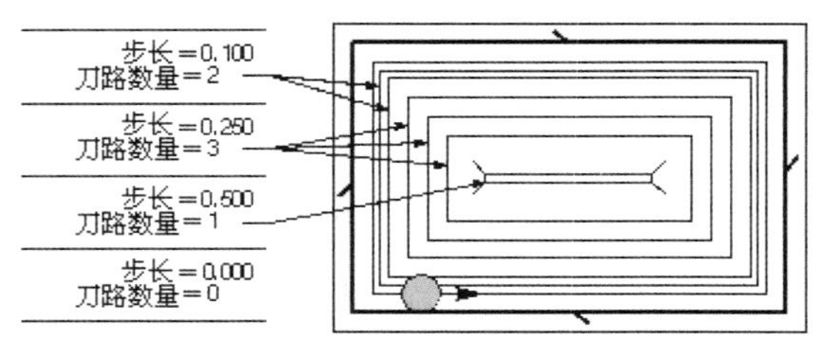

图 1-74 变量平均值

实例 3：变量平均值

步骤 1： 接上一实例。

步骤 2： 在【工序导航器】工具条中单击图标按钮，系统在【工序导航器—几何体】对话框中显示几何体视图。

- 在 FA1 刀轨对象中双击，系统弹出【面铣削】对话框。
- 在切削模式下拉选项中选取 往复 选项。
- 在步进下拉选项中选取 变量平均值 选项，在【最大值】文本框中输入 10，在【最小值】文本框中输入 5，其余参数按系统默认，在操作下拉选项中单击图标按钮，系统开始计算刀轨，单击确定完成刀轨生成操作，结果如图 1-75 所示。

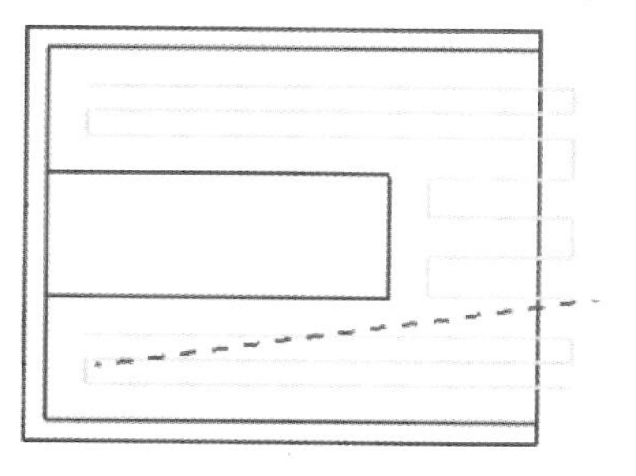

图 1-75　可变刀轨结果

技巧提示： 不同的切削模式会对步距设置有不同的影响，本章就不再一一介绍了，读者可以自行进行设置，发现其不同点。

第2章　UG NX 8.5 常用编程方法

2.1　平面铣的加工特点

平面铣操作可加工的形状具有如下特点：整个形状由平面和与平面垂直的垂直平面构成。它的切削运动只是 X 轴和 Y 轴联动，而没有 Z 轴的运动。平面铣主要用于粗加工或精加工工件的平面，如表平面、腔的底平面、腔的垂直侧壁；可用于曲面的精加工但不可能真正加工出曲面，如图 2-1 所示。

平面铣只能加工与刀轴垂直的直壁平底的工件，且每个切削层的边界完全一致，所以只要用 MILL_BND 几何体来定义加工工件即可。

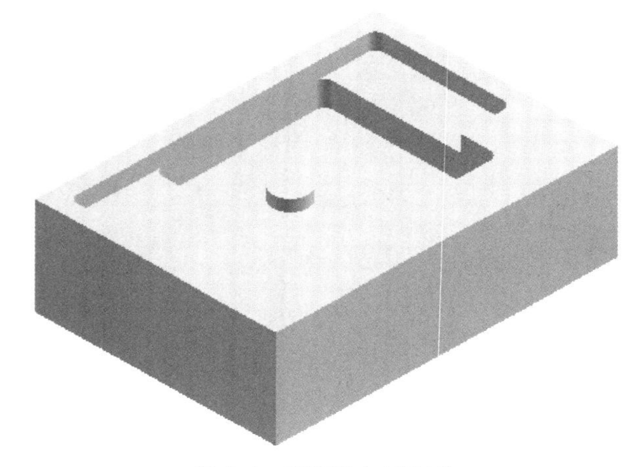

图 2-1　平面铣加工对象

技巧提示： 1．边界平面（仅有一个）的位置决定了是否分层切削，若边界平面与底平面在同一个平面上，则仅有一个切削层，否则是多个切削层。

2．用户可以编辑边界，使用“手工.的”可以使边界的平面移动到其他平面上。

2.2　平面铣几何体设置

为了创建平面铣操作，用户必须定义平面铣操作的加工几何体，平面铣操作所涉及的加工几何体包括部件几何体、毛坯几何体、检查几何体、修剪几何体和底平面 5 种。

实例 1：部件边界的设置

平面铣的部件几何边界可以定义成操作导航器工具中的父节点，也可以通过平面铣几何体操作对话框中的选择或编辑部件边界图标进行个别定义。如果使用了操作导航器中的共享节点，则平面铣几何体操作对话框中的图标选择或编辑部件边界不可用。

步骤 1： 运行 UG NX 8.5。

步骤 2： 选择主菜单的【文件】|【打开】命令，或单击工具栏的图标按钮，系统弹出【打开】对话框，在此找到放置练习文件夹 ch2 并选择 exe1.prt 文件，再单击进入 UG NX 加工主界面，如图 2-2 所示；同时，在操作导航器对话框中已经设置好了相关的父节点。

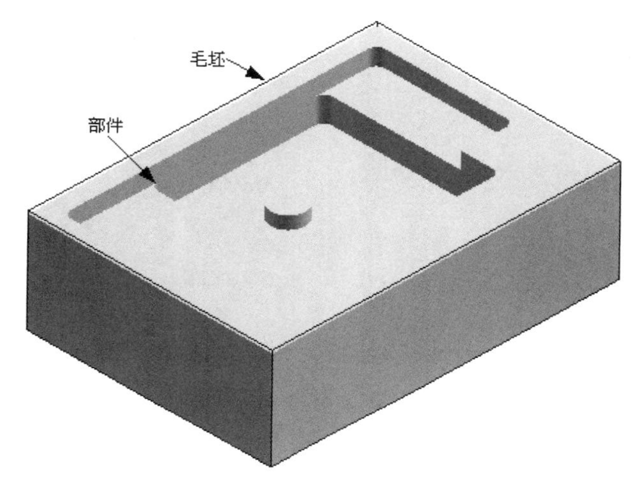

图 2-2　部件与毛坯模型

步骤 3： 在操作导航器对话框空白处右击，系统弹出快捷工具条，如图 2-3 所示。

- 在快捷工具条中单击几何视图选项，系统显示几何体视图，如图 2-4 所示。
- 在 MCS_MILL 选项中单击 + 号，系统会显示几何体相关对象，如图 2-5 所示。

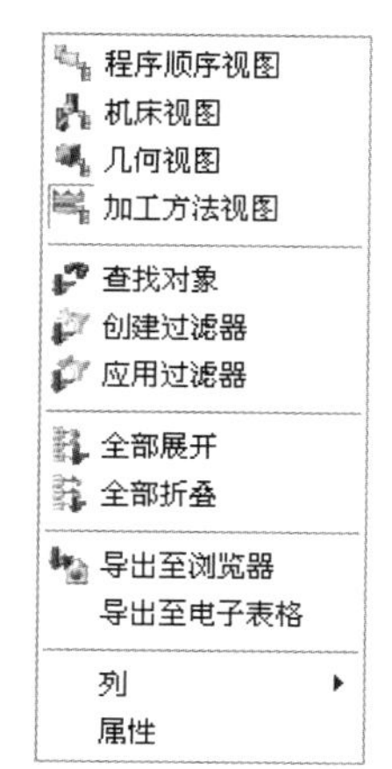

图 2-3　快捷工具条

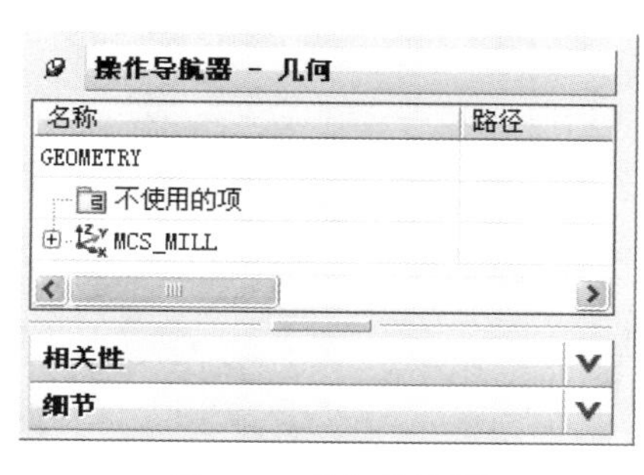

图 2-4　几何体视图

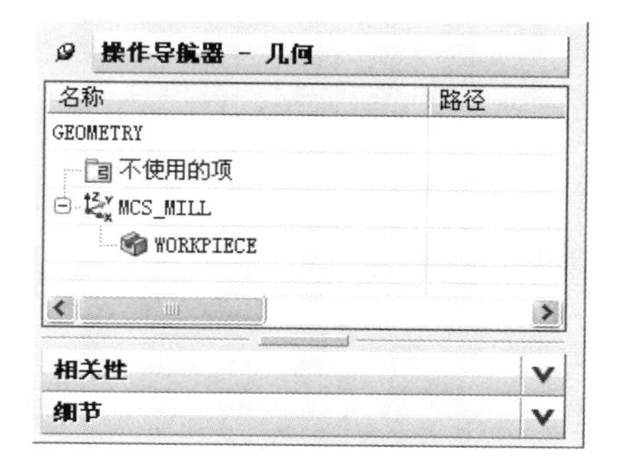

图 2-5　几何体视图展开结果

步骤 4： 在【刀片】工具条中单击图标按钮，系统弹出【创建几何体】对话框，如图 2-6 所示。

- 在【类型】下拉列表中选择【mill_planar】选项。
- 在【几何体子类型】选项组中单击图标按钮。
- 在【几何体】下拉列表中选择【WORKPIECE】，其余参数按系统默认，单击确定系统弹出【铣削边界】对话框，如图 2-7 所示。

图 2-6 【创建几何体】对话框

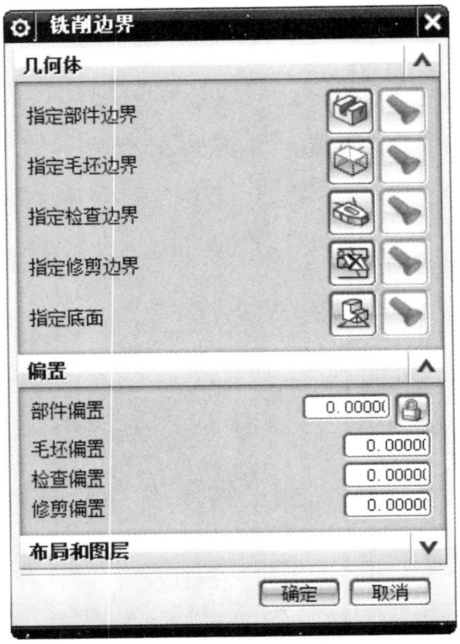

图 2-7 【铣削边界】对话框

步骤 5：在【铣削边界】对话框中设置如下参数：

➘ 在指定部件边界处单击图标按钮，系统弹出【部件边界】对话框，如图 2-8 所示，接着在作图区选择顶面、底面及 3 个台阶面，单击确定完成部件边界操作，如图 2-9 所示。

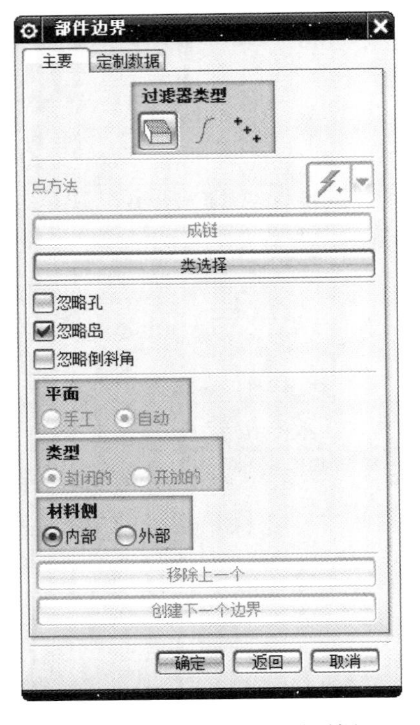

图 2-8 【部件边界】对话框

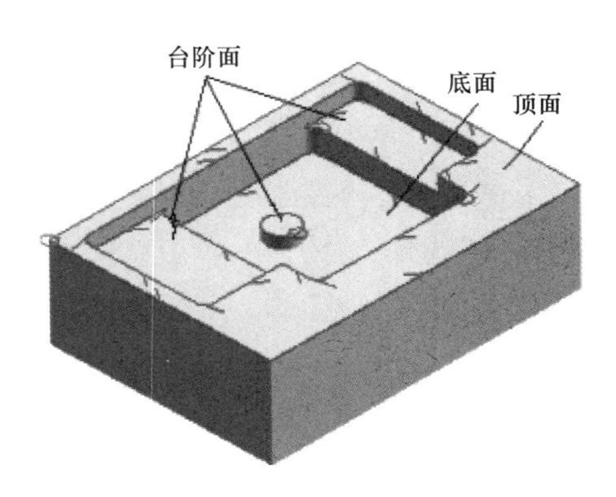

图 2-9 部件边界对象

技巧提示： 1．在平面铣加工时，部件几何体及毛坯几何体可以不设置，但部件边界几何体必须设置。

2．设置部件几何体及毛坯几何体主要是用于动态仿真，因此可以设置也可以不设置。

实例 2：部件边界的编辑

步骤 1： 运行 UG NX 8.5。

步骤 2： 选择主菜单的【文件】|【打开】命令，或单击工具栏的图标按钮，系统弹出【打开】对话框，在此找到放置练习文件夹 ch2 并选择 exe2.prt 文件，再单击OK进入 UG NX 加工主界面，如图 2-10 所示；同时，在操作导航器对话框中已经设置好了相关的父节点。

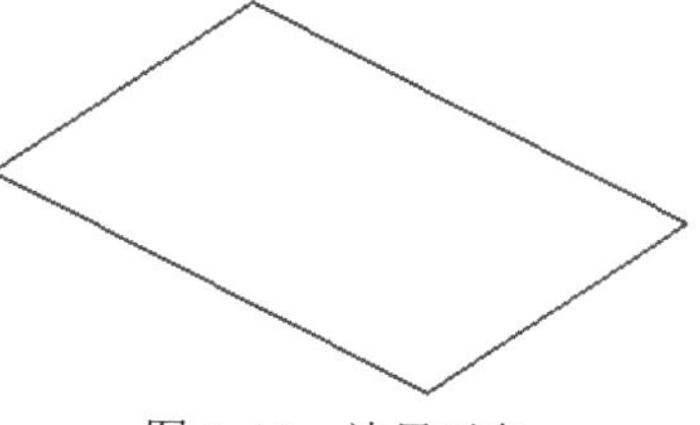

图 2-10　边界对象

步骤 3： 在操作导航器对话框中双击 PLANAR_MILL_1，系统弹出【平面铣】对话框。

➘ 在操作下拉选项单击图标按钮，系统弹出警告信息，如图 2-11 所示，单击两次确定退出【平面铣】对话框。

技巧提示：边界对象设置错误会出现警告信息。

步骤 4： 在操作导航器中双击 MILL_BND，系统弹出【铣削边界】对话框。

➘ 在**指定部件边界**处单击图标按钮，系统弹出【部件边界】对话框，如图 2-12 所示。

➘ 在**材料侧**选项中选择外部选项，其余参数按系统默认，单击确定返回【铣削边界】对话框，再单击确定完成边界编辑操作。

➘ 在操作导航器对话框中双击 PLANAR_MILL_1，系统弹出【平面铣】对话框。

➘ 在操作下拉选项单击图标按钮，系统开始计算刀轨，结果如图 2-13 所示，单击确定完成刀轨重生操作。

图 2-11　警告信息栏

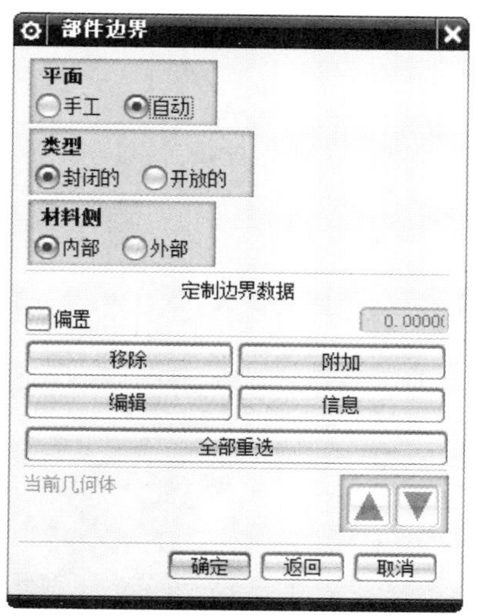

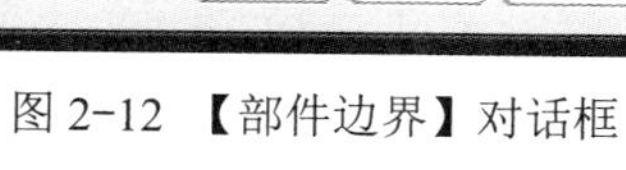

图 2-12　【部件边界】对话框

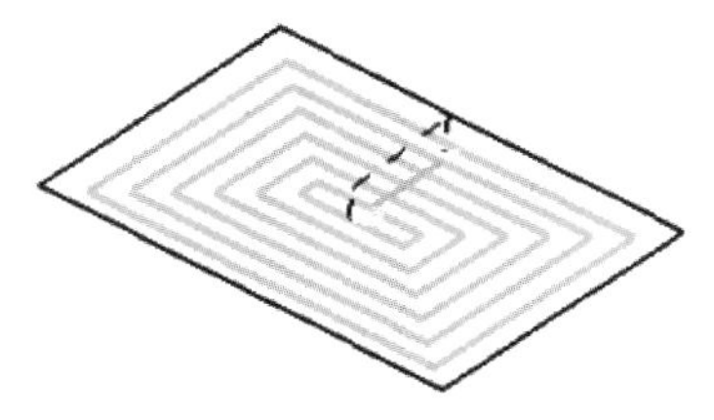

图 2-13　重新生成刀轨

实例 3：毛坯边界的设置

步骤 1：运行 UG NX 8.5。

步骤 2：选择主菜单的【文件】|【打开】命令，或单击工具栏的图标按钮，系统弹出【打开】对话框，在此找到放置练习文件夹 ch2 并选择 exe3.prt 文件，再单击OK进入 UG NX 加工主界面，如图 2-14 所示；同时，在操作导航器对话框中已经设置好了相关的父节点。

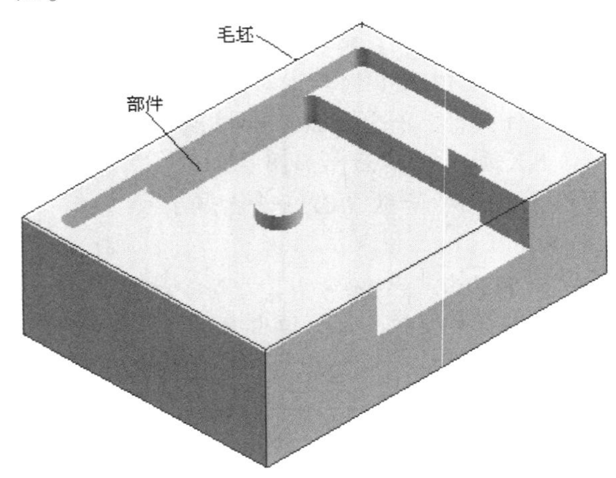

图 2-14 部件与毛坯模型

步骤 3：在操作导航器对话框中双击 MILL_BND，系统弹出【铣削边界】对话框。

- 在指定毛坯边界处单击图标按钮，系统弹出【毛坯边界】对话框，如图 2-15 所示。
- 在作图区选择毛坯顶面为毛坯边界，如图 2-16 所示；其余参数按系统默认，单击确定完成毛坯边界操作，再单击确定返回加工界面。

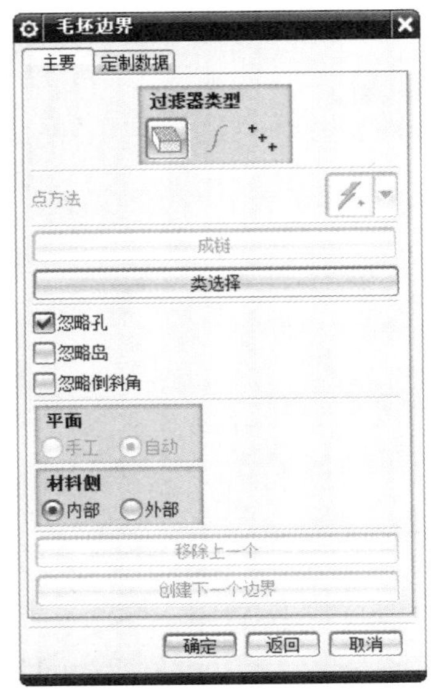

图 2-15 【毛坯边界】对话框

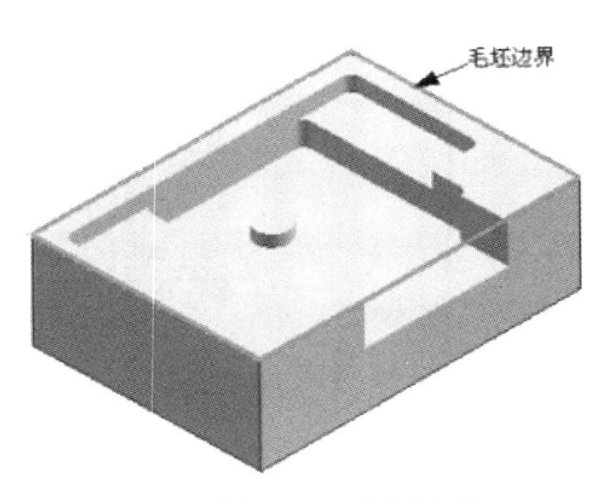

图 2-16 毛坯边界

实例4：检查边界的设置

步骤1： 运行 UG NX 8.5。

步骤2： 选择主菜单的【文件】|【打开】命令，或单击工具栏的图标按钮，系统弹出【打开】对话框，在此找到放置练习文件夹 ch2 并选择 exe4.prt 文件，再单击 OK 进入 UG NX 加工主界面，如图 2-17 所示；同时，在操作导航器对话框中已经设置好了相关的父节点。

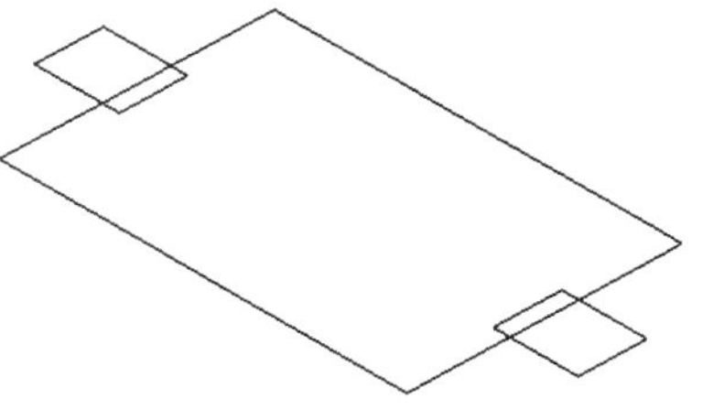

图 2-17　边界对象

步骤3： 在【操作导航器】工具条中单击图标按钮，系统在【操作导航器—几何】对话框中显示几何体视图，如图 2-18 所示。

➘ 将鼠标移至 PLANAR_MILL 右击，系统弹出快捷工具条，如图 2-19 所示。

图 2-18　几何体视图

图 2-19　快捷工具条

➘ 在快捷工具条中选择 **重播** 选项，在作图区将显示重播刀轨，如图 2-20 所示。

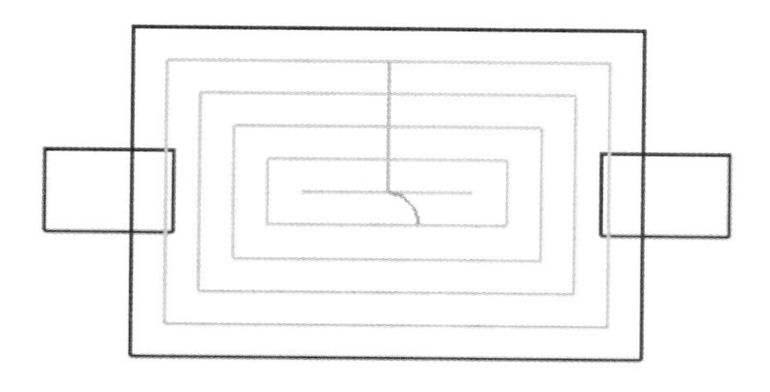

图 2-20　重播刀轨

步骤4： 在几何体视图双击 PLANAR_MILL 对象，系统弹出【平面铣】对话框。

➘ 在指定检查边界对象中单击图标按钮，系统弹出【边界几何体】对话框，如图 2-21 所示。

➘ 在模式选项中选择曲线/边选项，同时系统弹出【创建边界】对话框，如图 2-22 所示。

图 2-21 【边界几何体】对话框

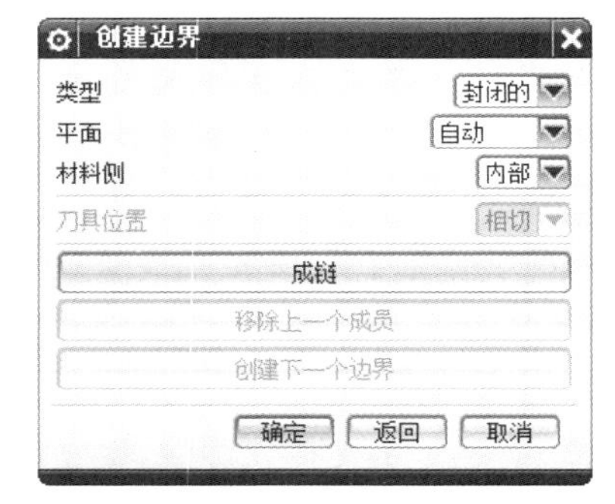

图 2-22 【创建边界】对话框

➘ 在【创建边界】对话框中单击成链按钮，系统弹出【成链】对话框，接着在作图区选择左侧小矩形对象为成链边界，单击确定返回【创建边界】对话框。

➘ 在【创建边界】对话框中单击创建下一个边界按钮，完成第一个边界创建；接着在【创建边界】对话框中再单击成链按钮，系统弹出【成链】对话框，然后在作图区选择右侧小矩形对象为成链边界，单击确定返回【创建边界】对话框；再单击两次确定系统返回【平面铣】对话框。

步骤 5： 在【平面铣】对话框中单击图标按钮，系统重新计算刀轨，结果如图 2-23 所示。

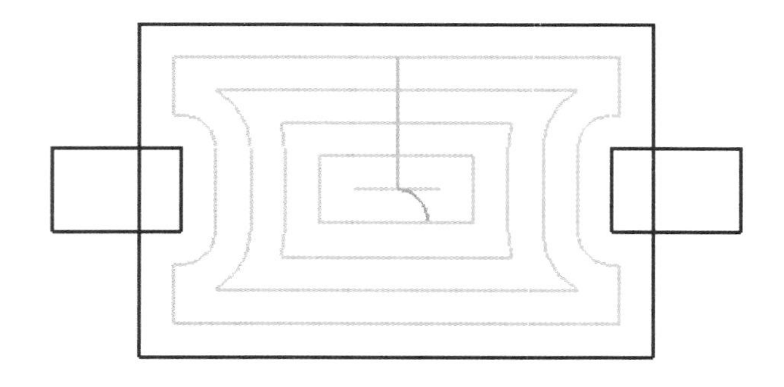

图 2-23 重新计算刀轨结果

技巧提示：检查边界主要用于检查刀轨有没有和不相关的对象发生碰撞，如夹具、压块等。如图 2-23 所示两边有压块，编程时应考虑使用检查边界，避免撞刀。

实例 5：修剪边界的设置

步骤 1： 运行 UG NX 8.5。

步骤 2： 选择主菜单的【文件】|【打开】命令，或单击工具栏的图标按钮，系统弹出【打开】对话框，在此找到放置练习文件夹 ch2 并选择 exe5.prt 文件，再单击OK进

入 UG NX 加工主界面，如图 2-24 所示；同时，在操作导航器对话框中已经设置好了相关的父节点。

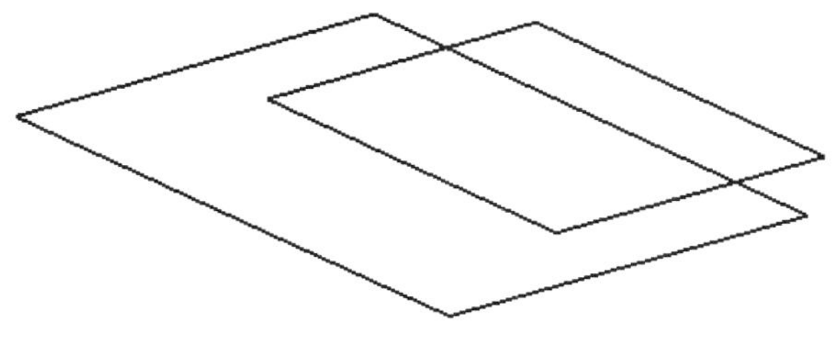

图 2-24　边界对象

步骤 3：在【操作导航器】工具条中单击图标按钮，系统在【操作导航器—几何】对话框中显示几何体视图，如图 2-25 所示。

➘ 将鼠标移至 PLANAR_MILL 右击，系统弹出快捷工具条，如图 2-26 所示。

图 2-25　几何体视图　　图 2-26　快捷工具条

➘ 在快捷工具条中选择 **重播**选项，在作图区将显示重播刀轨，如图 2-27 所示。

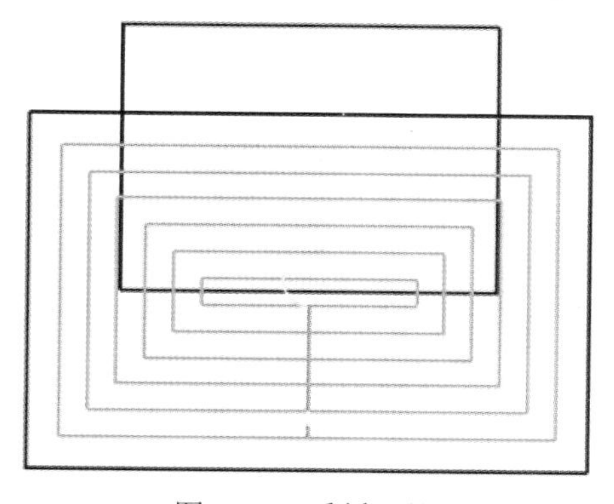

图 2-27　重播刀轨

步骤 4：在几何体视图双击 PLANAR_MILL 对象，系统弹出【平面铣】对话框。

➘ 在**指定修剪边界**对象中单击图标按钮，系统弹出【边界几何体】对话框，如图 2-21 所示。

- 在模式选项中选择曲线/边选项，系统弹出【创建边界】对话框，如图 2-22 所示。
- 在【创建边界】对话框中单击成链按钮，系统弹出【成链】对话框，接着在作图区选择上侧小矩形对象为成链边界，单击 3 次确定返回【平面铣】对话框。

步骤 5：在【平面铣】对话框中单击图标按钮，系统重新计算刀轨，结果如图 2-28 所示。

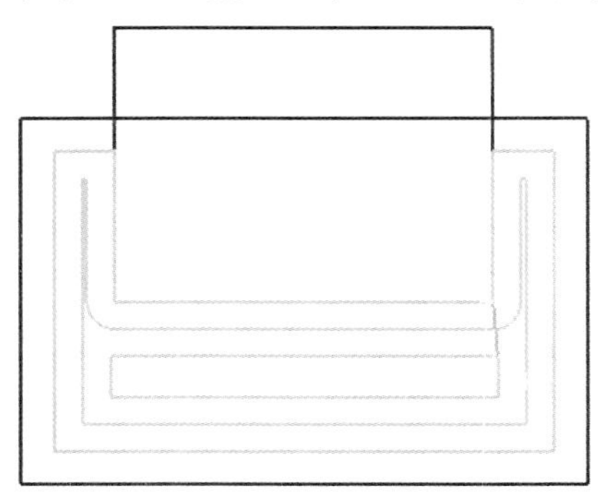

图 2-28　重新计算刀轨结果

2.3　平面铣切削层操作

实例 1：用户定义

用户定义可以将零件进行分层切削，用户定义包括如下选项：

- 公共：是指每一切削深度不会超过多少。
- 最小值：是指最小切削深度不会少于多少。
- 离顶面的距离：是指第一刀的下刀深度。
- 离底面的距离：是指最后一刀的下刀深度。

步骤 1：运行 UG NX 8.5。

步骤 2：选择主菜单的【文件】|【打开】命令，或单击工具栏的图标按钮，系统弹出【打开】对话框，在此找到放置练习文件夹 ch2 并选择 exe6.prt 文件，再单击OK进入 UG NX 加工主界面，如图 2-29 所示；同时，在操作导航器中已经设置好了相关的父节点。

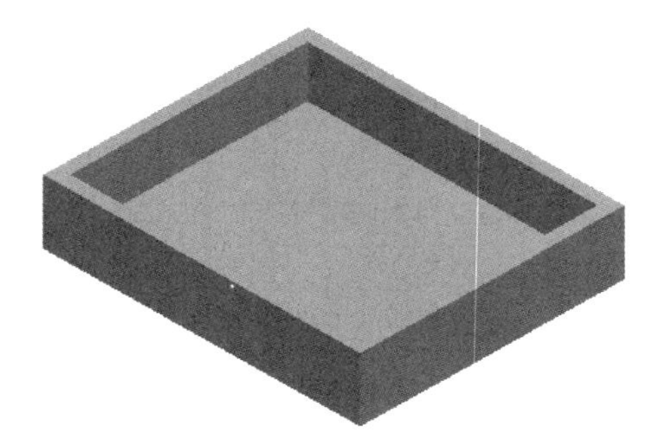

图 2-29　部件模型

步骤 3：在【操作导航器】工具条中单击图标按钮，系统在【操作导航器—几何】对话框中显示几何体视图。

➘ 将鼠标移至 PLANAR_MILL 双击，系统弹出【平面铣】对话框。

➘ 在切削层选项中单击图标按钮，系统弹出【切削层】对话框，如图 2-30 所示。

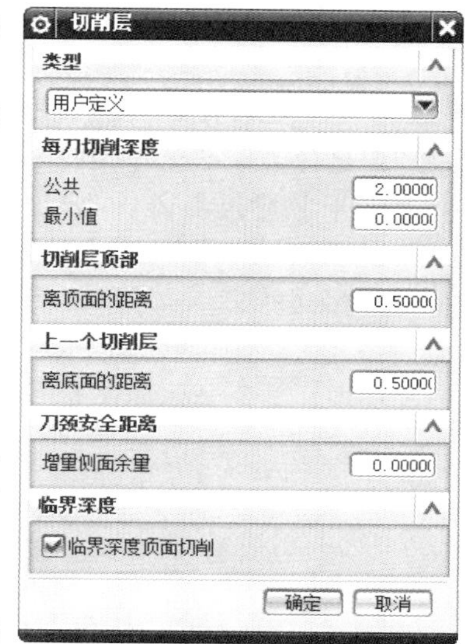

图 2-30 【切削层】对话框

步骤 4：在【切削层】对话框中设置如下参数。

➘ 在类型选项中选择用户定义选项。

➘ 在公共文本框中输入 2。

➘ 在最小值文本框中输入 0。

➘ 在离顶面的距离文本框中输入 0.5。

➘ 在离底面的距离文本框中输入 0.5，其余参数按系统默认，单击确定完成用户定义操作，同时系统返回【平面铣】对话框。

步骤 5：在操作下拉选项中单击图标按钮，系统开始计算刀轨，最终结果如图 2-31 所示，单击确定完成平面铣操作。

（注：不要关闭，下一实例将继续使用。）

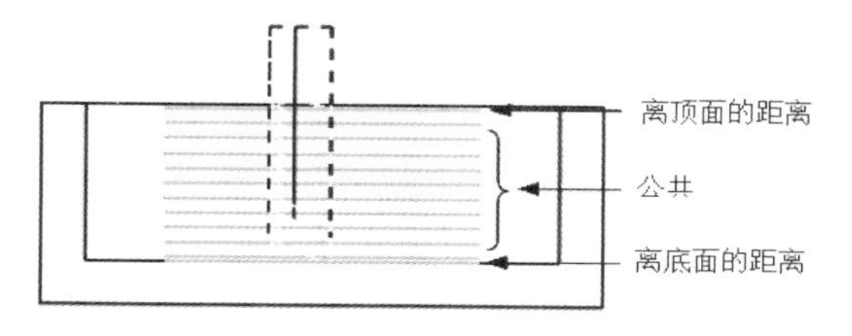

图 2-31　用户定义刀轨结果

实例 2：仅底面

步骤 1：接上一实例。

步骤 2：在【操作导航器】工具条中单击图标按钮，系统在【操作导航器—几何】对话框中显示几何体视图。

➘ 在 PLANAR_MILL 双击，系统弹出【平面铣】对话框。

➘ 在切削层选项中单击图标按钮，系统弹出【切削层】对话框，如图 2-30 所示。

➘ 在类型选项中选择仅底部面选项，单击确定完成仅底部面切削层设置操作，同时系统返回【平面铣】对话框。

步骤 3：在操作下拉选项中单击图标按钮，系统开始计算刀轨，最终结果如图 2-32 所示，单击确定完成平面铣操作。

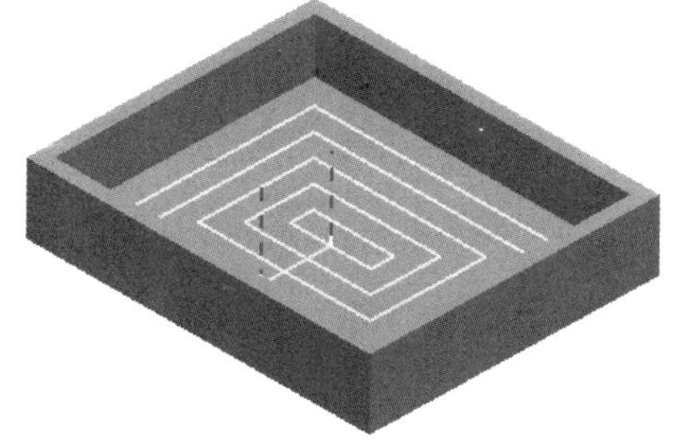

图 2-32　仅底部面切削层刀轨结果

技巧提示：仅底面切削方式是指只加工用户定义的底面，当用户重新定义了底面时，底部面切削会重新以新的底面对象为切削面进行切削加工。

实例 3：底面与临界深度

步骤 1： 运行 UG NX 8.5。

步骤 2： 选择主菜单的【文件】|【打开】命令，或单击工具栏的图标按钮，系统弹出【打开】对话框，在此找到放置练习文件夹 ch2 并选择 exe7.prt 文件，再单击 OK 进入 UG NX 加工主界面，如图 2-33 所示；同时，在操作导航器对话框中已经设置好了相关的父节点。

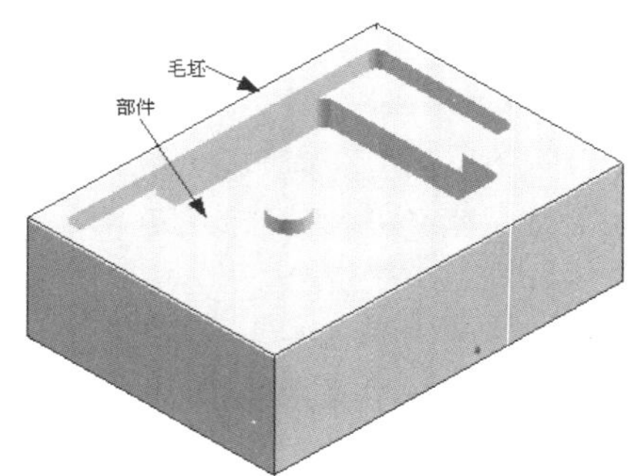

图 2-33　部件和毛坯模型

步骤 3： 在【刀片】工具条中单击图标按钮，系统弹出【创建工序】对话框，如图 2-34 所示。

图 2-34　【创建工序】对话框

- 在 类型 下拉选项中选择 mill_planar 选项。
- 在 工序子类型 下拉选项中单击图标按钮。
- 在**程序**下拉列表中选择 PROGRAM 选项。
- 在**刀具**下拉列表中选择 D10(铣刀-5-参数)。
- 在**几何体**下拉列表中选择 MILL_BND 选项。
- 在**方法**下拉列表中选择 MILL_R 选项，其余参数按系统默认，单击 确定 进入【平面铣】对话框。

步骤 4： 在【平面铣】对话框中设置如下操作。

- 在**切削层**选项中单击图标按钮，系统弹出【切削层】对话框，如图 2-35 所示。

- 在类型选项中选择[底面及临界深度]选项，单击[确定]，完成【底面与临界深度】切削层设置操作，同时系统返回【平面铣】对话框。
- 在[操作]下拉选项中单击图标按钮，系统开始计算刀轨，最终结果如图 2-36 所示，单击[确定]，完成平面铣操作。
  （注：①如果生成刀轨时发出警告，则可以在非切削选项中设置传递 / 快速选项，这将在下面章节中讲解。②不要关闭，下一实例将继续使用。）

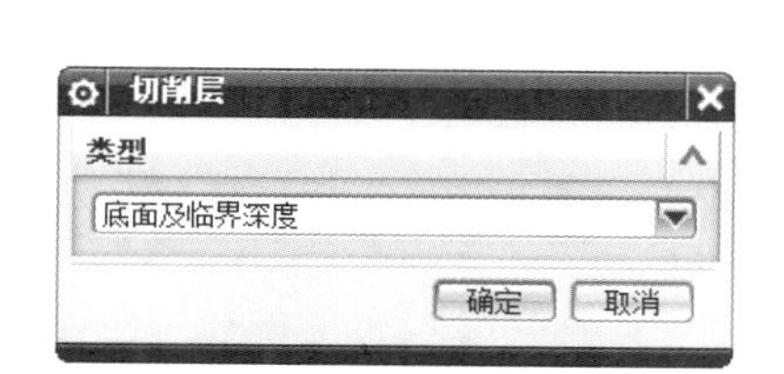

图 2-35 【切削层】对话框

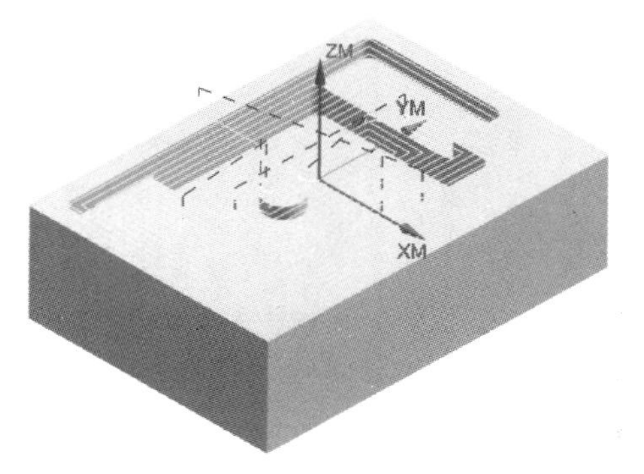

图 2-36 生成刀轨结果

实例 4：临界深度

步骤 1： 接上一实例。

步骤 2： 在【工序导航器】中双击 PLANAR_MILL 刀轨，系统弹出【平面铣】对话框，接着设置如下参数：

- 在切削层选项中单击图标按钮，系统弹出【切削层】对话框，如图 2-35 所示。
- 在类型选项中选择[临界深度]选项，其余参数按系统默认，单击[确定]，完成临界深度切削层设置操作，同时系统返回【平面铣】对话框。

步骤 3： 在[操作]下拉选项中单击图标按钮，系统开始计算刀轨，最终结果如图 2-37 所示，单击[确定]，完成平面铣操作。

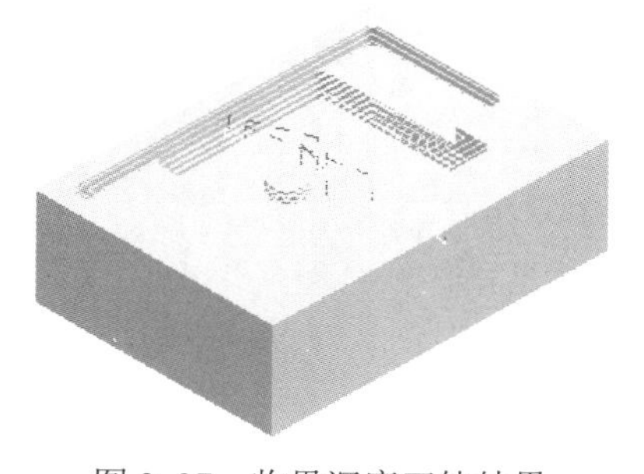

图 2-37 临界深度刀轨结果

实例 5：恒定

步骤 1： 运行 UG NX 8.5。

步骤 2： 选择主菜单的【文件】|【打开】命令，或单击工具栏的图标按钮，系统弹出【打开】对话框，在此找到放置练习文件夹 ch2 并选择 exe8.prt 文件，再单击[OK]进入 UG NX 加工主界面，如图 2-38 所示；同时，在操作导航器中已经设置好了相关的父节点。

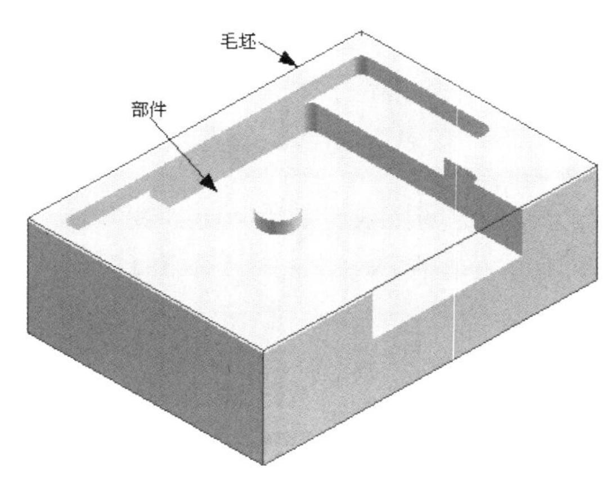

图 2-38　部件与毛坯模型

步骤 3： 在【刀片】工具条中单击图标按钮，系统弹出【创建工序】对话框，如图 2-39 所示。

- 在类型下拉选项中选择 mill_planar 选项。
- 在工序子类型下拉选项中单击图标按钮。
- 在**程序**下拉列表中选择 PROGRAM 选项。
- 在**刀具**下拉列表中选择 D10（铣刀-5_参数）。
- 在**几何体**下拉列表中选择 MILL_BND 选项。
- 在**方法**下拉列表中选择 MILL_R 选项，其余参数按系统默认，单击 确定 进入【平面铣】对话框，如图 2-40 所示。

步骤 4： 在【平面铣】对话框中设置如下操作。

- 在**切削层**选项中单击图标按钮，系统弹出【切削层】对话框。在**类型**选项中选择 恒定 选项。在**公共**文本框中输入 2，其余参数按系统默认，单击 确定 完成恒定切削层设置操作，同时系统返回【平面铣】对话框。

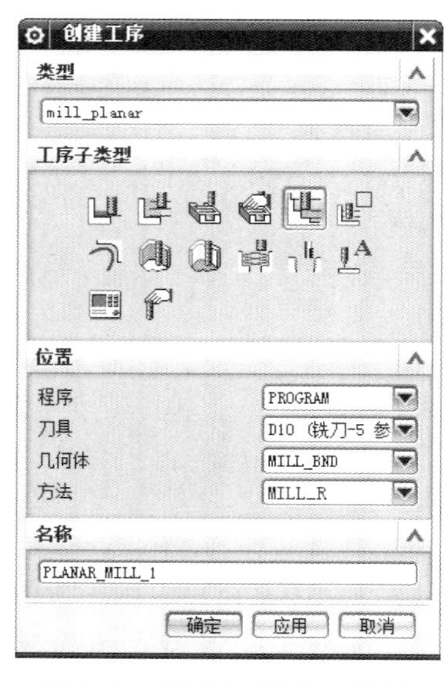

图 2-39　【创建工序】对话框

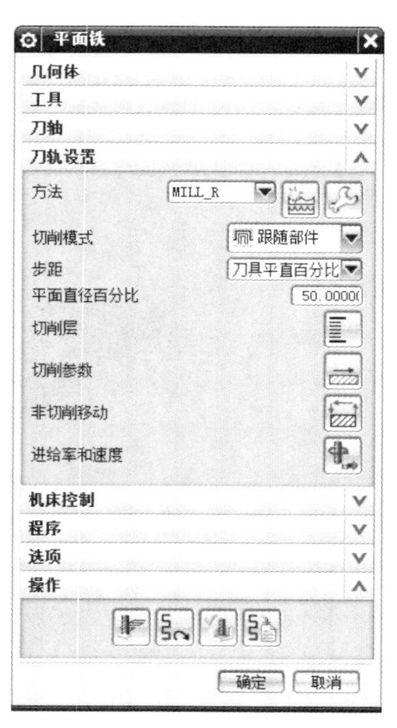

图 2-40　【平面铣】对话框

➘ 在 操作 下拉选项中单击图标按钮，系统开始计算刀轨，最终结果如图 2-41 所示，单击确定完成平面铣操作。

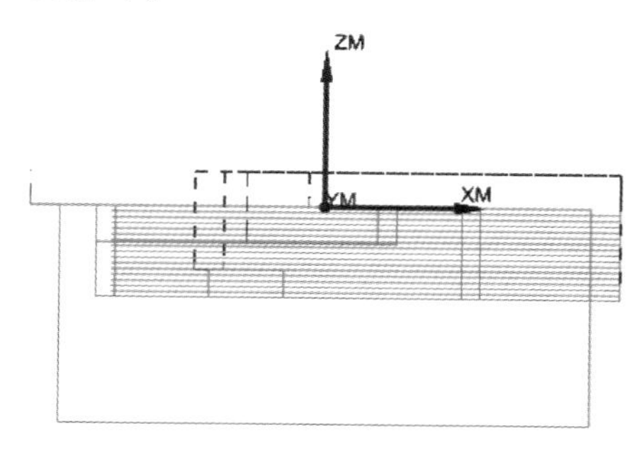

图 2-41　恒定切削层刀轨结果

技巧提示：恒定指的是每次的切削深度，但除最后一层可能小于自己定义的切削深度外，其他层都是相等的。

2.4　切削参数

在【切削参数】对话框中包括如下选项：

1）策略参数：定义最常用的或主要的参数。

2）余量参数：定义当前操作后剩余的余量和公差参数。

3）连接参数：定义切削运动间的所有运动。

4）未切削参数：定义未切削区域参数。

5）空间范围：定义加工刀路的限制，在型腔铣操作时显示。

6）多条刀路：定义固定轴轮廓铣操作中的其他刀路。

7）更多：定义不在先前分类内的其他参数。

实例 1：切削顺序

步骤 1： 运行 UG NX 8.5。

步骤 2： 选择主菜单的【文件】|【打开】命令，或单击工具栏的图标按钮，系统弹出【打开】对话框，在此找到放置练习文件夹 ch2 并选择 exe9.prt 文件，再单击 OK 进入 UG NX 加工主界面，如图 2-42 所示；同时，在操作导航器对话框中已经设置好了相关的父节点。

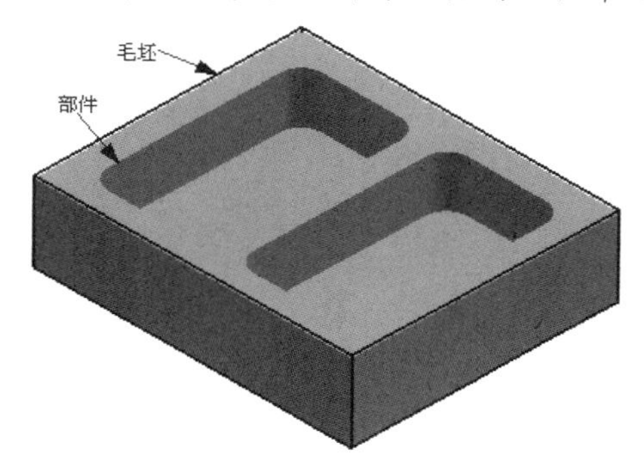

图 2-42　部件与毛坯模型

步骤3：在【操作导航器】工具条中单击图标按钮，系统在操作导航器对话框中显示几何体视图。

↘ 在 PLANAR_MILL对象中双击，系统弹出【平面铣】对话框。

↘ 在切削参数选项中单击图标按钮，系统弹出【切削参数】对话框，如图2-43所示。

步骤4：在【切削参数】对话框中设置如下参数。

↘ 在切削顺序下拉选项选择深度优先选项，其余参数按系统默认，单击确定完成切削参数设置，同时系统返回【平面铣】对话框。

步骤5：在操作下拉选项中单击图标按钮，系统开始计算刀轨，最终结果如图2-44所示，单击确定完成平面铣操作。

技巧提示：如果在切削顺序选择的是层优先选项，则刀轨如图2-45所示。在加工多个区域时，用户可以设置为深度优先，这样可以减少抬刀，提高加工效率。

（注：不要关闭，下一实例将继续使用。）

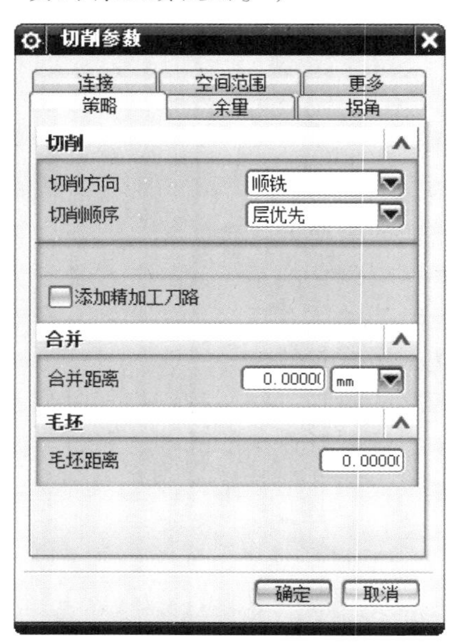

图2-43 【切削参数】对话框

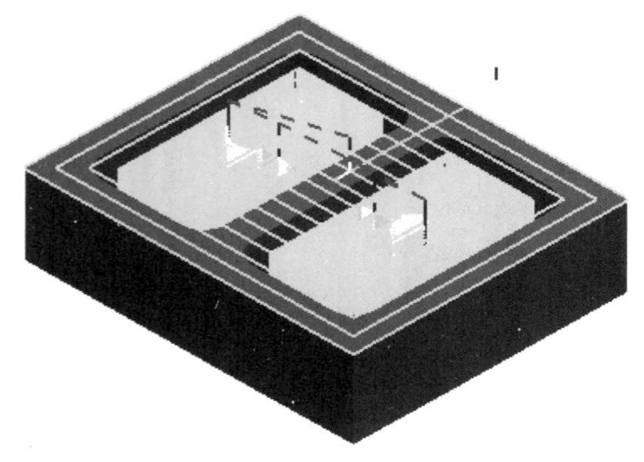

图2-44 深度优先刀轨结果

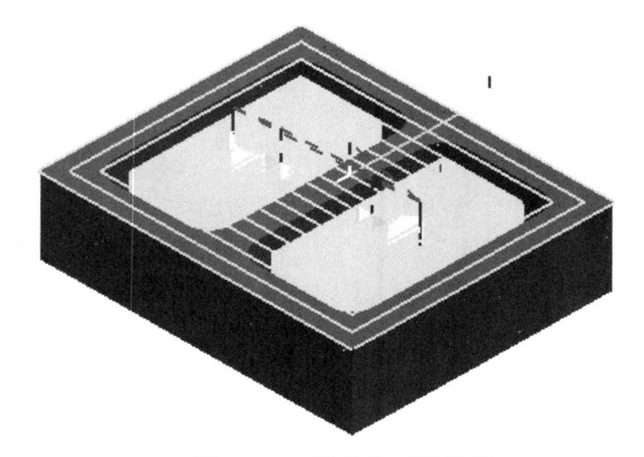

图2-45 层优先刀轨结果

实例 2：添加精加工刀路

步骤 1： 接上一实例。

步骤 2： 在【操作导航器】工具条中单击图标按钮，系统在操作导航器对话框中显示几何体视图。

- 在 PLANAR_MILL 对象中双击，系统弹出【平面铣】对话框。
- 在切削参数选项中单击图标按钮，系统弹出【切削参数】对话框，如图 2-43 所示。
- 勾选添加精加工刀路选项。
- 在刀路数文本框中输入 2，其余参数按系统默认，单击确定完成切削参数设置，同时系统返回【平面铣】对话框。

步骤 3： 在操作下拉选项中单击图标按钮，系统开始计算刀轨，最终结果如图 2-46 所示，单击确定完成平面铣操作。

（注意刀轨生成的前后变化。）

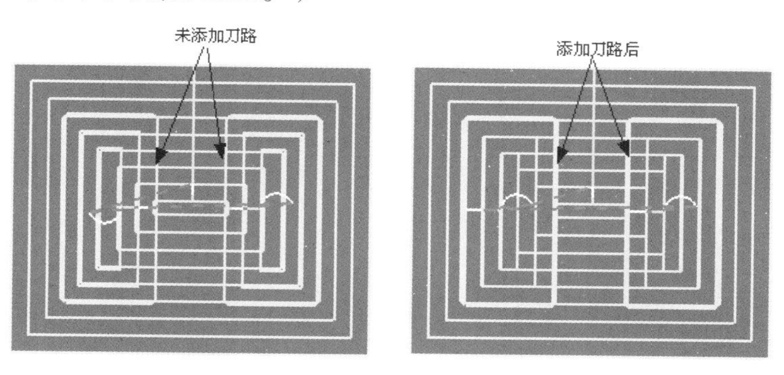

图 2-46　添加精加工刀路结果

实例 3：余量

步骤 1： 运行 UG NX 8.5。

步骤 2： 选择主菜单的【文件】|【打开】命令，或单击工具栏的图标按钮，系统弹出【打开】对话框，在此找到放置练习文件夹 ch2 并选择 exe10.prt 文件，再单击 OK 进入 UG NX 加工主界面，如图 2-47 所示；同时，在操作导航器对话框中已经设置好了相关的父节点。

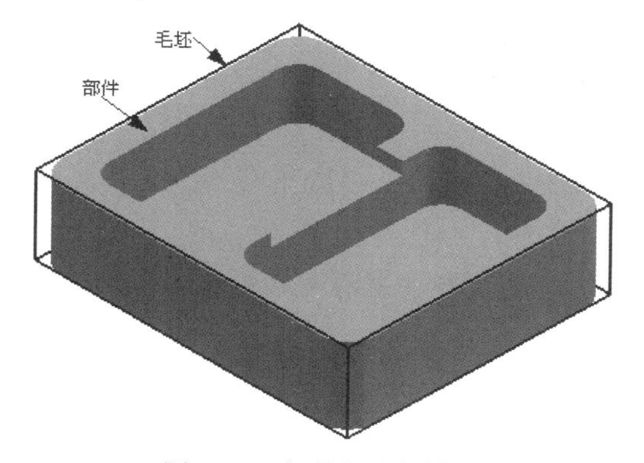

图 2-47　部件与毛坯模型

步骤 3：在【操作导航器】工具条中单击图标按钮，系统在操作导航器对话框中显示几何体视图。

- 在 PLANAR_MILL 对象中双击，系统弹出【平面铣】对话框。
- 在**切削参数**选项中单击图标按钮，系统弹出【切削参数】对话框。

步骤 4：在【切削参数】对话框中设置如下参数。

- 单击 余量 按钮，系统显示余量的相关选项。
- 在**部件余量**文本框中输入 0.5，其余参数按系统默认，单击 确定 完成切削参数设置，同时系统返回【平面铣】对话框。

步骤 5：在 操作 下拉选项中单击图标按钮，系统开始计算刀轨，接着再单击图标按钮，系统弹出【刀轨可视化】对话框，如图 2-48 所示。

步骤 6：在【刀轨可视化】对话框中单击 2D 动态 选项卡，接着再单击图标按钮，刀轨仿真结果如图 2-49 所示。

（注：不要关闭，下一实例将继续使用。）

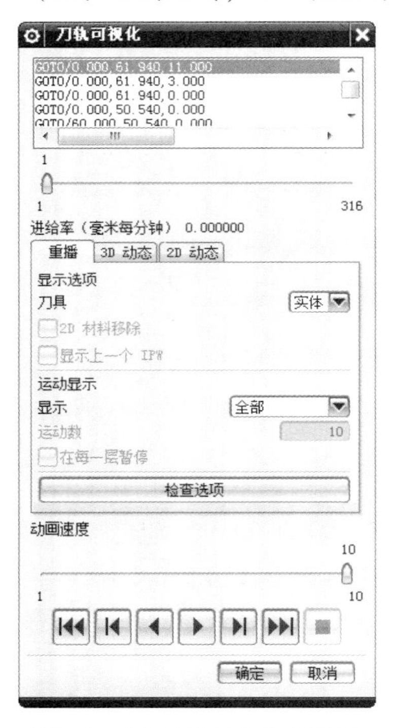

图 2-48 【刀轨可视化】对话框

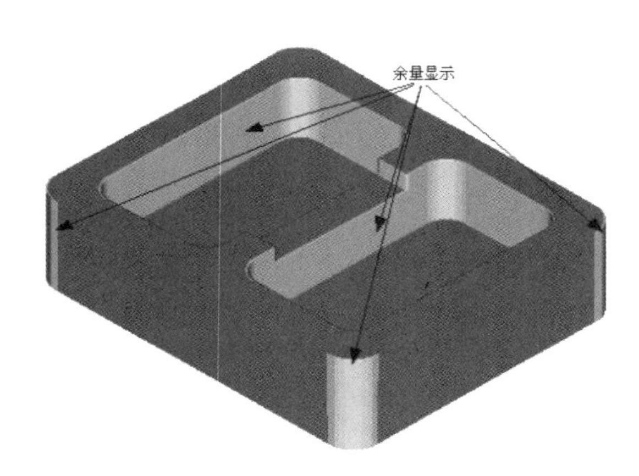

图 2-49 刀轨仿真结果

实例 4：毛坯余量

步骤 1：接上一实例。

步骤 2：在【操作导航器】工具条中单击图标按钮，系统在操作导航器对话框中显示几何体视图。

- 在 PLANAR_MILL 对象中双击，系统弹出【平面铣】对话框。
- 在**切削参数**选项中单击图标按钮，系统弹出【切削参数】对话框。
- 在【切削参数】对话框中单击 余量 按钮，系统显示余量的相关选项。

➘ 在毛坯余量文本框中输入 3，其余参数按系统默认，单击确定完成切削参数设置，同时系统返回【平面铣】对话框。

步骤 3： 在操作下拉选项中单击图标按钮，系统开始计算刀轨，最终结果如图 2-50 所示，单击确定完成平面铣操作。
（注意刀轨生成的前后变化。）

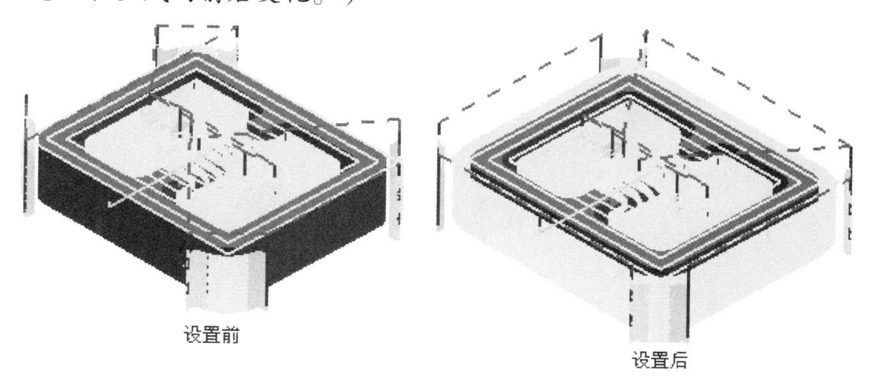

图 2-50　毛坯余量刀轨生成结果

实例 5：区域连接

步骤 1： 运行 UG NX 8.5。

步骤 2： 选择主菜单的【文件】|【打开】命令，或单击工具栏的图标按钮，系统弹出【打开】对话框，在此找到放置练习文件夹 ch2 并选择 exe11.prt 文件，再单击OK进入 UG NX 加工主界面，如图 2-51 所示；同时，在操作导航器对话框中已经设置好了相关的父节点。

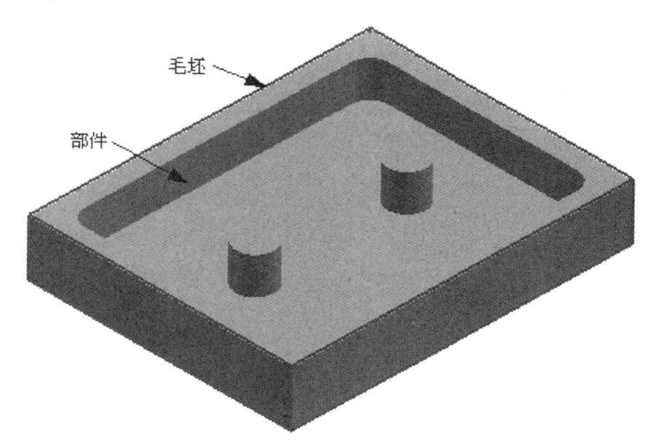

图 2-51　部件与毛坯模型

步骤 3： 在【操作导航器】工具条中单击图标按钮，系统在操作导航器对话框中显示几何体视图。

➘ 在 PLANAR_MILL 对象中双击，系统弹出【平面铣】对话框。

➘ 在切削参数选项中单击图标按钮，系统弹出【切削参数】对话框。

步骤 4： 在【切削参数】对话框中设置如下参数。

➘ 单击更多按钮，系统显示原有的相关选项，接着勾选区域连接，其余参数按系统默认，单击确定完成切削参数设置，同时系统返回【平面铣】对话框。

步骤 5： 在操作下拉选项中单击图标按钮，系统开始计算刀轨，最终结果如图 2-52 所示，单击确定完成平面铣操作。
（注意刀轨生成的前后变化。）

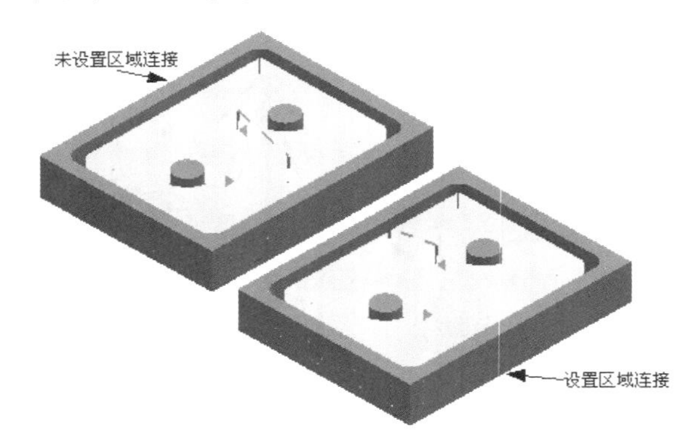

图 2-52 区域连接刀轨生成结果

实例 6：开放刀路参数

步骤 1： 运行 UG NX 8.5。

步骤 2： 选择主菜单的【文件】|【打开】命令，或单击工具栏的图标按钮，系统弹出【打开】对话框，在此找到放置练习文件夹 ch2 并选择 exe12.prt 文件，再单击OK进入 UG NX 加工主界面；同时，在操作导航器对话框中已经设置好了相关的父节点。

步骤 3： 在【操作导航器】工具条中单击图标按钮，系统在操作导航器对话框中显示几何体视图。

- 在 PLANAR_MILL 对象中双击，系统弹出【平面铣】对话框。
- 在切削参数选项中单击图标按钮，系统弹出【切削参数】对话框。

步骤 4： 在【切削参数】对话框中设置如下参数。

- 单击连接按钮，系统显示连接的相关选项。
- 在开放刀路下拉选项中选择变换切削方向选项，其余参数按系统默认，单击确定完成切削参数设置，同时系统返回【平面铣】对话框。

步骤 5： 在操作下拉选项中单击图标按钮，系统开始计算刀轨，最终结果如图 2-53 所示，单击确定完成平面铣操作。
（注意刀轨生成的前后变化。）

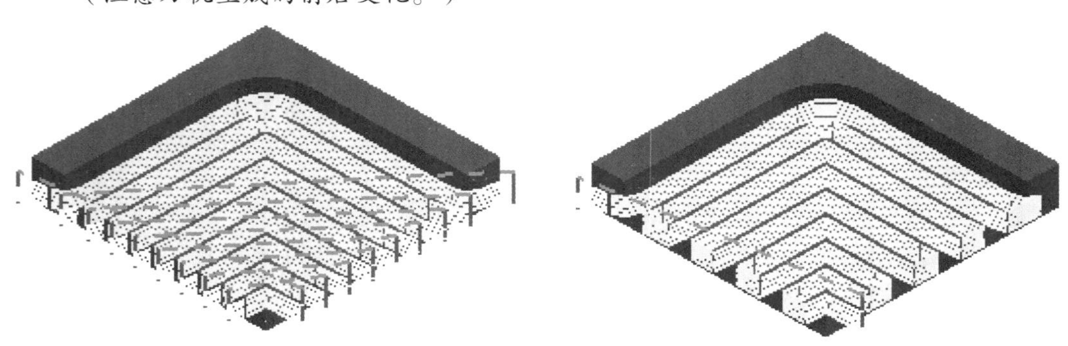

图 2-53 开放刀路刀轨生成结果

技巧提示：切削参数是与切削模式相关的，不同的切削模式有不同的切削参数相对应，但多数切削参数是相同的，因此不再一一赘述，读者可以自行完成。

2.5　非切削参数

非切削参数是指在数控加工过程中不进行切削的运动对象，包括进 / 退刀、安全平面设置、刀具补偿等。

实例 1：进刀与退刀参数设置

步骤 1： 运行 UG NX 8.5。

步骤 2： 选择主菜单的【文件】|【打开】命令，或单击工具栏的图标按钮，系统弹出【打开】对话框，在此找到放置练习文件夹 ch2 并选择 exe13.prt 文件，再单击 OK 进入 UG NX 加工主界面；同时，在操作导航器对话框中已经设置好了相关的父节点。

步骤 3： 在【操作导航器】工具条中单击图标按钮，系统在操作导航器对话框中显示几何体视图。

- 在 PLANAR_MILL 对象中双击，系统弹出【平面铣】对话框。
- 在非切削移动选项中单击图标按钮，系统弹出【非切削移动】对话框，如图 2-54 所示。

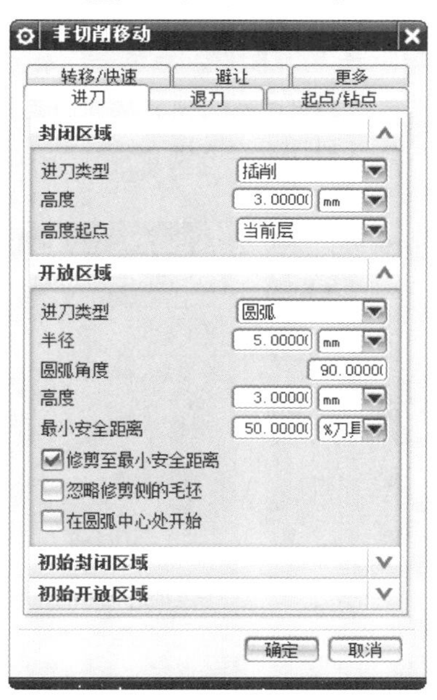

图 2-54 【非切削移动】对话框

步骤 4： 在【非切削移动】对话框中设置如下参数。

- 在【封闭区域】的进刀类型下拉选项中选择插削选项。
- 在【开放区域】的进刀类型下拉选项中选择圆弧选项。
- 在半径文本框中输入 5，其余参数按系统默认，单击确定完成非切削参数设置，同时系统返回【平面铣】对话框。

步骤 5： 在操作下拉选项中单击图标按钮，系统开始计算刀轨，最终结果如图 2-55 所示，

单击 确定 完成平面铣操作。
（注：不要关闭，下一实例将继续使用。）

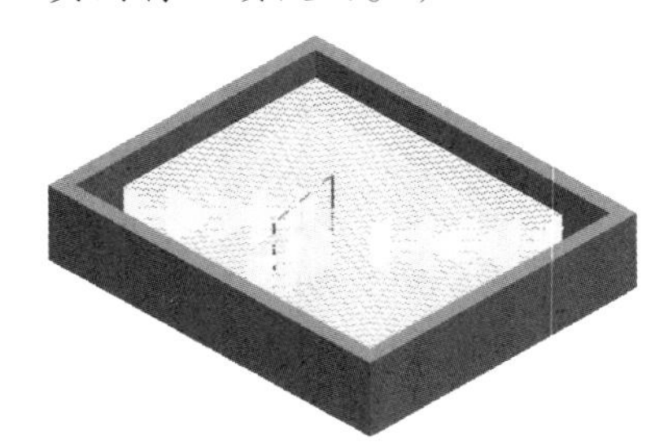

图 2-55　刀轨生成结果

实例 2：转移 / 快速设置

步骤 1：接上一实例。

步骤 2：在【操作导航器】工具条中单击图标按钮，系统在操作导航器对话框中显示几何体视图。

- 在 PLANAR_MILL 对象中双击，系统弹出【平面铣】对话框。
- 在**非切削移动**选项中单击图标按钮，系统弹出【非切削移动】对话框。

步骤 3：在【非切削移动】对话框中设置如下参数。

- 在【非切削移动】对话框中单击 转移/快速 选项卡，系统显示相关选项，如图 2-56 所示。
- 在**安全设置选项**下拉选项中选择 平面 选项，接着在**选择平面**选项处单击图标按钮，系统弹出【平面】对话框，如图 2-57 所示。

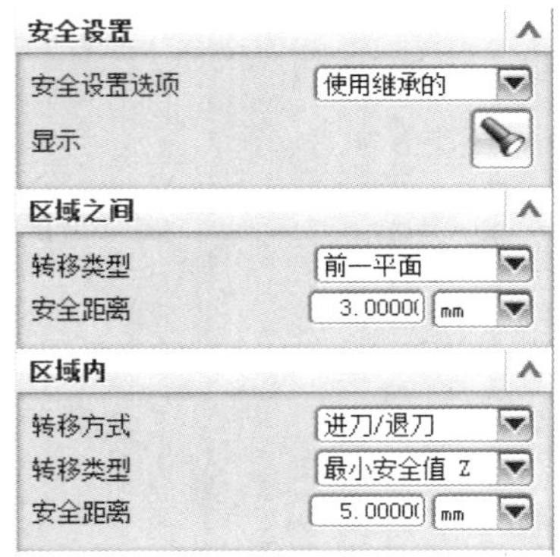

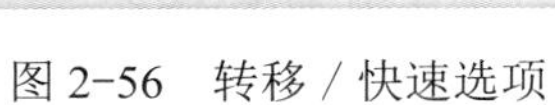

图 2-56　转移 / 快速选项

图 2-57　【平面】对话框

- 在新建的平面的【距离】文本框中输入 20，其余参数按系统默认，单击 确定 返回【非切削移动】对话框。

步骤 4：在区域选项设置如下参数。

- 在【区域内】的**转移类型**下拉选项中选择 最小安全值 Z 选项，同时在**安全距离**文本框中输入 5。
- 在【区域之间】的**转移类型**下拉选项选择 前一平面 选项，其余参数按系统默认，单击 确定 返回【平面铣】对话框。

步骤 5：在 操作 下拉选项中单击图标按钮，系统开始计算刀轨，最终结果如图 2-58 所示，

单击 确定 完成平面铣操作。
（注：①注意前后刀轨的改变；②不要关闭，下一实例将继续使用。）

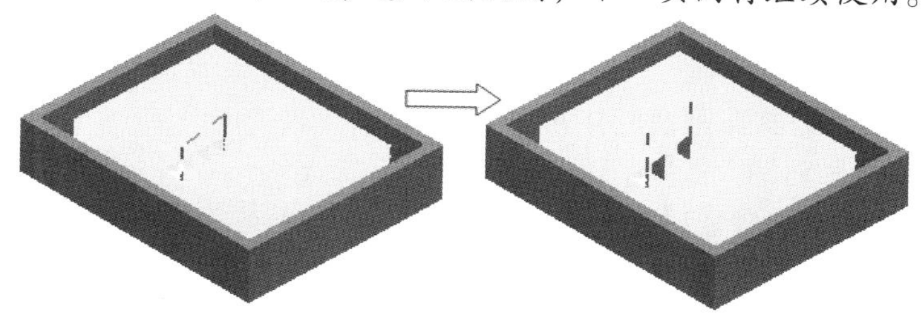

图 2-58　刀轨生成结果

实例 3：避让设置

步骤 1：接上一实例。
步骤 2：在【操作导航器】工具条中单击图标按钮，系统在操作导航器对话框中显示几何体视图。
- 在 PLANAR_MILL 对象中双击，系统弹出【平面铣】对话框。
- 在非切削移动选项中单击图标按钮，系统弹出【非切削移动】对话框。

步骤 3：在【非切削移动】对话框中设置如下参数。
- 单击 避让 选项卡，系统显示相关选项，如图 2-59 所示。

图 2-59　避让选项

- 在 出发点 的点选项下拉选项中选择 指定 选项，接着在指定点 (0) 选项处单击图标按钮，系统弹出【点】对话框，如图 2-60 所示。
- 在 X 文本框中输入 40；在 Y 文本框中输入 40，在 Z 文本框中输入 80，其余参数按系统默认，单击 确定 返回【非切削移动】对话框。

步骤 4：依照上述操作，完成剩余避让点的指定过程，生成刀轨最终如图 2-61 所示。

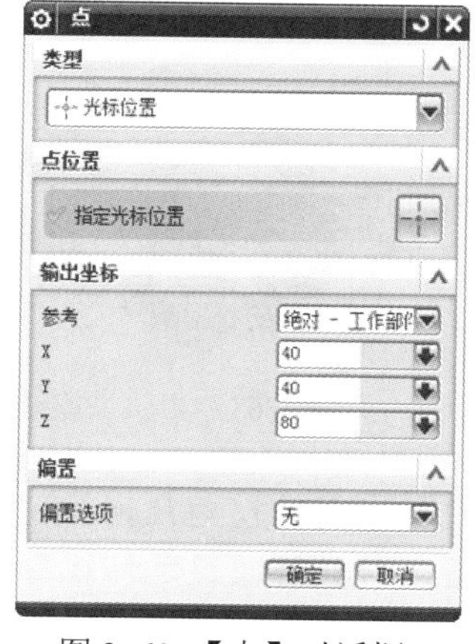

图 2-60 【点】对话框

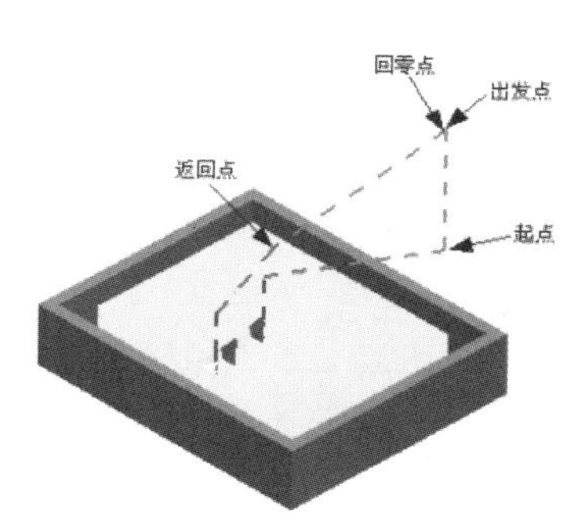

图 2-61　刀轨生成结果

2.6 其他参数设置

实例 1：角控制

角控制有助于防止刀具在围绕腔体角运动时过切。

步骤 1： 运行 UG NX 8.5。

步骤 2： 选择主菜单的【文件】|【打开】命令，或单击工具栏的图标按钮，系统弹出【打开】对话框，在此找到放置练习文件夹 ch2 并选择 exe14.prt 文件，再单击 OK 进入 UG NX 主界面；同时，在操作导航器对话框中已经设置好了相关的父节点。

步骤 3： 在【操作导航器】工具条中单击图标按钮，系统在操作导航器对话框中显示几何体视图。

- 在 PLANAR_MILL 对象中双击，系统弹出【平面铣】对话框。
- 在**切削参数**选项中单击图标按钮，系统弹出【切削参数】对话框。
- 在【切削参数】对话框中单击 拐角 选项卡，系统显示【拐角】选项卡对话框，如图 2-62 所示。
- 在**凸角**下拉选项中选择 延伸并修剪 选项。
- 在**光顺**下拉选项中选择 所有刀路 选项。
- 在**半径**文本框中输入 2。
- 在**步距限制**文本框中输入 150，其余参数按系统默认，单击 确定 完成切削参数设置，同时系统返回【平面铣】对话框。

步骤 4： 在 操作 下拉选项中单击图标按钮，系统开始计算刀轨，最终结果如图 2-63 所示，单击 确定 完成平面铣操作。

（注：不要关闭，下一实例将继续使用。）

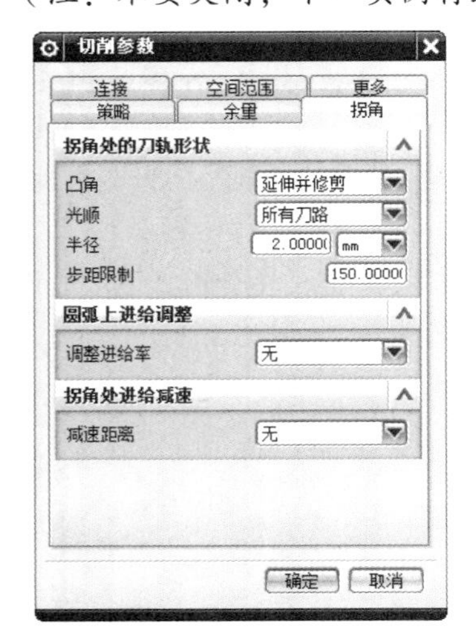

图 2-62 【拐角】选项卡对话框

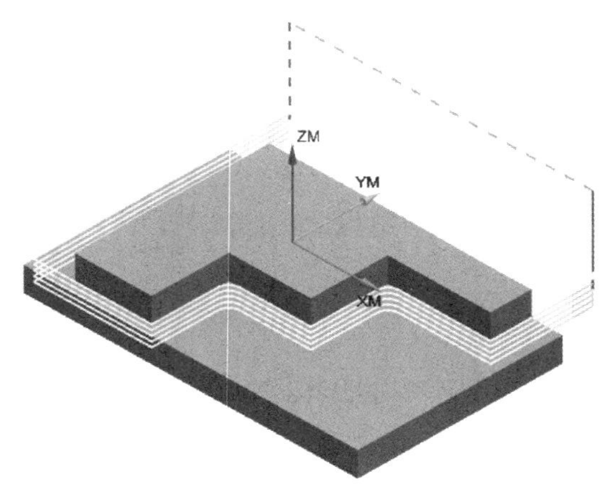

图 2-63 刀轨生成结果

技巧提示： 对于凹角，通过自动生成稍大于刀具半径的拐角几何体，可以让刀具在内部部件壁之间光顺过渡；对于凸角，刀具可通过延伸相邻段或绕拐角滚动来过渡部件壁。

实例 2：进给率和速度设置

步骤 1：接上一实例。

步骤 2：在【操作导航器】工具条中单击图标按钮，系统在操作导航器对话框中显示几何体视图。

- 在 PLANAR_MILL 对象中双击，系统弹出【平面铣】对话框。
- 在进给和速度选项中单击图标按钮，系统弹出【进给率和速度】对话框，如图 2-64 所示。

步骤 3：在【进给率和速度】对话框中设置如下参数。

- 在主轴速度（rpm）文本框中输入 2000。
- 在切削文本框中输入 800，接着单击更多下拉选项，系统显示相关选项，如图 2-65 所示。
- 在进刀文本框中输入 450；在第一刀切削文本框中输入 250，其余参数按系统默认，单击确定返回【平面铣】对话框。

步骤 4：在操作下拉选项中单击图标按钮，系统开始计算刀轨，单击确定完成平面铣操作。

（注：不要关闭，下一实例将继续使用。）

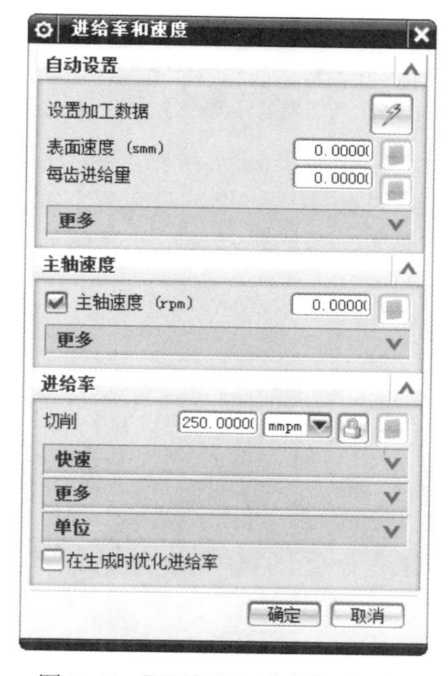

图 2-64 【进给率和速度】对话框

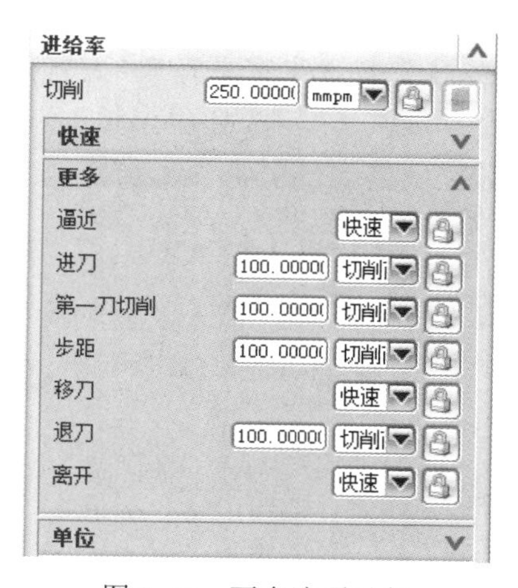

图 2-65 更多选项对象

实例 3：选项设置

步骤 1：接上一实例。

步骤 2：在【操作导航器】工具条中单击图标按钮，系统在操作导航器对话框中显示几何体视图。

- 在 PLANAR_MILL 对象中双击，系统弹出【平面铣】对话框。

➘ 在【平面铣】对话框中单击 选项 下拉选项。

➘ 在编辑显示选项中单击图标按钮，系统弹出【显示选项】对话框，如图 2-66 所示。

步骤 3：在【显示选项】对话框中设置如下参数。

➘ 在【显示选项】对话框中单击刀轨显示颜色按钮，系统弹出【刀轨显示颜色】对话框，如图 2-67 所示。

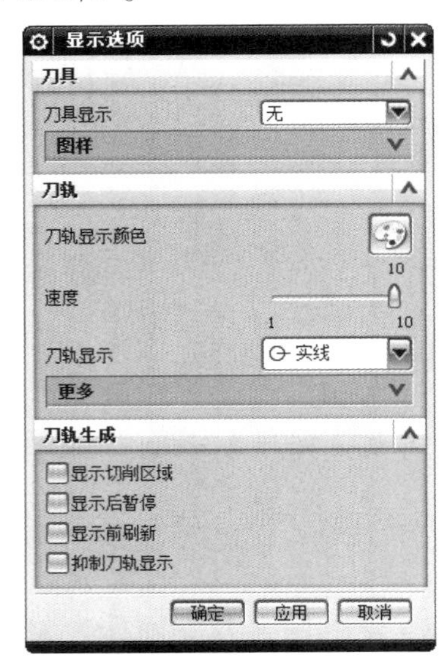

图 2-66 【显示选项】对话框

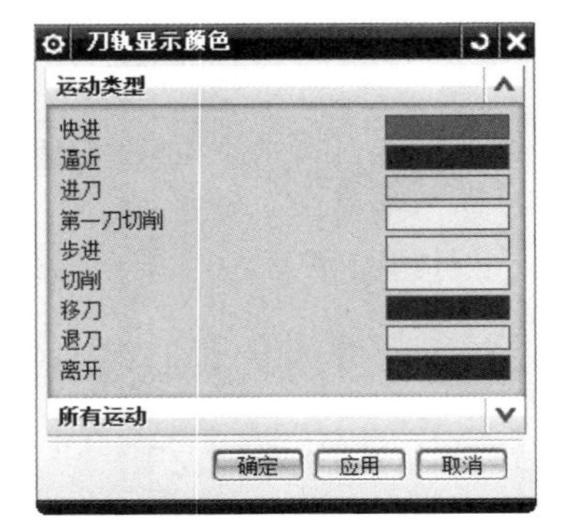

图 2-67 【刀轨显示颜色】对话框

➘ 在退刀单击颜色对象，系统弹出【颜色】对话框，如图 2-68 所示。接着选择紫色图标，同时返回【刀轨显示颜色】对话框，再单击 确定 返回【显示选项】对话框。

步骤 4：在 操作 下拉选项中单击图标按钮，系统开始计算刀轨，最终结果如图 2-69 所示，单击 确定 完成平面铣操作。

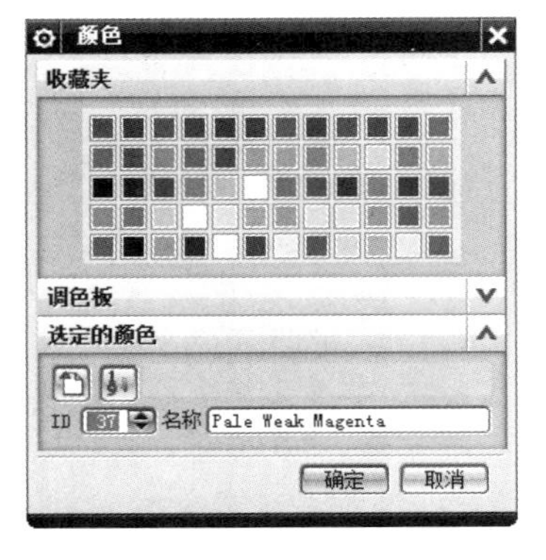

图 2-68 【颜色】对话框

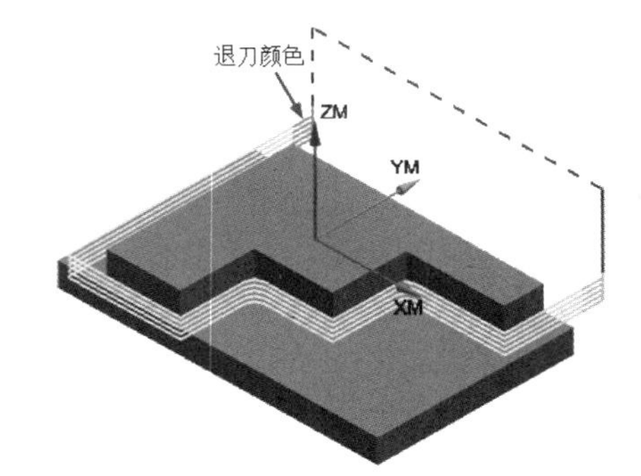

图 2-69 刀轨生成结果

2.7 型腔铣的加工特点

型腔铣可加工平面铣无法加工的包含曲面的任何形状的部件；切削带拔模角的壁以及带轮廓的底面的部件。

型腔铣和平面铣在操作参数方面主要在定义部件几何体和毛坯几何体的对象有重大差别：平面铣是使用边界定义部件材料，而型腔铣可以使用边界、面、曲线和实体来定义部件材料，同时指定切削深度的方法也不同。图 2-70 为型腔铣的部件与毛坯。

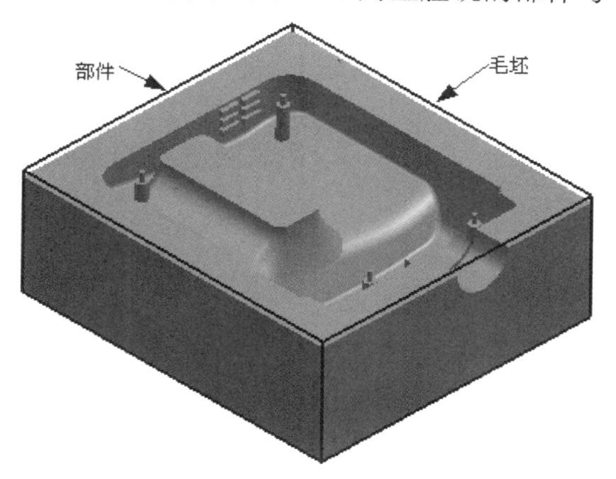

图 2-70　型腔铣部件与毛坯

2.8　型腔铣加工

型腔铣操作的切削运动只是 X 轴和 Y 轴联动，没有 Z 轴的运动，通过多层二轴刀轨逐层切削材料。和平面铣的道理是一样的。

实例 1：型腔铣加工

步骤 1： 运行 UG NX 8.5。

步骤 2： 选择主菜单的【文件】|【打开】命令，或单击工具栏的图标按钮，系统弹出【打开】对话框，在此找到放置练习文件夹 ch2 并选择 exe15.prt 文件，再单击 OK 进入 UG NX 加工主界面，如图 2-71 所示；同时，在操作导航器对话框中已经设置好了相关的父节点。

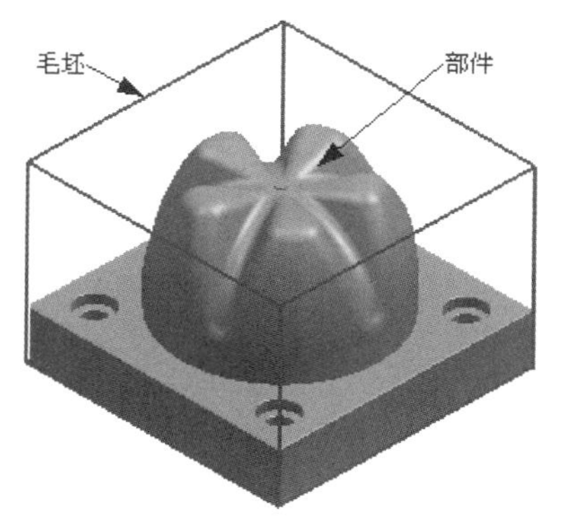

图 2-71　部件与毛坯对象

步骤 3： 在【刀片】工具栏中单击图标按钮，系统弹出【创建工序】对话框，如图 2-72 所示。

- 在【类型】下拉列表中选择【mill_contour】选项。
- 在【工序子类型】选项中单击图标按钮。

- 在【程序】下拉列表中选择【NC_PROGRAM】选项为程序名。
- 在【刀具】下拉列表中选择【D16R0.8（铣刀-）】。
- 在【几何体】下拉列表中选择【WORKPIECE】选项。
- 在【方法】下拉列表中选择【MILL_R】选项。
- 【名称】一栏为默认的【CA_1】名称，单击 应用 进入【型腔铣】对话框，如图 2-73 所示。

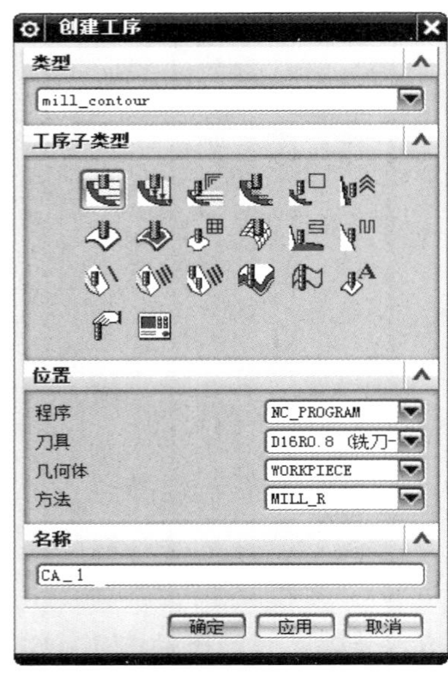

图 2-72 【创建工序】对话框

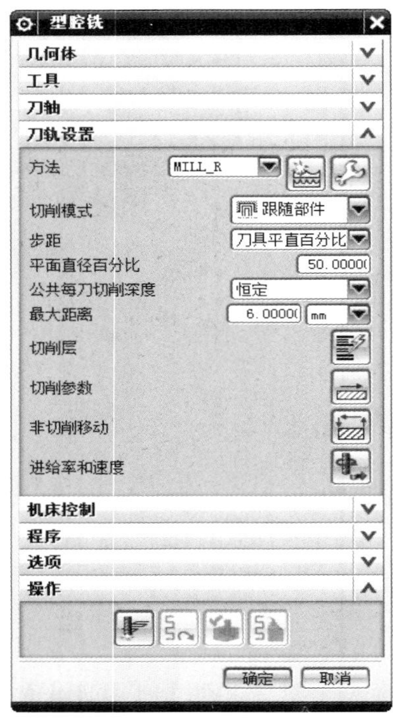

图 2-73 【型腔铣】对话框

步骤 4： 在【型腔铣】对话框中设置如下参数。

（1）刀轨设置

- 在【切削模式】下拉选项中选择【跟随部件】选项。
- 在【步距】下拉选项中选择【刀具平直百分比】选项。
- 在【平面直径百分比】文本框中输入 70，接着在【最大距离】文本框中输入 2，结果如图 2-74 所示。

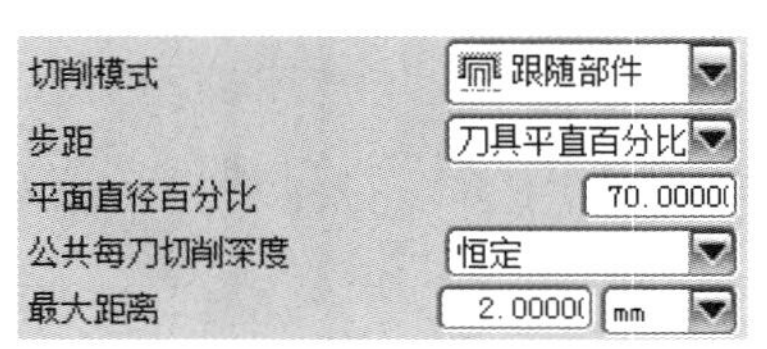

图 2-74 刀轨设置

（2）切削参数设置

- 在【型腔铣】对话框中单击【切削参数】图标按钮，系统弹出【切削参数】对话框。
- 在【切削顺序】下拉选项中选择【深度优先】选项，接着单击 余量 按钮，系统显示相关余量选项。

- 在【部件侧面余量】文本框中输入 0.5，接着在【部件底面余量】处输入 0.3，然后单击 连接 按钮，系统显示相关连接选项。
- 在【开放刀路】下拉选项中选择【变换切削方式】选项，其余参数按系统默认，单击 确定 完成切削参数操作，并返回【型腔铣】对话框。

（3）非切削移动参数设置

- 在【型腔铣】对话框中单击【非切削移动】图标按钮，系统弹出【非切削移动】对话框。
- 在【进刀类型】下拉选项中选择【沿形状斜进刀】选项。
- 在【高度】文本框中输入 6。
- 在【类型】下拉选项中选择【圆弧】选项。
- 在【半径】文本框中输入 5，接着单击 传递/快速 选项卡，系统显示相关的快速 / 传递选项。
- 在【安全设置选项】下拉选项中选择【自动】选项。
- 在【安全距离】文本框中输入 30。
- 在【传递使用】下拉选项中选择【进刀 / 退刀】。
- 在【传递类型】下拉选项中选择【前一平面】。
- 在【安全距离】文本框中输入 5。
- 在【传递类型】下拉选项中选择【前一平面】。
- 在【安全距离】文本框中输入 3，其余参数按系统默认，单击 确定 完成【非切削移动】参数设置，并返回【型腔铣】对话框。

（4）进给率与速度参数设置

- 在【型腔铣】对话框中单击【进给率和速度】图标按钮，系统弹出【进给】对话框。
- 在【主转速度】文本框中输入 1000，接着在【切削】文本框中输入 1200，其余参数按系统默认，单击 确定 完成【进给率和速度】的参数设置。

步骤 5：型腔铣刀具路径生成。

- 在【型腔铣】参数设置对话框中单击生成图标按钮，系统计算刀具路径，计算完成后，单击 确定 完成型腔铣刀具路径操作，结果如图 2-75 所示。
- 单击图标（确认）按钮，系统弹出【可视化刀轨轨迹】对话框，然后在对话框中单击 2D 动态，最后再单击按钮，作图区出现了动态仿真的画面，仿真完成后单击两次 确定，完成整个型腔铣操作。完成结果如图 2-76 所示。

（注：不要关闭，下一实例将继续使用。）

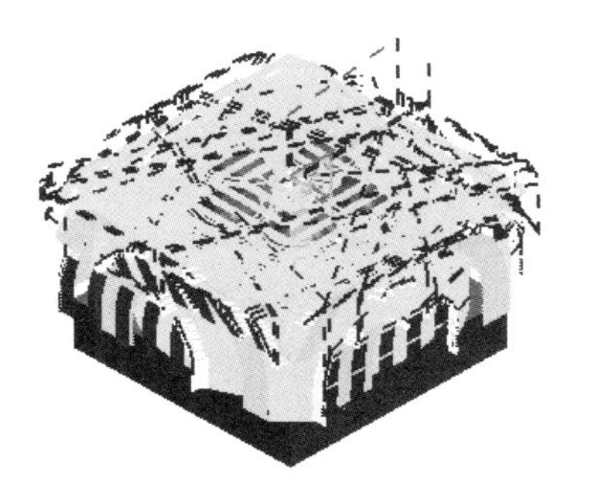

图 2-75　刀轨计算结果

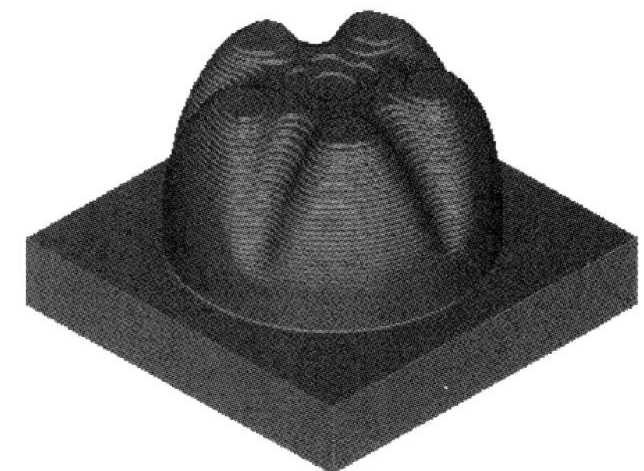

图 2-76　仿真结果

实例 2：型腔铣二次开粗

步骤 1： 接上一实例。

步骤 2： 在【刀片】工具栏中单击图标按钮，系统弹出【创建工序】对话框。

- 在【类型】下拉列表中选择【mill_contour】选项。
- 在【工序子类型】选项卡中单击图标按钮。
- 在【程序】下拉列表中选择【CORE】选项为程序名。
- 在【刀具】下拉列表中选择【D6】。
- 在【几何体】下拉列表中选择【WORKPIECE】选项。
- 在【方法】下拉列表中选择【MILL_R】选项。
- 【名称】一栏为默认的【RE_1】名称，单击 应用 进入【剩余铣】对话框，如图 2-77 所示。

步骤 3： 在【剩余铣】对话框中设置如下参数。

（1）设置加工区域

- 在【指定切削区域】处单击图标按钮，系统弹出【切削区域】对话框，如图 2-78 所示。

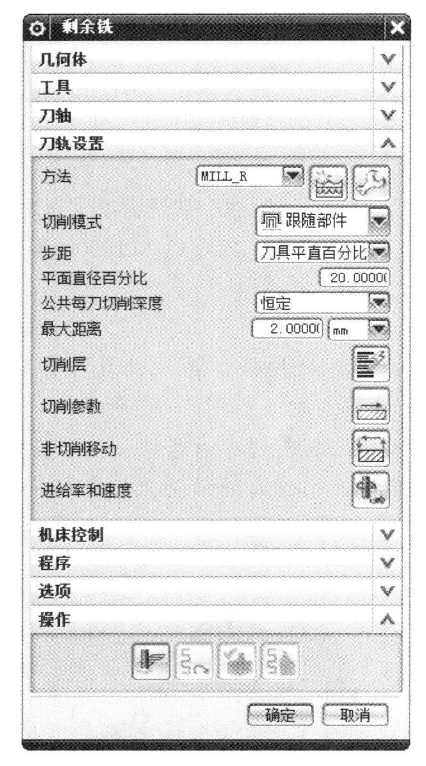

图 2-77 【剩余铣】对话框

图 2-78 【切削区域】对话框

- 在作图区选择型芯面为加工区域，如图 2-79 所示，其余参数按系统默认，单击 确定 完成切削区域操作，并返回【剩余铣】对话框。

（2）刀轨设置

- 在【切削模式】下拉选项中选择【跟随部件】选项。

- 在【步距】下拉选项中选择【刀具平直百分比】选项。
- 在【平面直径百分比】文本框中输入 20，接着在【最大距离】文本框中输入 2，结果如图 2-80 所示。

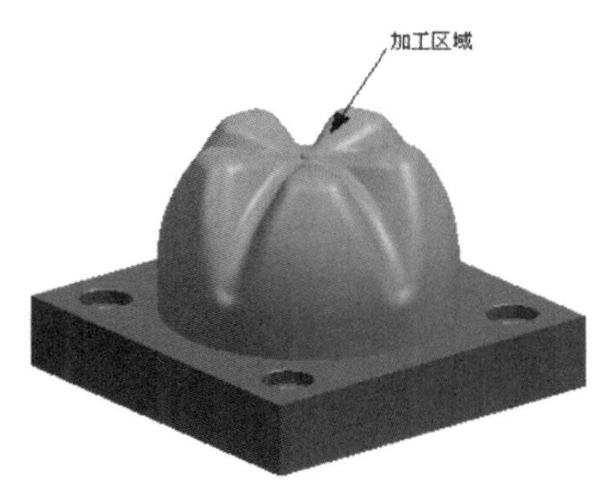

图 2-79　加工区域对象

切削模式	跟随部件
步距	刀具平直百分比
平面直径百分比	20.0000(
公共每刀切削深度	恒定
最大距离	2.0000(mm

图 2-80　刀轨设置

（3）切削参数设置

- 在【剩余铣】对话框中单击【切削参数】图标按钮，系统弹出【切削参数】对话框。
- 在【部件侧面余量】文本框中输入 0.5，接着在【部件底面余量】处输入 0.3，然后单击 连接 按钮，系统显示相关连接选项。
- 在【开放刀路】下拉选项中选择【变换切削方式】选项，其余参数按系统默认，单击 确定 完成切削参数操作，并返回【剩余铣】对话框。

步骤 4： 型腔铣二次开粗刀具路径生成。

- 在【剩余铣】参数设置对话框中单击生成图标按钮，系统计算刀具路径，计算完成后，单击 确定 完成型腔铣刀具路径操作，结果如图 2-81 所示。
- 在【操作】工具条单击图标（确认）按钮，系统弹出【可视化刀轨轨迹】对话框，然后在对话框中单击 2D 动态 ，最后单击按钮，作图区出现动态仿真画面，仿真完成后单击两次 确定 ，完成整个型腔铣操作。完成结果如图 2-82 所示。

图 2-81　刀轨计算结果

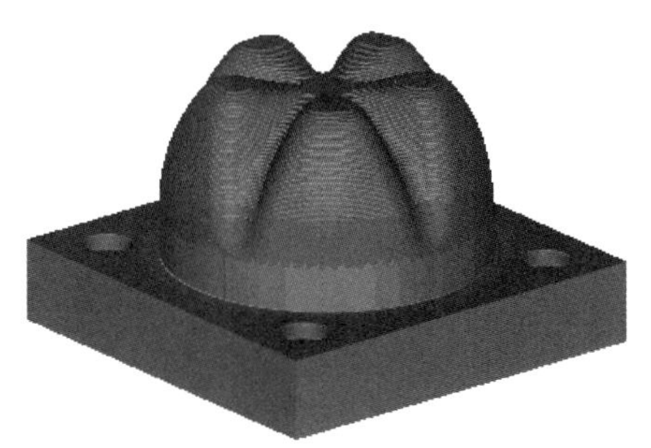

图 2-82　仿真结果

技巧提示： 1．剩余铣操作过程是 UG NX 6.0 后才新增的功能。

2．在使用剩余铣操作时，用户所选的刀具直径必须小于上一刀具直径，否则无法加工。

3．在 UG NX 8.5 中可以利用参考刀具选项完成二次开粗。

实例 3：型腔铣切削参数与非切削移动设置

型腔铣切削参数与平面铣切削参数基本相同，同时不同的切削模式有不同的切削参数相对应。

步骤 1： 运行 UG NX 8.5。

步骤 2： 选择主菜单的【文件】|【打开】命令，或单击工具栏的图标按钮，系统弹出【打开】对话框，在此找到放置练习文件夹 ch2 并选择 exe16.prt 文件，再单击OK进入 UG NX 加工主界面，如图 2-83 所示；同时，在操作导航器中已经设置好了相关的父节点。

步骤 3： 在显示资源条中单击加工操作导航器图标按钮，系统弹出操作导航器对话框。

➘ 在操作导航器工具条中单击图标按钮，此时操作导航器对话框会显示为几何视图，如图 2-84 所示。

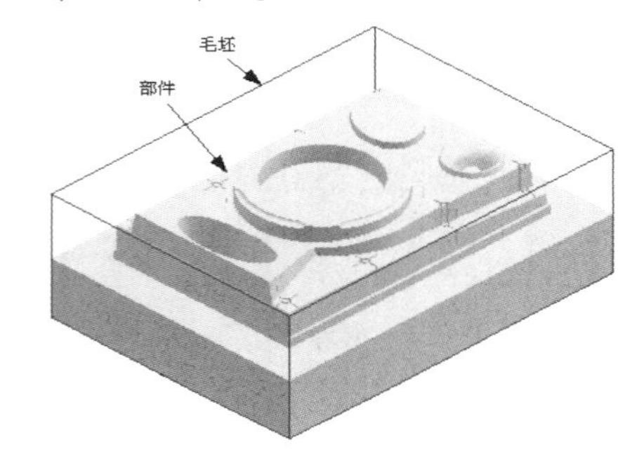

图 2-83　部件与毛坯对象

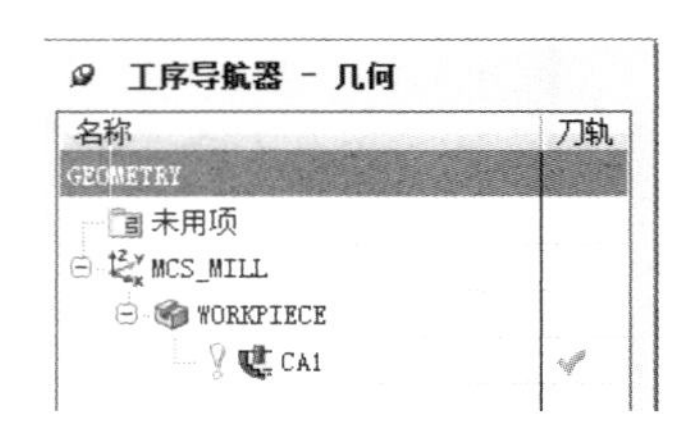

图 2-84　几何视图

➘ 在几何视图中双击 CA1刀轨对象，系统弹出【型腔铣】对话框，如图 2-85 所示。

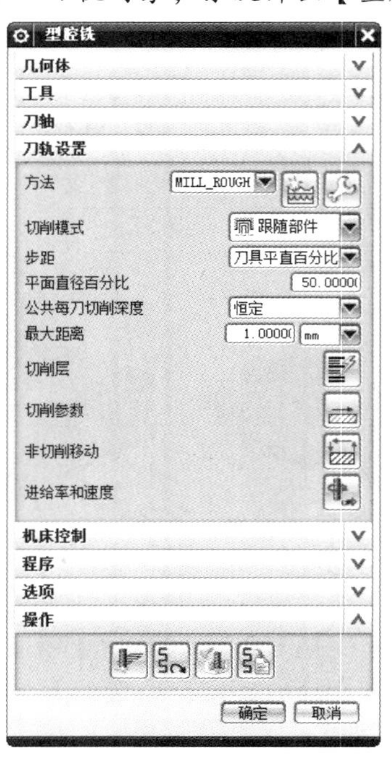

图 2-85 【型腔铣】对话框

步骤 4：在【型腔铣】对话框中设置如下参数。

（1）切削参数设置

➘ 在【型腔铣】对话框中单击【切削参数】图标按钮，系统弹出【切削参数】对话框。

➘ 在【切削顺序】下拉选项中选择【深度优先】选项，接着单击 余量 按钮，系统显示相关余量选项。

➘ 在【部件侧面余量】文本框中输入 0.5，接着在【部件底面余量】处输入 0.3，然后单击 连接 按钮，系统显示相关连接选项。

➘ 在【开放刀路】下拉选项中选择【变换切削方式】选项，其余参数按系统默认，单击 确定 完成切削参数操作，并返回【型腔铣】对话框。

（2）非切削移动设置

1）封密区域设置。

➘ 在【型腔铣】对话框中单击图标按钮，系统弹出【非切削移动】对话框。

➘ 在【非切削移动】对话框中单击 进刀 选项，接着在**进刀类型**下拉选项中选择 螺旋 选项，然后在**直径**文本框中输入 65；在**最小安全距离**文本框中输入 1；在**最小斜面长度**文本框中输入 0。

2）开放区域设置。

➘ 在**进刀类型**下拉选项中选择 圆弧 选项，接着在**半径**文本框中输入 5；然后在【非切削移动】对话框中单击 转移/快速 选项卡，系统显示相关 转移/快速 选项，如图 2-86 所示。

3）转移 / 快速选项设置。

➘ 在**安全设置选项**中选择 自动平面 选项，在【安全距离】文本框输入 10；在 区域内 下拉选项中将**转移方式**选项设置为 进刀/退刀，然后在**转移类型**选项设置为 前一平面，最后在**安全距离**文本框中输入 3，其余参数按系统默认，单击 确定 完成非切削移动，并返回【型腔铣】对话框。

步骤 5：在【型腔铣】参数设置对话框中单击生成图标按钮，系统计算刀具路径，计算完成后，单击 确定 完成型腔铣刀具路径操作，刀轨计算结果如图 2-87 所示。

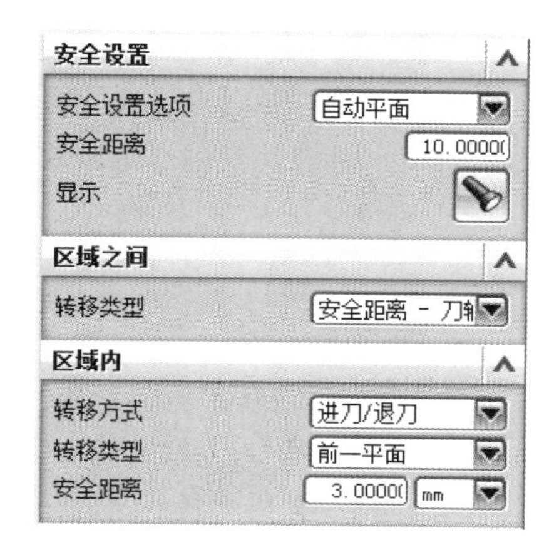

图 2-86　转移 / 快速选项卡

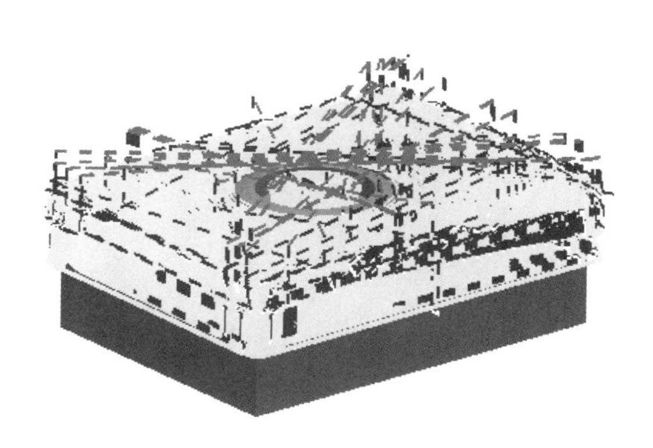

图 2-87　刀轨计算结果

技巧提示： 在 UG NX 的切削参数与非切削移动参数设置过程时，一般参数都可按照系统的内定参数设定，只有个别是需要用户进行设定的。

实例 4：插铣

步骤 1： 运行 UG NX 8.5。

步骤 2： 选择主菜单的【文件】|【打开】命令，或单击工具栏的图标按钮，系统弹出【打开】对话框，在此找到放置练习文件夹 ch2 并选择 exe17.prt 文件，再单击 OK 进入 UG NX 加工主界面，如图 2-88 所示；同时，在操作导航器对话框中已经设置好了相关的父节点。

步骤 3： 在【刀片】工具条中单击图标按钮，系统弹出【创建工序】对话框。

- 在【类型】下拉列表中选择【mill_contour】选项。
- 在【操作子类型】选项中单击图标按钮。
- 在【程序】下拉列表中选择【PROGRAM】选项为程序名。
- 在【刀具】下拉列表中选择【D20】。
- 在【几何体】下拉列表中选择【WORKPIECE】选项。
- 在【方法】下拉列表中选择【MILL_R】选项。
- 在【名称】文本框中输入 PLU_1，单击 应用 系统弹出【插铣】对话框，如图 2-89 所示。

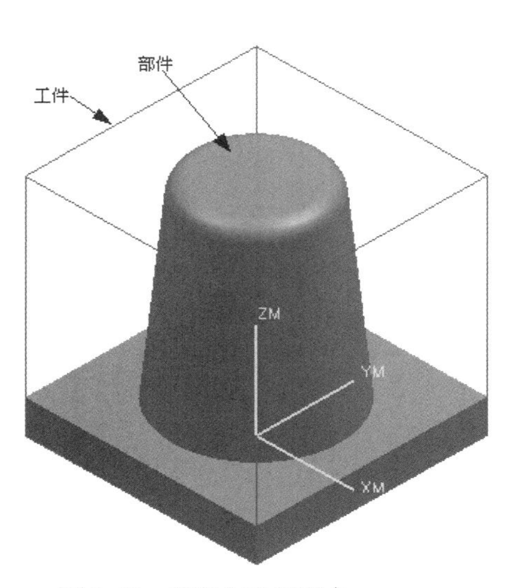

图 2-88 部件与毛坯对象

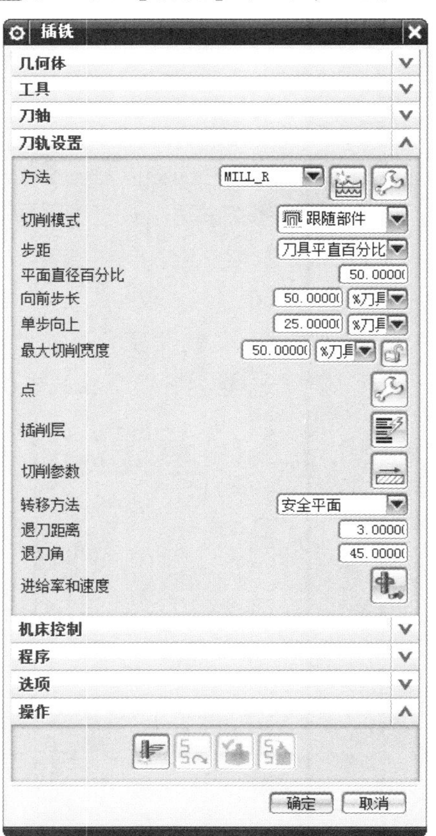

图 2-89 【插铣】对话框

步骤 4：在【插铣】对话框中设置如下参数。

- 单击【切削参数】图标按钮，系统弹出【切削参数】对话框。
- 在【切削参数】对话框中单击 型材 按钮，系统显示相关余量选项。
- 在【部件侧面余量】文本框中输入 0.5，接着在【部件底面余量】处输入 0.3，然后单击 连接 按钮，系统显示相关连接选项。
- 在【开放刀路】下拉选项中选择【变换切削方式】选项，其余参数按系统默认，单击 确定 完成切削参数操作，并返回【插铣】对话框。

步骤 5：在【插铣】对话框中单击生成图标按钮，系统计算刀具路径，计算完成后单击 确定 完成插铣刀具路径操作，刀轨计算结果如图 2-90 所示。

- 在【操作】工具条单击图标（确认）按钮，系统弹出【可视化刀轨轨迹】对话框，然后在对话框中单击 2D 动态，最后单击按钮，作图区出现动态仿真画面，仿真完成后单击两次 确定，完成整个插铣操作。完成结果如图 2-91 所示。

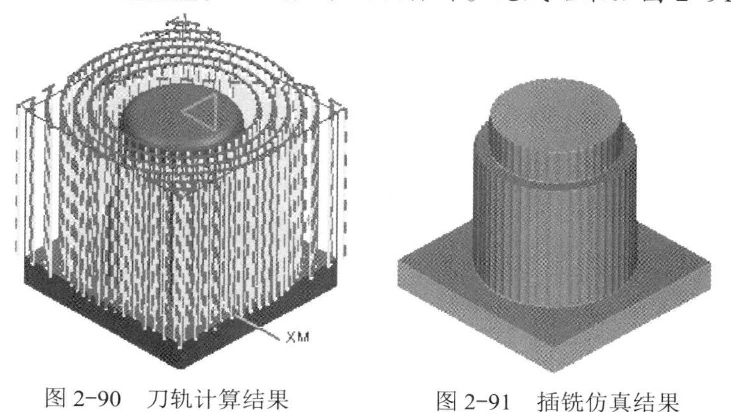

图 2-90　刀轨计算结果　　图 2-91　插铣仿真结果

技巧提示：插铣是 UG NX 4.0 新增的功能，插铣主要用于加工桶状或比较深腔的模具对象。

实例 5：等高轮廓铣

步骤 1：运行 UG NX 8.5。

步骤 2：选择主菜单的【文件】|【打开】命令，或单击工具栏图标按钮，弹出【打开】对话框，在此找到放置练习文件夹 ch2 并选择 exe18.prt 文件，单击 OK 进入 UG NX 加工主界面，如图 2-92 所示。同时，在操作导航器对话框中已经设置好了相关的父节点。

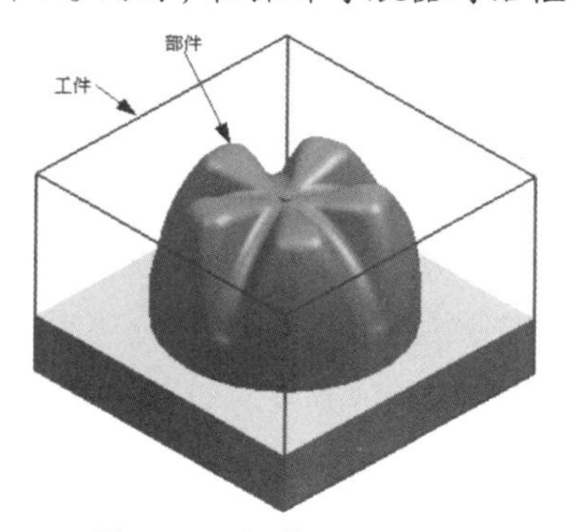

图 2-92　部件和毛坯对象

步骤 3：在【刀片】工具条中单击图标按钮，系统弹出【创建工序】对话框。

- 在【类型】下拉列表中选择【mill_contour】选项。
- 在【操作子类型】选项中单击图标按钮。
- 在【程序】下拉列表中选择【CORE】选项为程序名。
- 在【刀具】下拉列表中选择【D6R3】。
- 在【几何体】下拉列表中选择【WORKPIECE】选项。
- 在【方法】下拉列表中选择【MILL_M】选项。
- 在【名称】文本框中输入 ZL_1，单击 确定 系统弹出【深度加工轮廓】对话框，如图 2-93 所示。

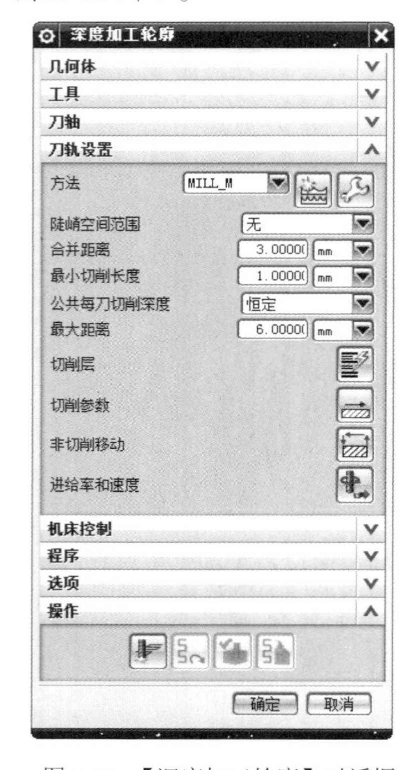

图 2-93 【深度加工轮廓】对话框

图 2-94 【切削区域】对话框

步骤 4：在【深度加工轮廓】对话框中设置如下参数。

（1）设置加工区域

- 在【指定切削区域】处单击图标按钮，系统弹出【切削区域】对话框，如图 2-94 所示。
- 在作图区选择型芯面为加工区域，如图 2-95 所示，其余参数按系统默认，单击 确定 完成切削区域操作，并返回【深度加工轮廓】对话框。

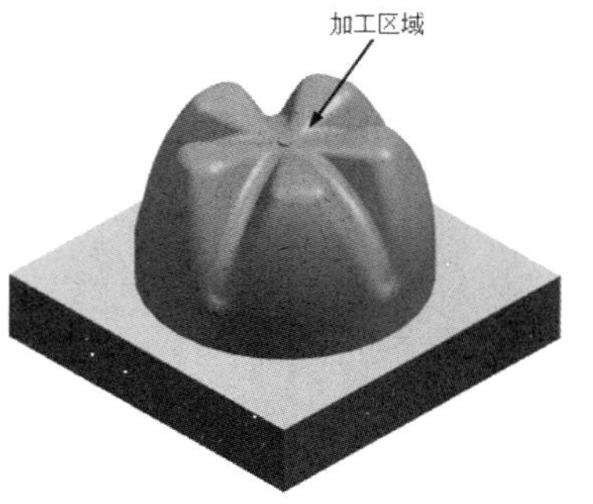

图 2-95 加工区域对象

（2）刀轨设置

- 在【合并距离】文本框中输入 20。
- 在【最小切削长度】文本框中输入 3。
- 在【最大距离】文本框中输入 0.5，刀轨设置如图 2-96 所示。

（3）切削参数设置

➘ 在【深度加工轮廓】对话框中单击【切削参数】图标按钮，系统弹出【切削参数】对话框。

➘ 在【部件侧面余量】文本框中输入 0.5，接着在【部件底面余量】处输入 0.3，然后单击 连接 按钮，系统显示相关连接选项。

➘ 在层到层下拉选项中选择 沿部件斜进刀 选项，接着在斜坡角文本框中输入 30。

➘ 勾选 在层之间切削 选项，其余参数按系统默认，单击 确定 完成切削参数操作，同时系统返回【深度加工轮廓】对话框。

（4）非切削移动

1）封密区域设置

➘ 在【深度加工轮廓】对话框中单击图标按钮，系统弹出【非切削移动】对话框。

➘ 在【非切削移动】对话框中单击 进刀 选项，接着在进刀类型下拉选项中选择 螺旋 选项，然后在直径文本框中输入 65，在最小安全距离文本框中输入 1，在最小斜面长度文本框中输入 0。

2）开放区域设置

➘ 在进刀类型下拉选项中选择 圆弧 选项，接着在半径文本框中输入 5，然后在【非切削移动】对话框中单击 转移/快速 选项卡，系统显示相关 转移/快速 选项，如图 2-97 所示。

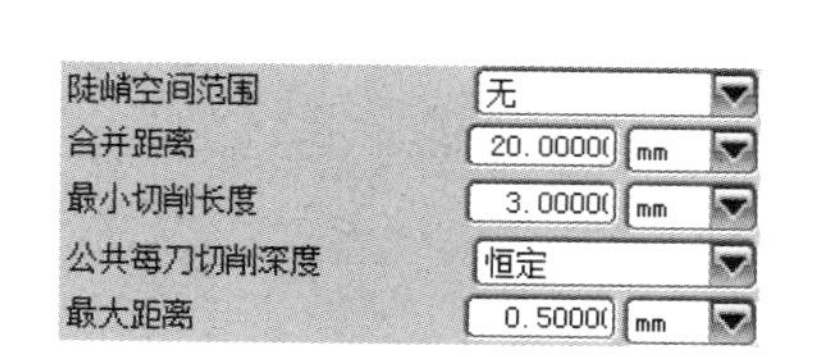

图 2-96　刀轨设置

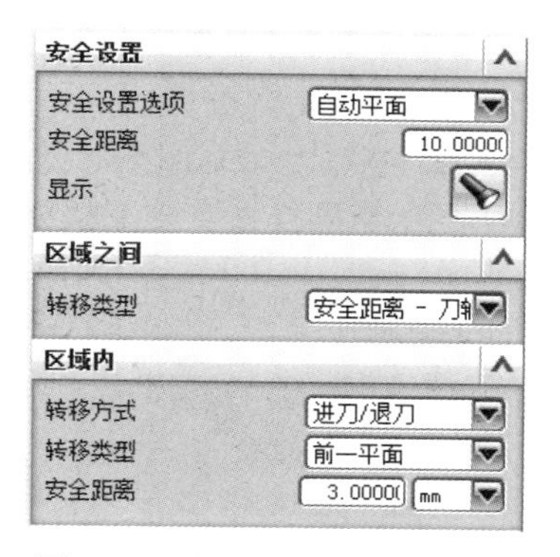

图 2-97　转移 / 快速选项卡

3）转移 / 快速选项设置

➘ 在安全设置选项中选择 自动平面 选项，在【安全距离】文本框输入 10；在 区域内 选项中，将转移方式选项设置为 进刀/退刀 、转移类型选项设置为 前一平面 ，最后在安全距离文本框中输入 3，其余参数按系统默认，单击 确定 完成非切削移动，并返回【深度加工轮廓】对话框。

步骤 5： 刀轨路径生成及仿真。

➘ 在【深度加工轮廓】对话框中单击图标按钮，系统开始计算刀轨，计算后生成的刀轨如图 2-98 所示。

➘ 单击图标（确认）按钮，系统弹出【刀轨可视化】对话框，然后在对话框中单击 2D 动态 ，最后再单击按钮，作图区出现动态仿真画面，仿真完成后单击两次 确定 ，完成整个型腔铣操作。完成结果如图 2-99 所示。

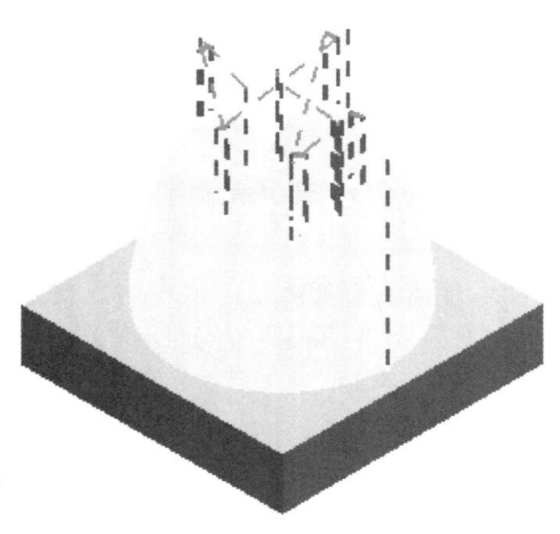

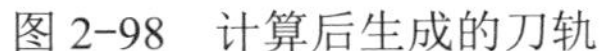

图 2-98　计算后生成的刀轨

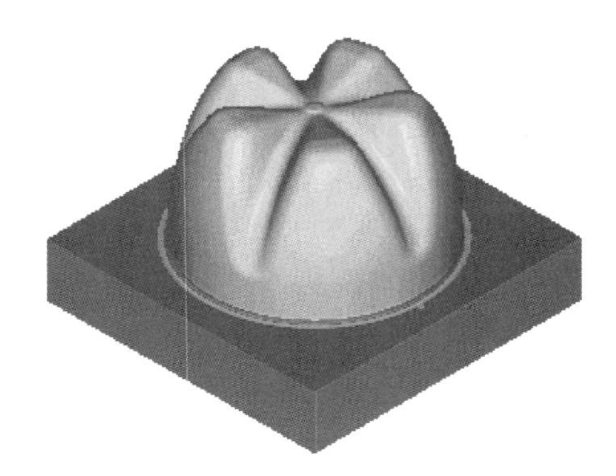

图 2-99　仿真结果

技巧提示： 1．Z 级切削用于在陡峭壁上保持将近恒定的残余波峰高度和切削量，对“高速加工”尤其有效。

2．对薄壁工件可以按层进行切削，同时可以对不同的陡峭面进行角度控制，以达到更好加工效果。

3．结合曲面固定轴轮廓铣方法，可以完整地进行精修模具。

实例 6：模具深坑加工技巧

步骤 1： 运行 UG NX 8.5。

步骤 2： 选择主菜单的【文件】|【打开】命令，或单击工具栏图标按钮，弹出【打开】对话框，在此找到放置练习文件夹 ch2 并选择 exe19.prt 文件，单击 OK 进入 UG NX 加工主界面，如图 2-100 所示。同时，在操作导航器对话框中已经设置好了相关的父节点。

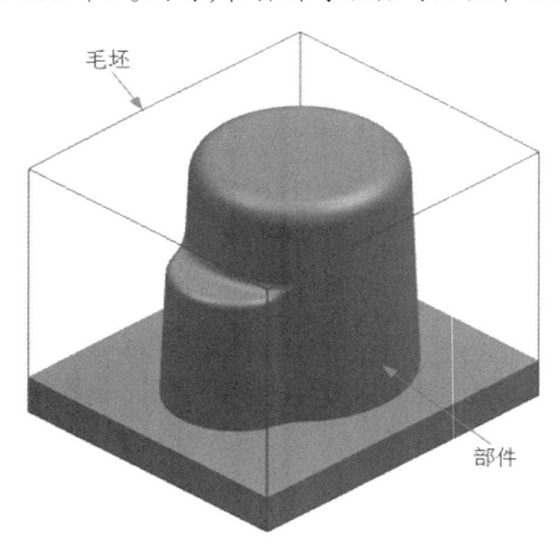

图 2-100　部件和毛坯对象

步骤 3： 在【刀片】工具条中单击图标按钮，系统弹出【创建工序】对话框。

- 在【类型】下拉列表中选择【mill_contour】选项。
- 在【操作子类型】选项中单击图标按钮。

- 在【程序】下拉列表中选择【CORE】选项为程序名。
- 在【刀具】下拉列表中选择【D30R5】。
- 在【几何体】下拉列表中选择【WORKPIECE】选项。
- 在【方法】下拉列表中选择【MILL_R】选项。
- 在【名称】文本框中输入 CA_1，单击 确定 系统弹出【型腔铣】对话框，如图 2-101 所示。

步骤 4：在【型腔铣】对话框中设置如下参数。

（1）刀轨设置

- 在【切削模式】下拉选项中选择【跟随周边】选项。
- 在【步距】下拉选项中选择【刀具平直百分比】选项。
- 在【平面直径百分比】文本框中输入 70，如图 2-102 所示。

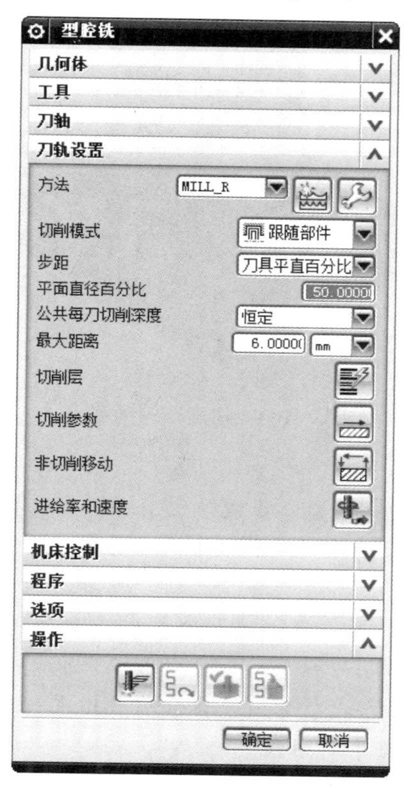

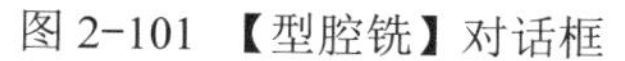
图 2-101　【型腔铣】对话框

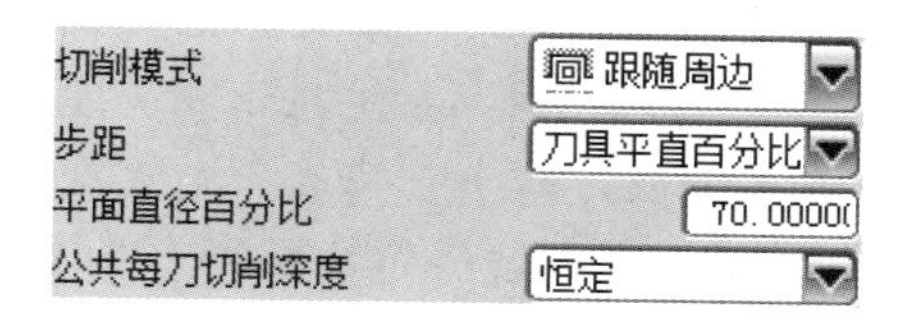

图 2-102　刀轨设置

（2）切削层设置

- 在【型腔铣】对话框中单击【切削层】图标按钮，系统弹出【切削层】对话框，如图 2-103 所示。
- 在【范围类型】下拉选项中选择 用户定义 选项，在【范围定义】中单击 列表，接着单击移除按钮，将现有切削范围移除。
- 接着在作图区选择图 2-104 所示的面为切削范围深度，然后在每刀切削深度文本框中输入 0.8，其余参数按系统默认，单击 确定 返回【型腔铣】对话框。

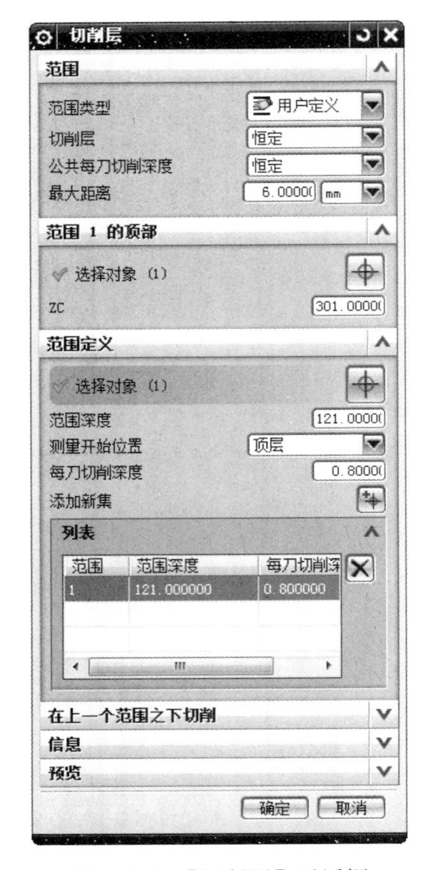

图 2-103 【切削层】对话框

图 2-104 切削范围深度

（3）切削参数设置

- 在【型腔铣】对话框中单击【切削参数】图标按钮，系统弹出【切削参数】对话框。
- 在【切削顺序】下拉选项中选择【深度优先】选项，接着单击余量按钮，系统显示相关余量选项。
- 在【部件侧面余量】文本框中输入 0.5，接着在【部件底面余量】处输入 0.3，然后单击连接按钮，系统显示相关连接选项。
- 在【开放刀路】下拉选项中选择【变换切削方式】选项，其余参数按系统默认，单击确定完成切削参数操作，并返回【型腔铣】对话框。

（4）非切削移动参数设置

- 在【型腔铣】对话框中单击【非切削移动】图标按钮，系统弹出【非切削移动】对话框。
- 在【进刀类型】下拉选项中选择【沿形状斜进刀】选项。
- 在【高度】文本框中输入 6。
- 在【类型】下拉选项中选择【圆弧】选项。
- 在【半径】文本框中输入 5，接着单击传递/快速按钮卡，系统显示相关的快速/传递选项。
- 在【安全设置选项】下拉选项中选择【自动】选项。
- 在【安全距离】文本框中输入 30。

- 在【传递使用】下拉选项中选择【进刀 / 退刀】。
- 在【传递类型】下拉选项中选择【前一平面】。
- 在【安全距离】文本框中输入 5。
- 在【传递类型】下拉选项中选择【前一平面】。
- 在【安全距离】文本框中输入 3，其余参数按系统默认，单击确定完成非切削移动参数设置，并返回【型腔铣】对话框。

（5）进给率与速度参数设置

- 在【型腔铣】对话框中单击【进给率和速度】图标按钮，系统弹出【进给】对话框。
- 在【主转速度】文本框中输入 1000，接着在【切削】文本框中输入 1200，其余参数按系统默认，单击确定完成进给率和速度的参数设置。

步骤 5：型腔铣刀具路径生成。

- 在【型腔铣】对话框中单击生成图标按钮，系统计算刀具路径，计算完成后，单击确定完成型腔铣刀具路径操作，结果如图 2-105 所示。
- 单击图标（确认）按钮，系统弹出【可视化刀轨轨迹】对话框，然后在对话框中单击 2D 动态，最后单击按钮，作图区出现动态仿真画面，仿真完成后单击两次确定，完成整个型腔铣操作。完成结果如图 2-106 所示。

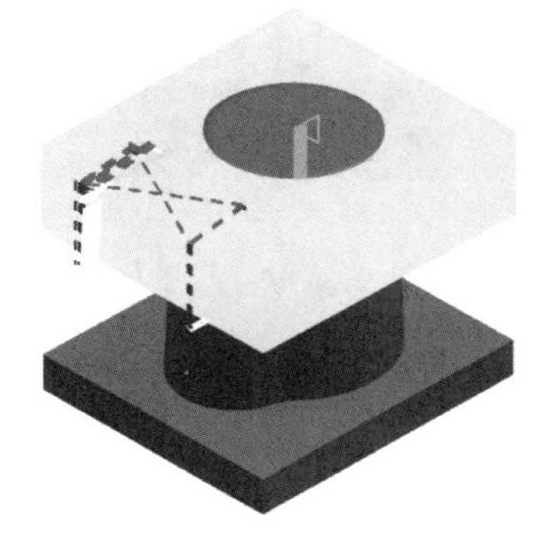

图 2-105　计算后生成的刀轨

图 2-106　仿真结果

步骤 6：第二次深度加工。

为了读者更快上手和掌握编程的技巧，本步骤中将采用复制刀具路径方法进行创建第二次深加工路径。在【操作导航器】工具条中单击图标按钮，系统在操作导航器中显示加工方法视图。

- 单击 MILL_R 前面的 +，读者会看到名为 CA_1 的刀具路径。
- 将鼠标移至 CA_1 刀具路径中，右击系统弹出快捷方式。
- 在快捷方式中单击【复制】，接着将鼠标移至 MILL_R 中，右击系统弹出快捷方式，然后单击【内部粘贴】选项，此时读者可以看到 MILL_R 前面多了个减号和一个过时的刀具路径名 CA_1_COPY；最后将 CA_1_COPY 更名为 CA_2。
- 在 CA_2 对象中双击，系统弹出【型腔铣】对话框。
- 在【型腔铣】对话框中单击【切削层】图标按钮，系统弹出【切削层】对话框，如图 2-103 所示。
- 在【范围类型】下拉选项中选择用户定义选项，在【范围定义】中单击列表，接着单击移除按钮，将现有切削范围移除。

➘ 在作图区选择图2-107所示的面为范围1的顶部，选择图2-108所示的面为切削范围深度，然后在文本框中输入0.5，其余参数按系统默认，单击[确定]返回【型腔铣】对话框。

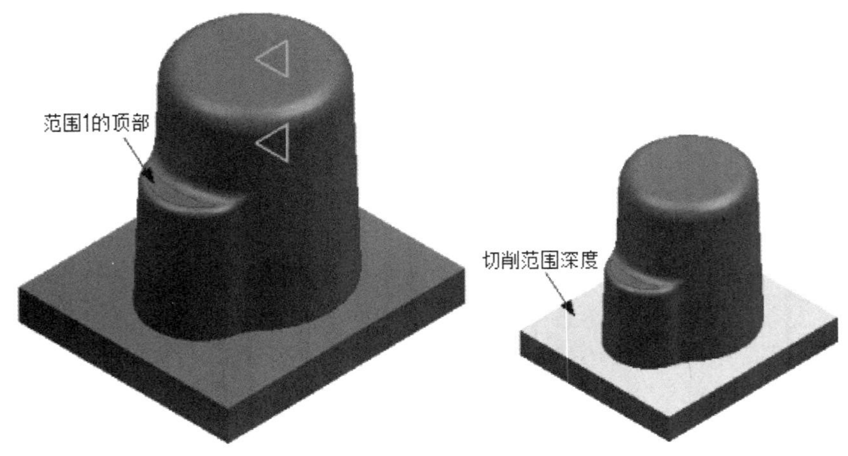

图2-107 范围1的顶部　　　图2-108 切削范围深度

步骤7： 其余参数按步骤4中的参数设置，接着在【型腔铣】对话框中单击生成图标按钮，系统计算刀具路径，计算完成后，单击[确定]完成型腔铣刀具路径操作，结果如图2-109所示。

步骤8： 刀轨仿真。

➘ 在【操作】工具条中单击图标（确认）按钮，系统弹出【可视化刀轨轨迹】对话框，然后在对话框中单击2D动态，最后单击▶按钮，作图区出现动态仿真画面，仿真完成后单击两次[确定]，完成整个型腔铣操作。完成结果如图2-110所示。

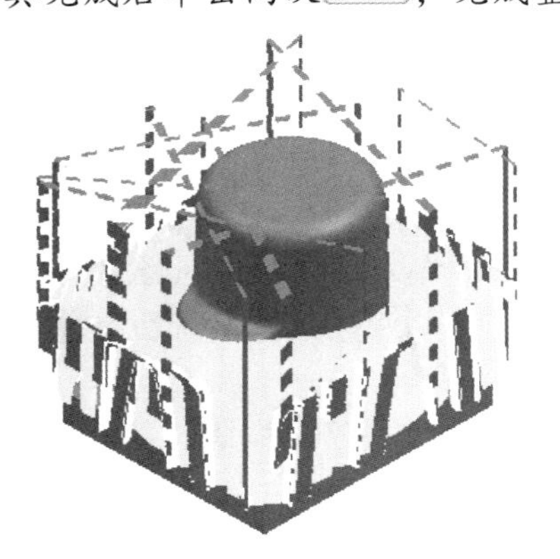

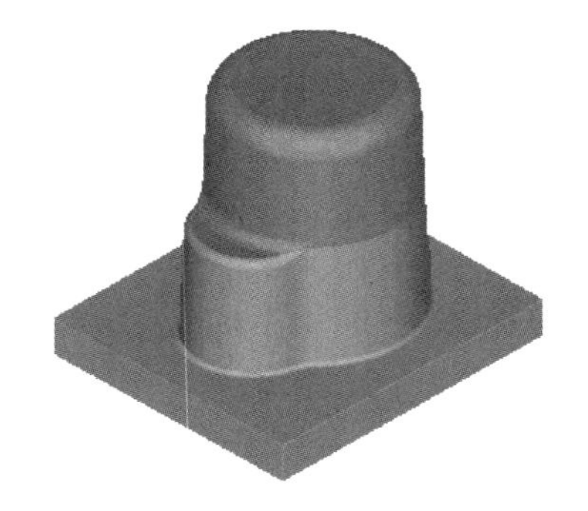

图2-109 计算后生成的刀轨　　　图2-110 仿真结果

技巧提示： 1．对于加工比较深的模具对象时，可以分成几次加工，第一次加工的下刀量可以大些，因为刀具装夹得比较短，因此比较有力；第二次下刀量则可以小一点，第三次再减小，依此类推。

2．在加工第二次深度区域时，应该更改下刀具的长度设置，保证刀具的长度足够长。

实例 7：等高外形铣削中处理圆弧面接刀痕技巧

精加工等高外形比较适合加工垂直面和角度接近垂直的面，而浅平面和圆弧面在加工时，如果处理不当会使表面产生很明显的接刀痕。下面将介绍等高外形铣削中处理圆弧面接刀痕的方法。

步骤 1： 运行 UG NX 8.5。

步骤 2： 选择主菜单的【文件】|【打开】命令，或单击工具栏图标按钮，将弹出【打开】对话框，在此找到放置练习文件夹 ch2 并选择 exe20.prt 文件，单击OK进入 UG NX 加工界面。如图 2-111 所示。同时，在操作导航器对话框中已经设置好了相关的父节点。

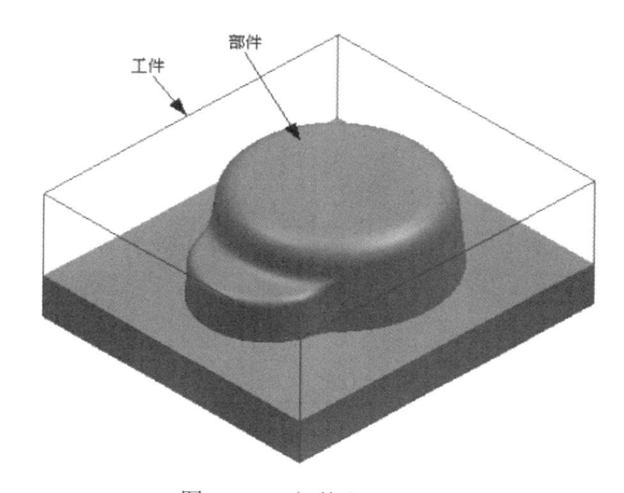

图 2-111　部件和毛坯对象

步骤 3： 在【刀片】工具条中单击图标按钮，系统弹出【创建工序】对话框。

- 在【类型】下拉列表中选择【mill_contour】选项。
- 在【操作子类型】选项中单击图标按钮。
- 在【程序】下拉列表中选择【CORE】选项为程序名。
- 在【刀具】下拉列表中选择【D10R5】。
- 在【几何体】下拉列表中选择【WORKPIECE】选项。
- 在【方法】下拉列表中选择【MILL_M】选项。
- 在【名称】文本框中输入 ZL_1，单击确定系统弹出【深度加工轮廓】对话框，如图 2-112 所示。

步骤 4： 在【深度加工轮廓】对话框中设置如下参数：

（1）设置加工区域

- 在【指定切削区域】处单击图标按钮，系统弹出【切削区域】对话框，如图 2-113 所示。
- 在作图区选择型芯面为加工区域面，如图 2-114 所示，其余参数按系统默认，单击确定完成切削区域操作，并返回【深度加工轮廓】对话框。

（2）刀轨设置

- 在【合并距离】文本框中输入 6。
- 在【最小切削深度】文本框中输入 3。

➘ 在【最大距离】文本框中输入0.5，刀轨设置如图2-115所示。

深度加工轮廓
几何体
工具
刀轴
刀轨设置
方法 MILL_M
陡峭空间范围 无
合并距离 3.0000 mm
最小切削长度 1.0000 mm
公共每刀切削深度 恒定
最大距离 6.0000 mm
切削层
切削参数
非切削移动
进给率和速度
机床控制
程序
选项
操作
确定 取消

图2-112 【深度加工轮廓】对话框

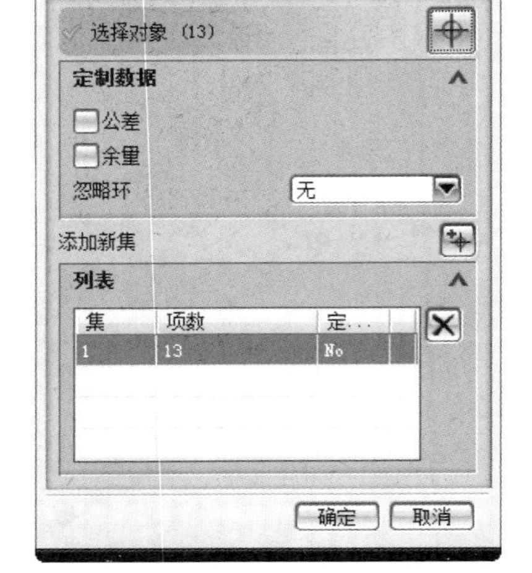

图2-113 【切削区域】对话框

图2-114 加工区域对象

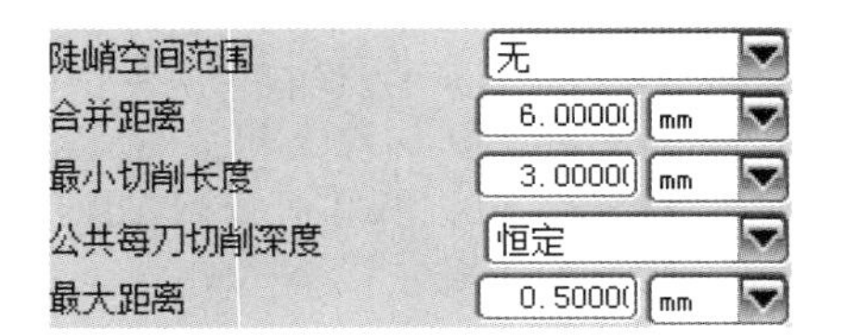

图2-115 刀轨设置

（3）切削参数设置

➘ 在【深度加工轮廓】对话框中单击【切削参数】图标按钮，系统弹出【切削参数】对话框。

➘ 在【部件侧壁余量】文本框中输入0.5，接着在【部件底面余量】处输入0.3，然后单击 连接 按钮，系统显示相关连接选项。

➘ 在层到层下拉选项中选择 沿部件斜进刀 选项，接着在倾斜角度文本框中输入30。

➘ 勾选☑在层之间切削选项，其余参数按系统默认，单击［确定］完成切削参数操作，同时系统返回【深度加工轮廓】对话框。

（4）非切削移动

1）封密区域设置。

➘ 在【深度加工轮廓】对话框中单击图标按钮，系统弹出【非切削移动】对话框。

➘ 在【非切削移动】对话框中单击［进刀］选项，接着在进刀类型下拉选项中选择［螺旋］选项，然后在直径文本框中输入 65，在最小安全距离文本框中输入 1，在最小斜面长度文本框中输入 0。

2）开放区域设置。

➘ 在进刀类型下拉选项中选择［圆弧］选项，接着在半径文本框中输入 5；然后在【非切削移动】对话框中单击［转移/快速］选项卡，系统显示相关［转移/快速］选项，如图 2-116 所示。

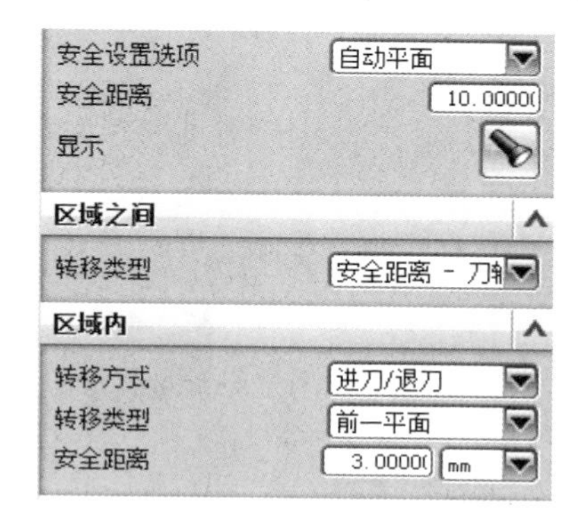

图 2-116　转移 / 快速选项卡

3）转移 / 快速选项设置。

➘ 在安全设置选项中选择［自动平面］选项，接着在【安全距离】文本框中输入 10；在［区域内］选项中将转移类型选项设置为［前一平面］，接着在【安全距离】文本框中输入 5，其余参数按系统默认，单击［确定］完成非切削移动，并返回【深度加工轮廓】对话框。

步骤 5：刀轨路径生成及仿真。

➘ 在【深度加工轮廓】对话框中单击图标按钮，系统开始计算刀轨，计算后生成的刀轨如图 2-117 所示。

➘ 单击图标（确认）按钮，系统弹出【刀轨可视化】对话框，然后在对话框中单击 2D 动态，最后单击▶按钮，作图区出现动态仿真画面，仿真完成后单击两次［确定］，完成整个型腔铣操作。完成结果如图 2-118 所示。

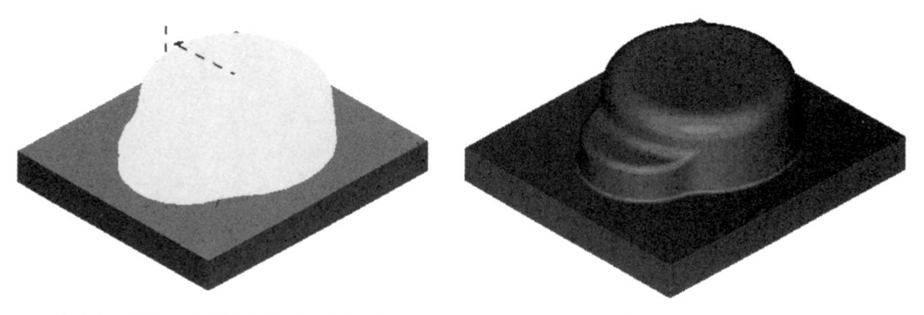

图 2-117　计算后生成的刀轨　　　图 2-118　仿真结果

技巧提示： 1．如果采用等高加工圆弧面时，可以在【切削参数】对话框中将☑在层之间切削勾选选择，这样可以避免圆弧面出现台阶现象。

2．如果不采用这种方法，也可以采用固定轴曲面轮廓铣的方法加工圆弧面。

2.9 点位加工

点位加工可以创建钻孔、攻螺纹、镗孔、平底扩孔和扩孔等操作的刀轨；还可用于点焊和铆接操作，以及任何“刀具定位到几何体—插入部件—退刀”类型的操作，如图 2-119 所示。

实例：点位加工

步骤 1： 运行 UG NX 8.5。

步骤 2： 选择主菜单的【文件】|【打开】命令，或单击工具栏的图标按钮，系统弹出【打开】对话框，在此找到放置练习文件夹 ch2 并选择 exe21.prt 文件，再单击确定进入 UG NX 加工主界面。此时，在这个部件中 MCS 的位置已经确定好，刀具也已经定义好，如图 2-120 所示。

图 2-119 点位加工

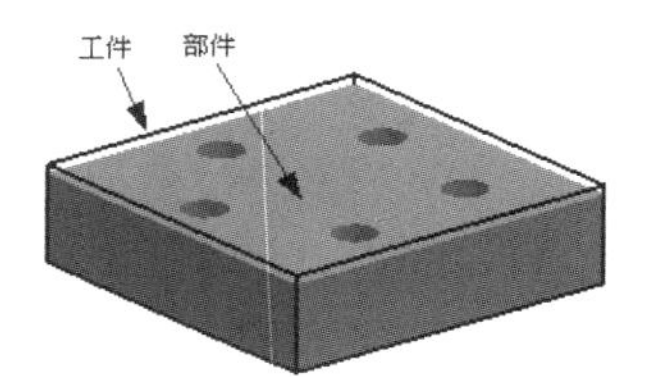

图 2-120 工件与部件模型

步骤 3： 在操作导航器中双击【WORKPIECE】，系统弹出【加工几何体】对话框。

➘ 在【指定部件】处单击图标按钮，系统弹出【工件几何体】对话框，然后在作图区选择部件作为工件几何体，单击确定完成工件几何体操作。

➘ 在【指定毛坯】处单击图标按钮，系统弹出【毛坯几何体】对话框，然后在作图区选择工件作为毛坯几何体，单击确定完成毛坯几何体操作，再单击确定完成 WORKPIECE 操作。

步骤 4： 在【刀片】工具栏中单击图标按钮，系统弹出【创建几何体】对话框。

➘ 在【类型】下拉列表中选择【drill】选项，在【几何体子类型】选项组中单击图标按钮，在【几何体】下拉列表中选择【WORKPIECE】，【名称】处的几何节点按系统内定的名称【DRILL_GEOM】，如图 2-121 所示。

图 2-121 【创建几何体】对话框

步骤 5：单击【确定】，系统弹出【钻】对话框。

- 在【指定孔】处单击图标按钮，系统弹出【点到点几何体】对话框。单击【选择】，再单击【面上所有孔】，然后在作图区选择部件顶面，单击两次【确定】返回【点到点几何体】对话框，此时作图界面显示了数字号码，如图 2-122 所示。
- 在【点到点几何体】对话框中单击【优化】，然后单击三次【确定】返回【点到点几何体】对话框，再单击【确定】完成指定孔操作，如图 2-123 所示。

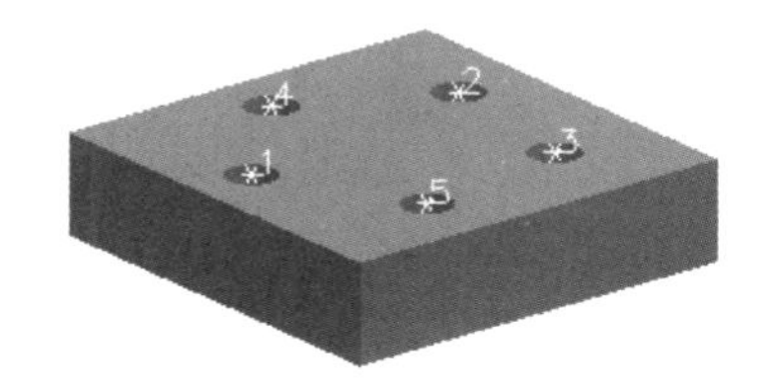
图 2-122　指定孔

图 2-123　优化后的指定孔

步骤 6：在【刀片】工具栏中单击图标按钮，系统弹出【创建工序】对话框。

- 在【类型】下拉列表中选择【drill】选项，在【工序子类型】选项中单击图标按钮，在【程序】下拉列表中选择【PROGRAM】选项为程序名。
- 在【刀具】下拉列表中选择【DRILLING_15.8】，在【几何体】下拉列表中选择【DRILL_GEOM】选项，在【方法】下拉列表中选择【DRILL_METHOD】选项。
- 【名称】一栏为默认的【DRILLING】名称，单击【应用】，进入【钻】对话框，如图 2-124 所示。

图 2-124　【钻】对话框

步骤 7：点位加工参数设置。

（1）循环类型参数设置

- 在【循环】下拉菜单中选择【标准钻】。
- 在【最小安全距离】处输入 5，如图 2-125 所示。

（2）刀轨设置

- 单击【进给和速度】图标按钮，系统弹出【进给和速度】对话框。在【主轴速度（rpm）】文本框中输入 200、【切削】文本框中输入 80，最后单击 确定 完成进给和速度的操作，如图 2-126 所示。

图 2-125　循环类型参数设置

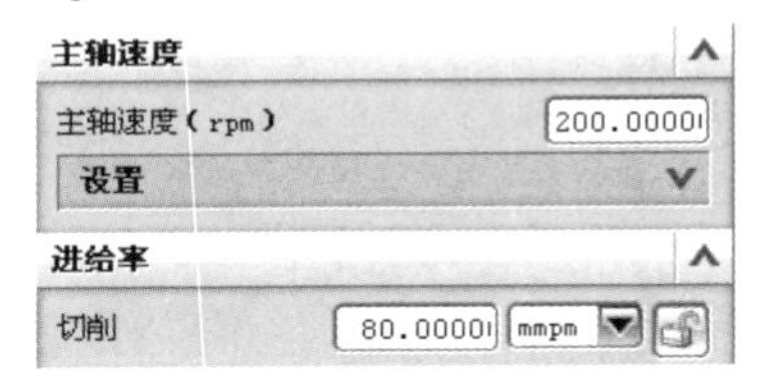

图 2-126　进给和速度参数设置

步骤 8： 刀具路径生成与仿真。

- 在啄钻参数设置对话框中单击生成图标按钮，系统计算刀具路径，计算完成后，单击 确定 完成孔加工刀具路径操作，如图 2-127 所示。
- 单击图标（确认）按钮，系统弹出【可视化刀轨轨迹】对话框，然后在对话框中单击 2D 动态，最后单击按钮，作图区出现动态仿真画面，仿真完成后单击两次 确定，完成整个点位加工操作，完成结果如图 2-128 所示。

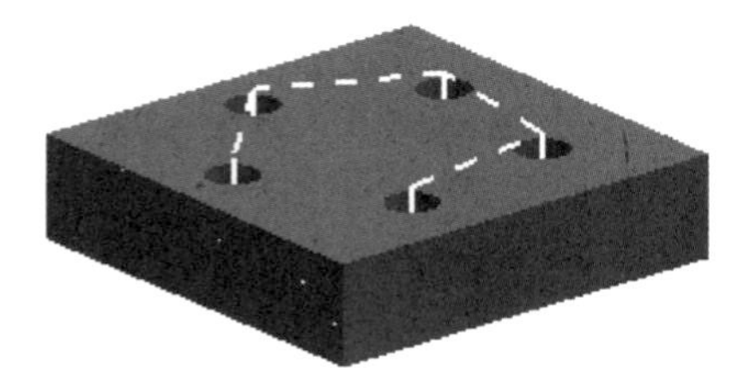

图 2-127　计算后生成的刀轨

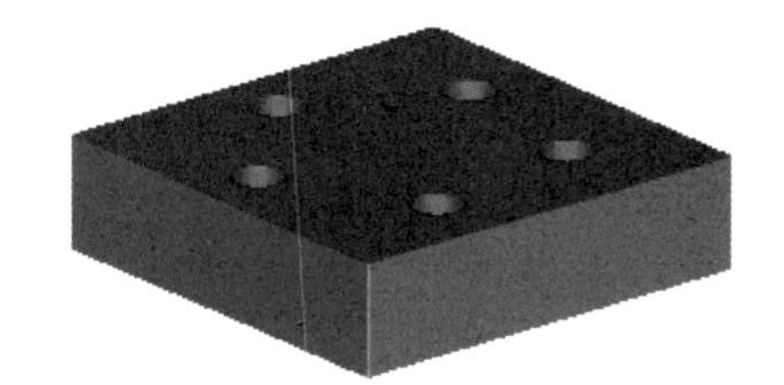

图 2-128　仿真结果

技巧提示：一般在点位啄孔前需要进行定位点加工，本例省略了点钻加工。

2.10　多轴铣削加工

2.10.1　多轴加工的特点与应用

随着数控技术的发展，多轴数控加工中心正在得到越来越广泛的应用。多轴加工的最大优点就是使原本复杂零件的加工变得容易了许多，并且缩短了加工周期，提高了表面的加工质量。所谓多轴加工就是在原有三轴加工的基础上增加了旋转轴的加工。

1．多轴加工的特点

多轴加工具有如下几个特点：

（1）减少基准转换，提高加工精度　多轴加工的工序集成化不仅提高了工艺的有效性，而且由于零件在整个加工过程中只需一次装夹，加工精度更容易得到保证。

（2）减少工装夹具数量和占地面积　尽管多轴数控加工中心的单台设备价格较高，但由于过程链的缩短和设备数量的减少，工装夹具数量、车间占地面积和设备维护费用也随之减少。

（3）缩短生产过程链，简化生产管理　多轴数控机床的完整加工大大缩短了生产过程链，由于只把加工任务交给一个工作岗位，不仅使生产管理和计划调度简化，而且透明度明显提高。工件越复杂，它相对传统工序分散的生产方法的优势就越明显。同时由于生产过程链的缩短，在制品数量必然减少，可以简化生产管理，从而降低了生产运作和管理的成本。

（4）缩短新产品研发周期　对于航空航天、汽车等领域的企业，有的新产品零件及成型模具形状很复杂，精度要求也很高，因此具备高柔性、高精度、高集成性和完整加工能力的多轴数控加工中心可以很好地解决新产品研发过程中复杂零件加工的精度和周期问题，大大缩短研发周期，提高新产品的成功率。

2．多轴加工的应用

（1）模具加工　可以用于深腔模具的清根、清角加工、陡壁加工等模具零件的多面加工。

（2）零件加工　可用于各类零件的加工，如航空零件、机械零件等。

2.10.2　多轴加工坐标系

多轴加工 MCS 在一般情况下设在工作台回转中心上。在有 RTCP（Rotation Tool Centre Point，刀具旋转中心编程）和 RPCP（Rotation Part Center Point，工件旋转中心编程）功能的多轴机床上，MCS 可以设在工件的任意位置。

1．RTCP 编程

对于具有摆头的机床，如果数控系统无 RTCP 功能，需在定制后处理中考虑摆长值，且编程时需输入实际刀长。

2．RPCP 编程

对于转台机床，如果数控系统无 RTCP 功能，需在定制后处理中考虑转台偏移值。

对于 RTCP/RPCP 编程，各数控系统有不同的功能指令，如 SIEMENS 使用的指令是“TRAORI”，FANUC 使用的指令是“G43.1，G43.4 或 G43.5”，HEIDENHAIN 使用的指令是“M128”。

RTCP/RPCP 编程的优点是易于操作，坐标值经过了系统内部转换，编程员编程时不需要考虑太多的东西。

2.10.3　多轴加工基础

1．几何体

（1）零件几何体（Part Geometry）　用于加工的几何体。

（2）检查几何体（Check Geometry）　检查几何体能够指定刀轨不能干扰的几何体（如工件壁、岛、夹具等）。当刀轨遇到检验曲面时，刀具退出，直至到达下一个安全的切削位置。

（3）指定切削区域　即加工区域。

2．驱动方法

（1）驱动几何体（Drive　Geometry）　用来产生驱动点的几何体。

（2）驱动点（Drive Point）　从驱动几何体上产生的，将投射到零件几何体上的点。

（3）驱动方法（Drive Method）　驱动点产生的方法，某些驱动方法在曲线上产生一系列驱动点，有的驱动方法则在一定面积内产生阵列的驱动点。

（4）投射矢量（Project Vector）　用于指引驱动点怎样投射到零件表面。

（5）刀轴　定义为从刀尖方向指向刀具夹持器方向的矢量。

实例 1：曲线点驱动

使用曲线点驱动方法通过指定点和选择曲线或面边缘定义驱动几何体。驱动几何体投影到部件几何体上，然后在此生成刀轨。曲线可以是开放的、封闭的、连续的或非连续的以及平面的或非平面的。曲线点驱动常用于刻字、加工流道等。

步骤 1： 运行 UG NX 8.5。

步骤 2： 选择主菜单的【文件】|【打开】命令，或单击工具栏的图标按钮，系统弹出【打开】对话框，在此找到放置练习文件夹 ch2 并选择 exe22.prt 文件，再单击 OK 进入 UG 加工主界面。此时，在这个部件中已定义好粗、中、精加工刀具路径，如图 2-129 所示。

步骤 3： 选择下拉菜单【插入】|【工序】命令，或在【刀片】工具条中单击图标按钮，系统弹出【创建工序】对话框。

- 在【类型】下拉列表中选择【mill_multi-axis】选项。
- 在【工序子类型】选项中单击图标按钮。
- 在【程序】下拉列表中选择【PROGRAM】选项为程序名。
- 在【刀具】下拉列表中选择【D1R0.5】。
- 在【几何体】下拉列表中选择【MILL_GEOM】选项。
- 在【方法】下拉列表中选择【MILL_F】选项。
- 【名称】一栏为默认的【VARIABLE_CONTOUR_1】名称，单击 应用 进入【可变轮廓铣】对话框，如图 2-130 所示。

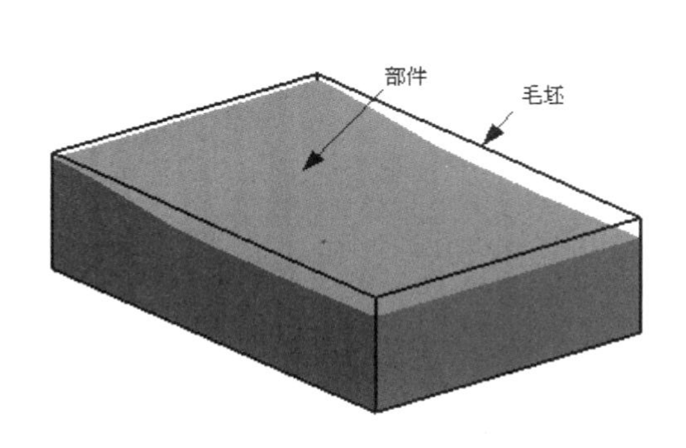

图 2-129　毛坯与部件模型

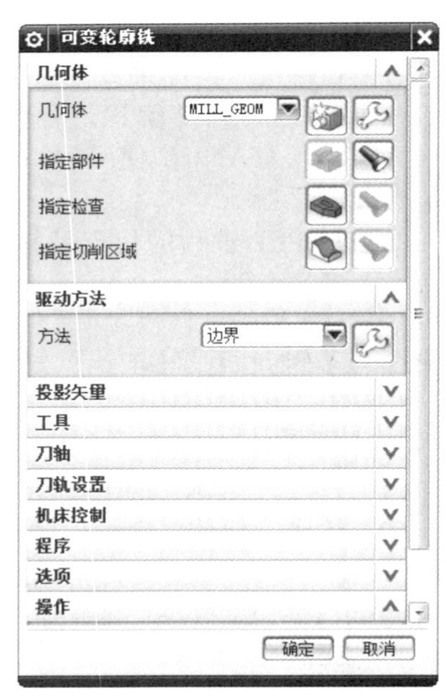

图 2-130 【可变轮廓铣】对话框

步骤 4： 可变轮廓铣切削参数及驱动方式的设置。

1）在【驱动方法】的【方法】下拉菜单选择【曲线 / 点】，系统弹出【驱动方法】对话框，如图 2-131 所示，单击对话框中的 确定(O) 按钮，弹出【曲线 / 点驱动方法】对话框，如图 2-132 所示。

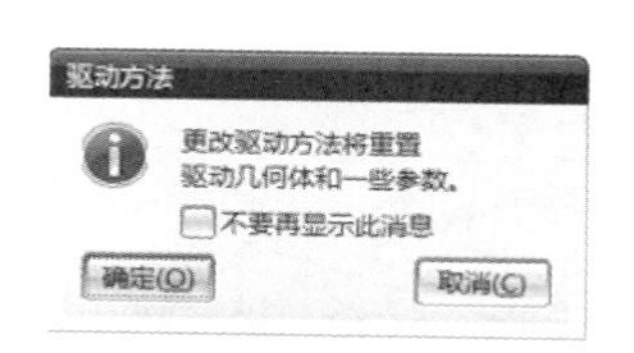

图 2-131 【驱动方法】对话框　　图 2-132 【曲线 / 点驱动方法】对话框

➘ 在作图区选择 U 曲线段，接着在【曲线 / 点驱动方法】对话框中单击添加新集按钮，完成线段选择；利用相同的方法完成后续线段的选择，结果如图 2-133 所示。

2）在切削参数处单击图标按钮，系统弹出【切削参数】对话框。单击【余量】选项卡，然后在【部件余量】中输入 -0.2，单击确定(O)按钮完成切削参数的设置，如图 2-134 所示。

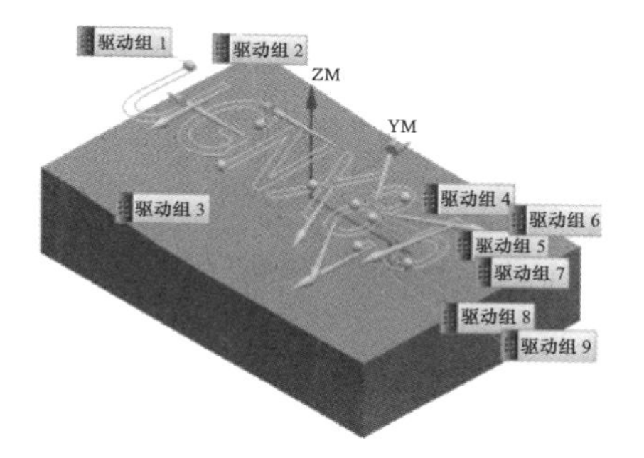

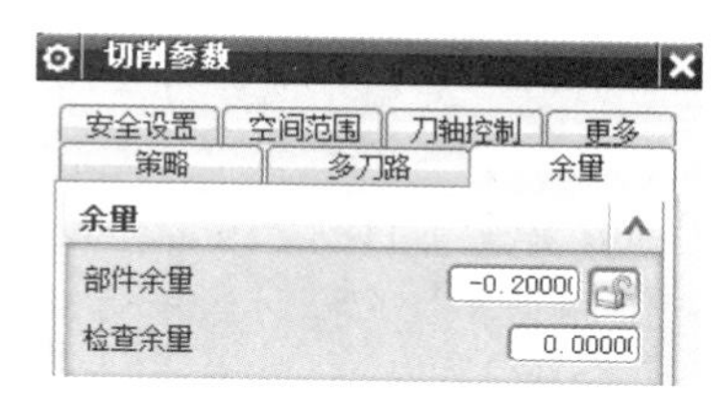

图 2-133 选择的曲线段结果　　图 2-134 余量参数设置

步骤 5： 刀具路径的生成与验证。

1）在【可变轮廓铣】对话框中单击生成图标按钮，系统计算刀具路径，计算完成后，单击确定完成刀具路径创建，结果如图 2-135 所示。

2）在【可变轮廓铣】对话框中单击图标按钮，系统弹出【刀轨可视化】对话框，接着单击 2D 动态按钮，然后单击播放图标按钮，系统会在作图区出现仿真操作，最终效果如图 2-136 所示

图 2-135 曲线 / 点驱动刀具路径　　图 2-136 刀具路径仿真结果

实例 2：螺旋式驱动方法

螺旋驱动方式允许定义从指定的中心点向外螺旋地驱动点。驱动点在垂直于投影矢

量并包含中心点的平面上生成。然后驱动点沿着投影矢量投影到所选择的部件表面上，如图 2-137 所示。

“螺旋式驱动方式”产生的步距效果是光顺、稳定地向外过渡，对于高速加工的程序很有用。

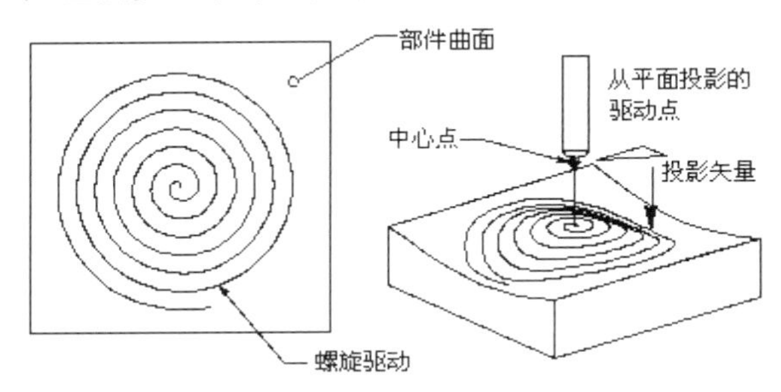

图 2-137　螺旋式驱动方法

步骤 1：运行 UG NX 8.5。

步骤 2：选择主菜单的【文件】|【打开】命令，或单击工具栏的图标按钮，系统弹出【打开】对话框，在此找到放置练习文件夹 ch2 并选择 exe23.prt 文件，再单击OK进入 UG 加工主界面。此时，在这个部件中已定义好粗刀具路径，如图 2-138 所示。

步骤 3：选择下拉菜单【插入】|【工序】命令，或在【刀片】工具条中单击图标按钮，系统弹出【创建工序】对话框。

- 在【类型】下拉列表中选择【mill_multi-axis】选项。
- 在【工序子类型】选项中单击图标按钮。
- 在【程序】下拉列表中选择【PROGRAM】选项为程序名。
- 在【刀具】下拉列表中选择【D12R6】。
- 在【几何体】下拉列表中选择【WORKPIECE】选项。
- 在【方法】下拉列表中选择【MILL_FINISH】选项。
- 【名称】一栏为默认的【VARIABLE_CONTOUR】名称，单击应用进入【可变轮廓铣】对话框，如图 2-130 所示。

步骤 4：可变轮廓铣切削参数及驱动方式的设置。

1）在【驱动方法】的【方法】下拉菜单中选择【螺旋式】，系统弹出【驱动方法】对话框，如图 2-131 所示，单击对话框中的确定(O)按钮，弹出【螺旋式驱动方法】对话框，如图 2-139 所示。

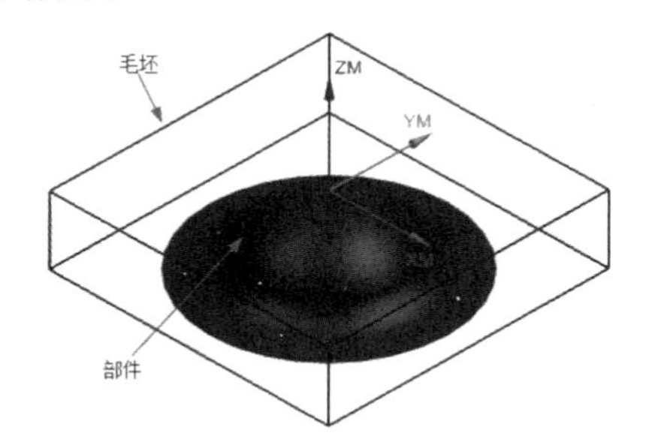

图 2-138　部件和毛坯模型

图 2-139　【螺旋式驱动方法】对话框

2）在【最大螺旋半径】中输入 85，在【步距】下拉菜单选择【恒定】，在【最大距离】中输入 0.5，在【切削方向】下拉菜单中选择【顺铣】，其余参数按系统设定，单击确定按钮返回【可变轮廓铣】对话框。

步骤 5： 刀具路径的验证。

1）在【可变轮廓铣】对话框中单击生成图标按钮，系统计算刀具路径，计算完成后，单击确定完成刀具路径创建，结果如图 2-140 所示。

2）在【可变轮廓铣】对话框中单击图标按钮，系统弹出【刀轨可视化】对话框，接着单击 2D 动态按钮，然后单击播放图标按钮，系统会在作图中出现仿真操作，最终效果如图 2-141 所示。

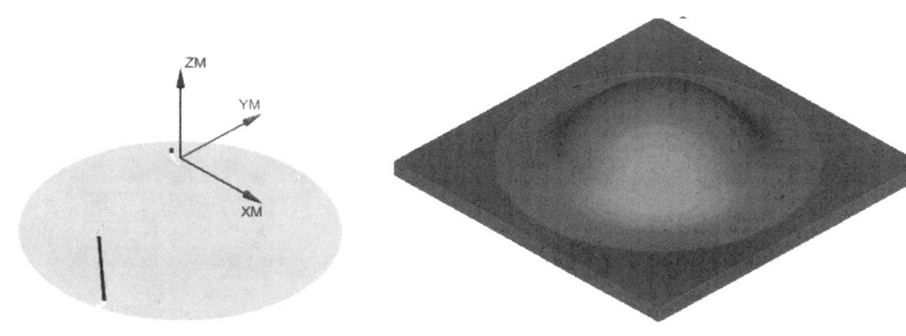

图 2-140　螺旋式驱动刀具路径　　　图 2-141　仿真验证结果

实例 3：边界驱动方法

边界驱动方式通过指定“边界”和“环”定义切削区域，当“环”必须与外部“部件表面”边界相应时，“边界”与“部件表面”的形状和大小无关。切削区域由“边界”“环”或二者的组合定义，将已定义的切削区域的“驱动点”按照指定的“投影矢量”的方向投影到“部件表面”，这样就可以生成“刀轨”。“边界驱动方式”与“平面铣”的工作方式大致上相同，但与“平面铣”不同的是，“边界驱动方式”可用来创建允许刀具沿着复杂表面轮廓移动进行精加工操作。

步骤 1： 运行 UG NX 8.5。

步骤 2： 选择主菜单的【文件】|【打开】命令，或单击工具栏的图标按钮，系统弹出【打开】对话框，在此找到放置练习文件夹 ch2 并选择 exe24.prt 文件，再单击 OK 进入 UG 加工主界面。此时，在这个部件中已定义好粗刀具路径，如图 2-142 所示。

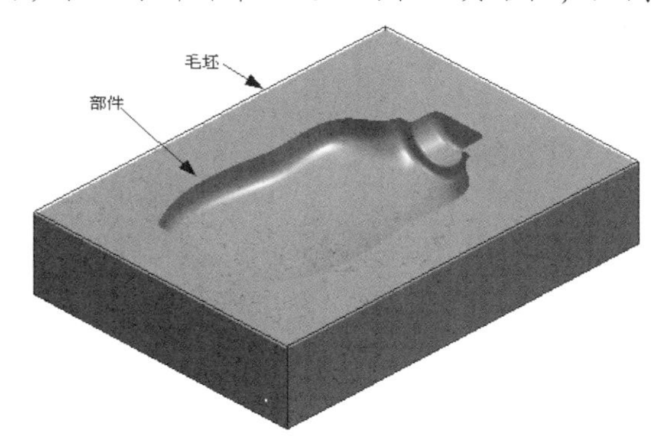

图 2-142　部件和毛坯模型

步骤 3： 选择下拉菜单【插入】|【工序】命令，或在【刀片】工具条中单击图标按钮，系统弹出【创建工序】对话框。

➘ 在【类型】下拉列表中选择【mill_multi-axis】选项。

- 在【工序子类型】选项中单击图标按钮。
- 在【程序】下拉列表中选择【PROGRAM】选项为程序名。
- 在【刀具】下拉列表中选择【D6R3】。
- 在【几何体】下拉列表中选择【WORKPIECE】选项。
- 在【方法】下拉列表中选择【MILL_FINISH】选项。
- 【名称】一栏为默认的【VARIABLE_CONTOUR】名称，单击 应用 进入【可变轮廓铣】对话框，如图 2-130 所示。

步骤 4： 可变轮廓铣驱动方式的设置。

在【驱动方法】选项下单击编辑图标按钮，弹出【边界驱动方法】对话框，如图 2-143 所示。在【指定驱动几何体】选项中单击图标按钮，系统弹出【边界几何体】对话框，如图 2-144 所示。

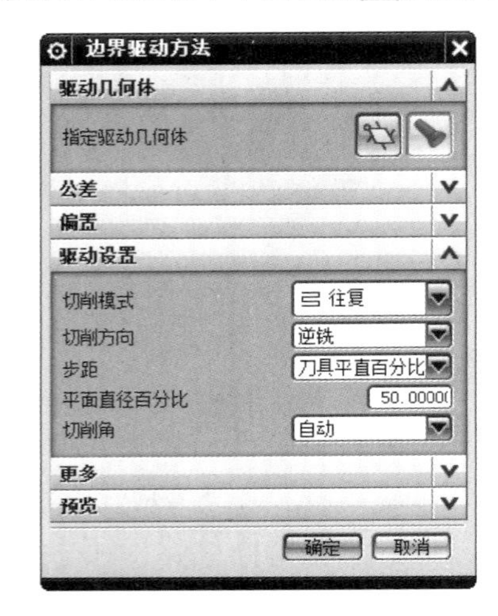

图 2-143 【边界驱动方法】对话框

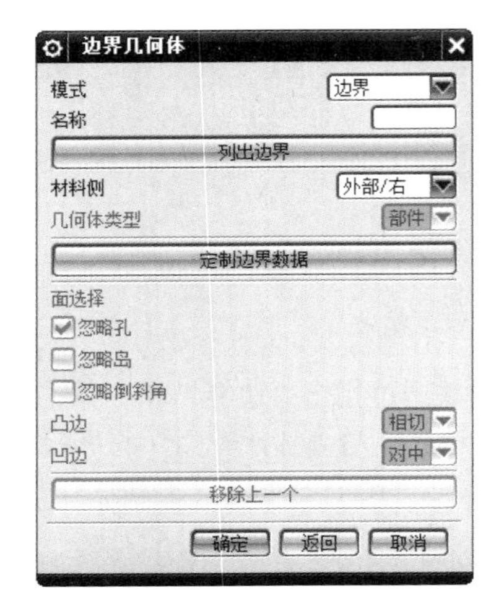

图 2-144 【边界几何体】对话框

- 在【模式】下拉选项中选取【曲线 / 边】选项，系统弹出【创建边界】对话框，如图 2-145 所示。在【创建边界】对话框中单击 成链 按钮，系统弹出【成链】对话框，如图 2-146 所示，接着在作图区选取图 2-147 所示的边界为起始边界，选取图 2-148 所示的边界为终止边界，创建结果如图 2-149 所示。同时系统返回【创建边界】对话框，单击两次 确定(O) 返回【边界驱动方法】对话框，接着设置参数如图 2-150 所示。

图 2-145 【创建边界】对话框

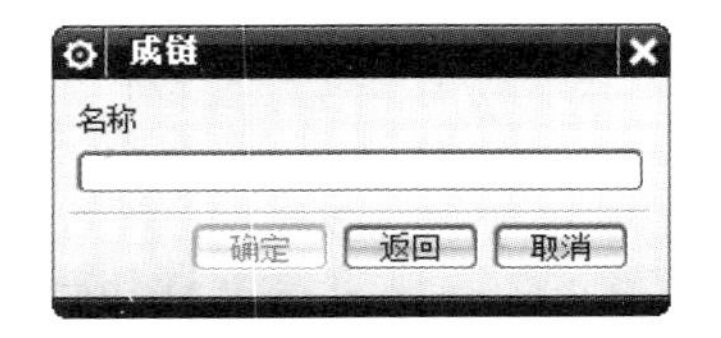

图 2-146 【成链】对话框

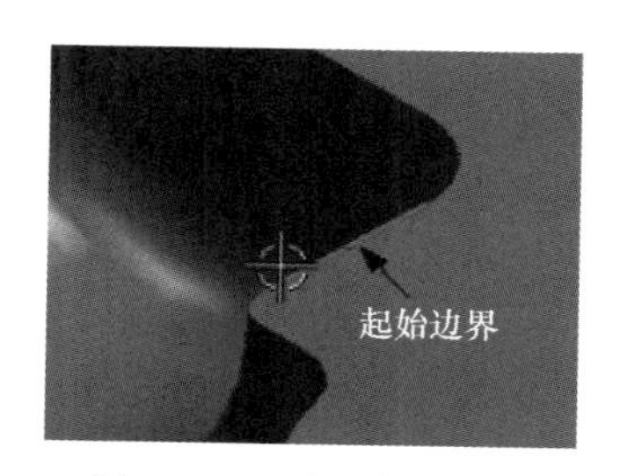

图 2-147　选取起始边界

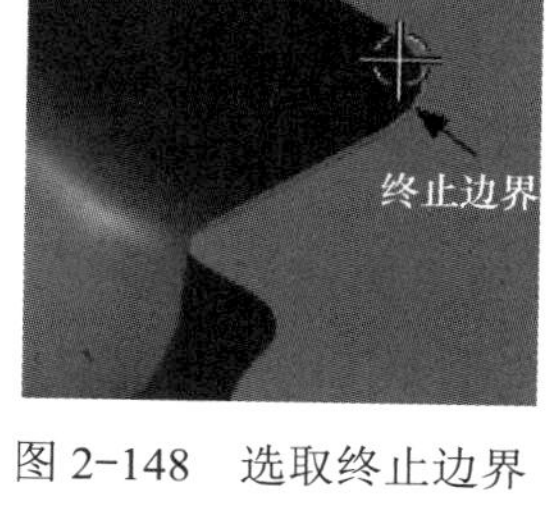

图 2-148　选取终止边界

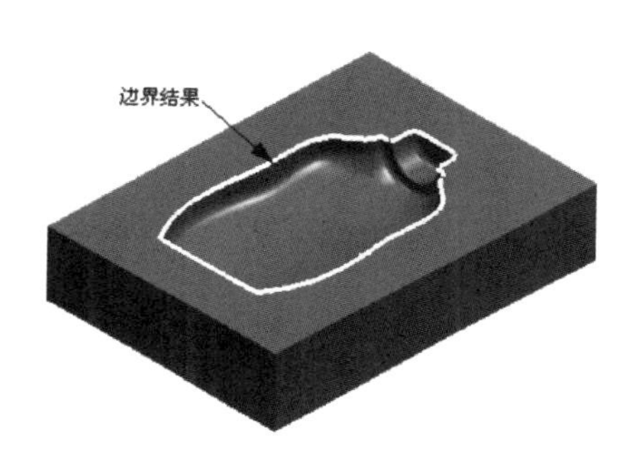

图 2-149　创建边界结果

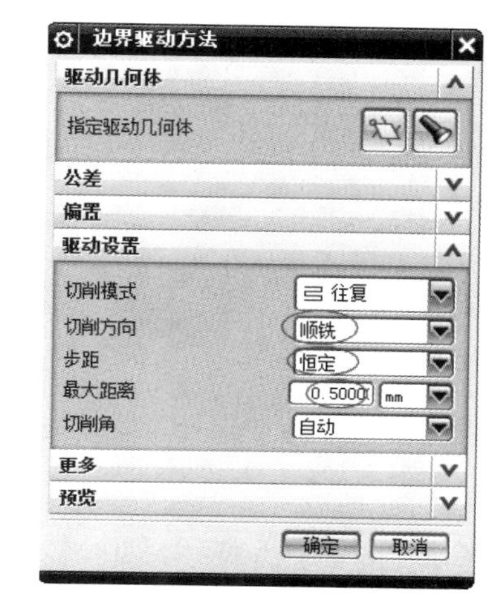

图 2-150　驱动设置参数结果

步骤 5：可变轮廓铣刀轴设置。

在【可变轮廓铣】对话框中单击【刀轴】选项，在【轴】下拉选项中选择【朝向点】选项，在【指定点】选项中单击点图标按钮，系统弹出【点】对话框，如图 2-151 所示。接着在【Z】文本框中输入 50，其余参数按系统默认，单击确定返回【可变轮廓铣】对话框。

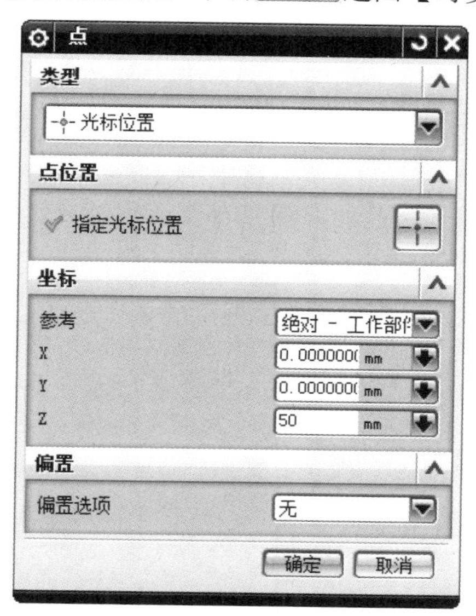

图 2-151　【点】对话框

步骤 6： 刀具路径的生成与验证。

在【可变轮廓铣】对话框中单击生成图标按钮，系统计算刀具路径，计算完成后，单击 确定 完成边界驱动方法的创建，结果如图 2-152 所示。在显示资源条中单击【工序导航器】图标按钮，系统弹出工序导航器对话框，在工序导航器工具条中单击图标按钮，此时工序导航器对话框显示为几何视图。单击【MCS_MILL】，此时加工操作工具条激活，在操作工具条中单击图标按钮，系统弹出【刀轨可视化】对话框。在【刀轨可视化】对话框中单击 2D 动态 按钮，然后单击播放图标按钮，系统在作图区出现仿真操作，最终效果如图 2-153 所示。

图 2-152 边界驱动刀轨　　　　图 2-153 刀具路径仿真结果

技巧提示：指定了边界的刀具位置时，“接触”不能与“在上面”或“相切于”结合使用。如果要将“接触”用于任何一个成员，则整个边界都必须使用“接触”。“接触边界”必须始终保持“封闭”。开放的接触边界可能会产生意外的结果。

实例 4：曲面驱动方法

曲面驱动方法允许创建一个位于驱动曲面网格内的驱动点阵列，驱动点沿指定的投影矢量投影到部件几何表面，当需要可变刀具轴加工复杂曲面时，这种驱动方式是很有用的，因为它提供了对刀具轴和投影矢量的附加控制。将驱动曲面上的点按指定的投影矢量方向进行投影，这样即可在部件表面上生成刀轨，如果未定义部件表面，则可以直接在驱动曲面上生成刀轨。

驱动曲面不一定是平的面，但是必须是按一定的行序或列序进行排列，相邻的曲面必须共享一条共用边，且不能包含超出在预设置中定义的距离公差的缝隙。驱动曲面可以使用裁剪过的曲面进行定义，只要裁剪过的曲面具有四个侧，裁剪过的曲面的每一侧可以是单个边界曲线，也可以由多条相切的边界曲线组成，同时相切的边界曲线可以被视为单条曲线。

步骤 1： 运行 UG NX 8.5。

步骤 2： 选择主菜单的【文件】|【打开】命令，或单击工具栏图标按钮，弹出【打开部件文件】对话框，在此找到放置练习文件夹 ch2 并选择 exe25.prt 文件，单击 确定 进入 UG 加工界面。此时，在操作导航器对话框中可以看到，工件的粗加工已经完成，下面通过半精加工的操作说明边界驱动的应用，模型如图 2-154 所示。

步骤 3： 选择下拉菜单【插入】|【工序】命令，或在【刀片】工具条中单击图标按钮，系统弹出【创建工序】对话框。

- 在【类型】下拉列表中选择【mill_multi-axis】选项。
- 在【工序子类型】选项中单击图标按钮。

- 在【程序】下拉列表中选择【CORE】选项为程序名。
- 在【刀具】下拉列表中选择【D6R3】。
- 在【几何体】下拉列表中选择【WORKPIECE】选项。
- 在【方法】下拉列表中选择【MILL_FINISH】选项。
- 【名称】一栏为默认的【VARIABLE_CONTOUR】名称，单击 应用 进入【可变轮廓铣】对话框。

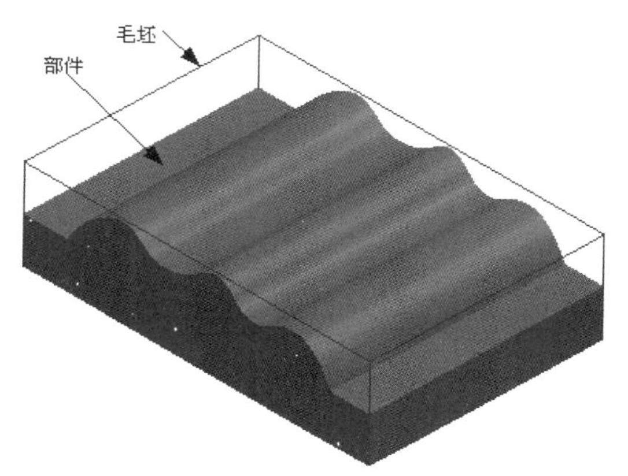

图 2-154　部件和毛坯模型

步骤 4： 可变轮廓铣驱动方式的设置。

在【驱动方法】的【方法】下拉菜单中选择【曲面】，系统弹出【驱动方法】对话框，如图 2-131 所示，单击对话框的 确定 按钮，弹出【曲面区域驱动方法】对话框，如图 2-155 所示。

- 在【指定驱动几何体】选项中单击图标按钮，系统弹出【驱动几何体】对话框，如图 2-156 所示，接着在图层设置对话框中将 3 设为可选层，然后选取 3 层中的对象为驱动几何体对象，单击 确定 完成驱动几何体的操作，同时系统返回【曲面区域驱动方法】对话框。

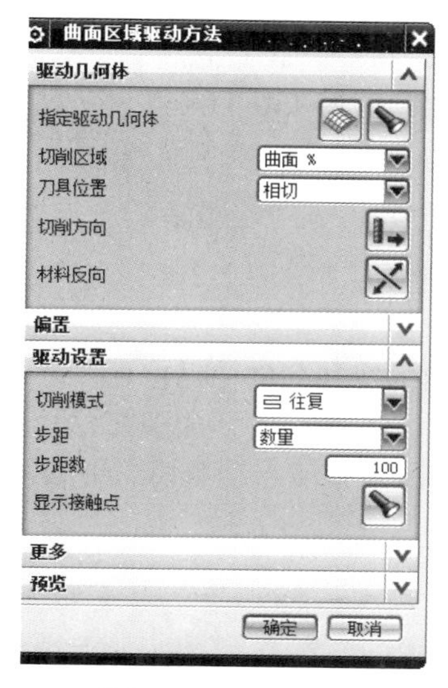

图 2-155 【曲面区域驱动方法】对话框

图 2-156 【驱动几何体】对话框

➘ 在【切削方向】选项中单击图标按钮，接着在作图区选取图 2-157 所示的箭头方向为切削方向。在【步距数】文本框中输入 100，其余参数按系统默认，单击确定(O)系统返回【可变轮廓铣】对话框。

步骤 5：可变轮廓铣刀轴设置。

在【可变轮廓铣】对话框中单击【刀轴】选项，在【轴】下拉选项中选择【相对于矢量】选项，系统弹出【相对于矢量】对话框，如图 2-158 所示。在此不做任何更改，单击确定(O)返回【可变轮廓铣】对话框。

图 2-157　切削方向

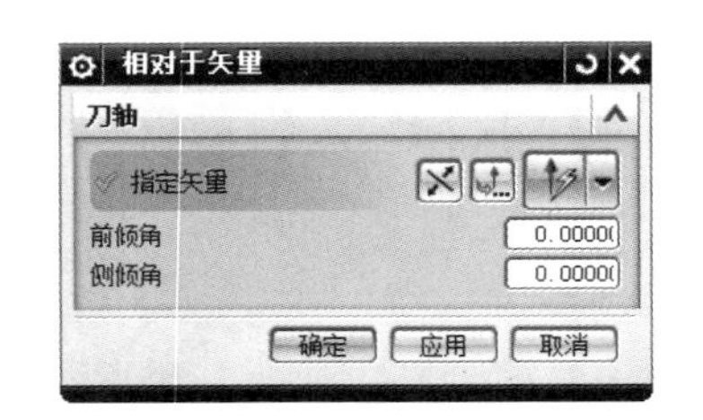

图 2-158　【相对于矢量】对话框

步骤 6：刀具路径的生成与验证。

在【可变轮廓铣】对话框中单击生成图标按钮，系统计算刀具路径，计算完成后，单击确定完成边界驱动方法的创建，结果如图 2-159 所示。在显示资源条中单击【工序导航器】图标按钮，系统弹出工序导航器对话框，在工序导航器工具条中单击图标按钮，此时工序导航器对话框会显示为几何视图。单击【MCS_MILL】，此时加工操作工具条激活，在操作工具条中单击图标按钮，系统弹出【刀轨可视化】对话框。在【刀轨可视化】对话框中单击 2D 动态按钮，然后单击播放图标按钮，系统在作图区出现仿真操作，最终效果如图 2-160 所示。

图 2-159　曲面驱动刀轨　　　　图 2-160　刀具路径仿真结果

技巧提示：1．**曲面驱动方法不会接受排列不均匀的行和列的驱动曲面。**

2．**如果要加工的曲面满足驱动曲面条件时，则可直接在驱动表面上生成刀轨，无须再选择任何部件几何体，因为驱动点没有投影到部件表面上。**

第 3 章　数控加工中心的基本操作

3.1　SINUMERIK 802D 加工中心操作

3.1.1　SINUMERIK 802D 加工中心面板认识

VMC-650L3 型 SINUMERIK 802D 加工中心是深圳市捷涌达实业有限公司开发的中档加工中心，稳定性好，强度高，传动刚性强，各项精度稳定可靠。机床采用全密式护罩，有 24 把刀的圆盘式刀库，气动自动换刀，换刀速度快，同时配有自动排屑器等，如图 3-1 所示。主要规格参数如下：

工作台面尺寸：	800mm×450mm
行程（X/Y/Z）：	660mm×440mm×500mm
主轴端面至工作台面距离：	105 ～ 560mm
主轴转速：	0 ～ 8000r/min
快速进给速度：	10000mm/min
切削进给速度：	6000mm/min
定位精度：	0.008mm
最小设定移动单位：	0.001mm
外形尺寸：	2350mm×2200mm×2600mm
净重：	5300kg
工作台承重：	350kg

图 3-1　VMC-650L3 型 SINUMERIK 802D 加工中心

SINUMERIK 802D 数控系统面板分为 4 个区，分别为 CNC 操作键盘区、机床控制面板区（含控制器接通与断开）、CF 卡槽区及屏幕显示区，如图 3-2 所示。

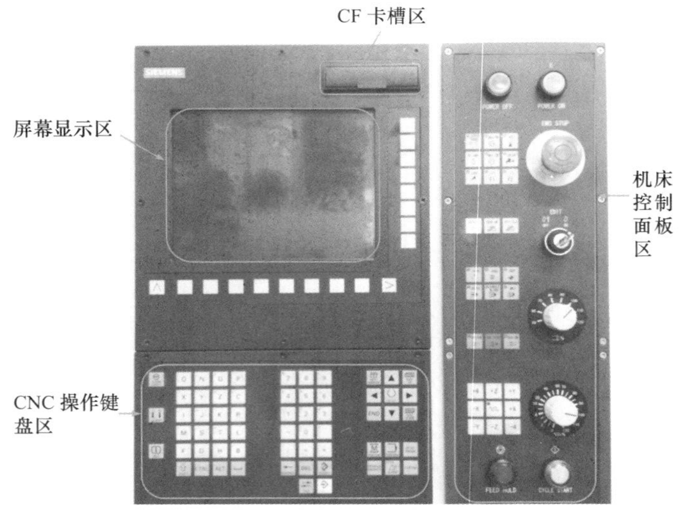

图 3-2 SINUMERIK 802D 数控系统面板

1. CNC 操作键盘区

SINUMERIK 802D 数控系统面板 CNC 操作键盘区如图 3-3 所示，各按键功能见表 3-1。

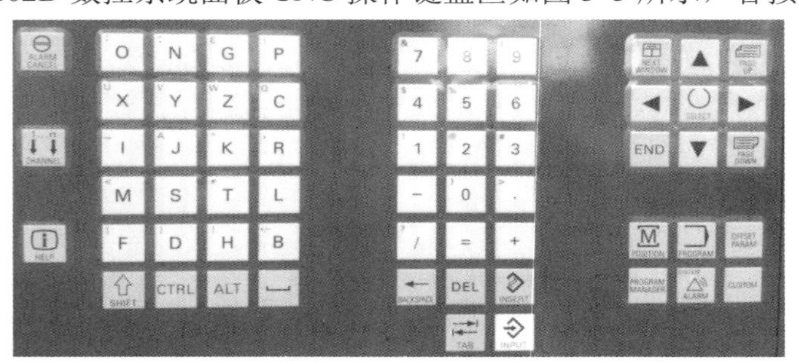

图 3-3 CNC 操作键盘区

表 3-1 SINUMERIK 802D CNC 操作面板功能说明

按键符号	按键名称	用　途	按键符号	按键名称	用　途
ALARM CANCEL	报警应答键	报警区出现报警，删除条件为两个半圆符号时，按此键就可消除报警。能用此键消除的报警，一般不建议使用复位键消除	INPUT	输入键	接受一个编辑值；打开或关闭一个文件目录
1…n CHANNEL	通道转换键	通道转换	PAGE UP PAGE DOWN	翻页键	将光标从所在屏幕向上、向下翻页
HELP	信息键	获得帮助信息	POSITION	加工操作区域键	按此键，进入机床加工区域
SHIFT	上档键	对键上的两种功能进行转换。用了上档键，当按下字符键时，该键左上方的字符（除了光标键）就被输出	PROGRAM	程序操作区域键	按此键，进入程序操作区域，录入和修改程序

（续）

按键符号	按键名称	用　　途	按键符号	按键名称	用　　途
CTRL	Ctrl 键	—	OFFSET PARAM	参数操作区域键	按此键，进入参数操作区域，输入补偿和设定参数数值
ALT	Alt 键	—	PROGRAM MANAGER	程序管理操作区域键	按此键，进入程序管理操作区域
␣	空格键	按此键可以在程序中插入空格	SYSTEM ALARM	报警 / 系统操作区域键	查看系统参数
← BACKSPACE	回退键（退格键）	自右向左删除字符	SELECT	选择键	一般用于单选、多选选定或取消某选项，如坐标系 G54 ～ G59 的选择
DEL	删除键	自左向右删除字符	▲◀▶▼	光标移动键	将光标向所指方向移动一个字符（上、下、左、右）

2. 机床控制面板区

SINUMERIK 802D 数控系统面板机床控制面板区如图 3-4 所示，各按键功能见表 3-2。

图 3-4　机床控制面板区

表 3-2　机床控制面板功能说明

按键符号	按键名称	用　途	按键符号	按键名称	用　途
	急停按钮	按下急停按钮，机床的伺服系统电源被切断；用于加工过程中出现意外时紧急停止		主轴旋转倍率旋钮	通常用来调节数控程序自动运行时的主轴速度倍率，调节范围为 0% ～ 120%。一般不建议加工时调整，如在加工时调到 0% 则会发生断刀的事故
	电源开关按钮	用于接通与切断机床电源		进给倍率旋钮	通常用来调节数控程序自动运行时的进给速度倍率，调节范围为 0% ～ 120%
	复位键	按下此按键，取消当前程序的运行，监视功能信息被清除（除了报警信号，电源开关、启动和报警确认），通道转向复位状态		主轴正、反转及停止键	用于开启主轴运动或停止运动
	回零模式	使各坐标轴返回参考点位置并建立机床坐标系		刀库正、反转键	按一下使刀库顺（逆）时针转动一个刀位（逆着 Z 轴正向看）。不要随意操作，如果刀库手动转动后使刀库实际到位与主轴当前刀位不一致，容易发生严重的撞刀事故
	单段执行模式	当此按键被按下时，运行程序时每次执行一段数控指令，要运行下一段程序需再次按程序运行按键		手动冷却键	在 JOG 模式、手轮模式或自动模式下，按此键使指示灯亮，则切削液打开；按此键使指示灯灭，则切削液关闭
	手动（手轮）模式	将手轮旋钮旋至【OFF】位置是手动模式，在手动模式按相应的坐标轴按钮来移动坐标轴，其移动速度取决于“进给倍率修调”值的大小		机床润滑键	给机床加润滑油
	手动输入模式	可输入一个程序段后立即执行，不需要完整的程序格式。用来完成简单的工作		机床照明灯键	按亮指示灯为开机床照明灯，按灭指示灯为关机床照明灯
	自动模式	用于自动连续执行程序来加工工件			

3. 开机与关机流程

（1）开机流程

开启气阀，在通电之前先检查机床各部分初始状态是否正常，如润滑油液高度、气压表、干燥机等；如各部分都正常时，合上机床右侧的电气总开关，接着在机床控制面板上按【控制器接通】按钮，系统进入自检，如图 3-5 所示，约 2min 后进入系统界面，如图 3-6 所示。

按机床箭头方向旋【紧急停止】按钮，并在机床控制面板上按【Reset】复位键解除【紧急停止】报警信息，接着在机床控制面板上按【 Ref point】按键，然后按【+Z】按键，数控机床的各轴将依次进行归零，最后在屏幕显示区中各轴将会出现符号，机床回零完成。

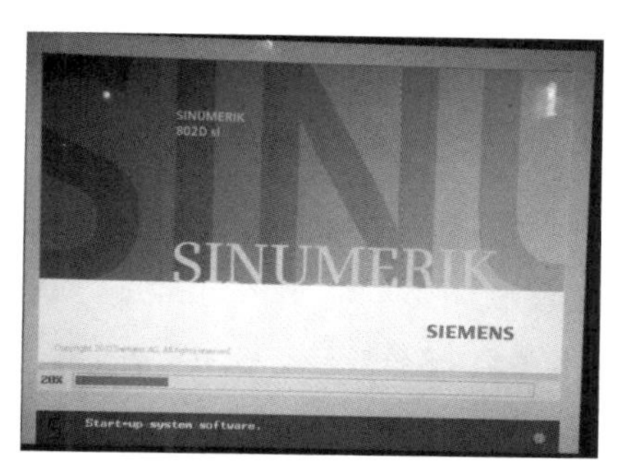

图 3-5　系统进入自检

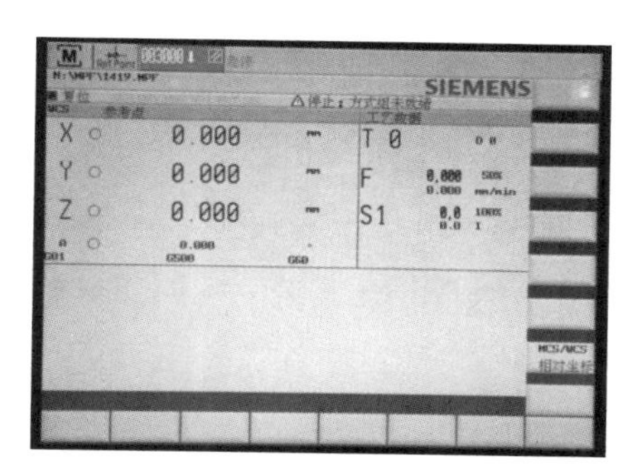

图 3-6　系统界面

技巧提示：在数控机床回零或零件分中时，应该先抬起 Z 轴，然后才能做下一步操作，否则会发生撞刀现象。

（2）关机流程

实训完成后，应该切断数控机床的电源，其关机流程与开机流程相反。首先将 X、Y 轴移至工作台中间，接着将 Z 轴下降到一定距离；然后在机床控制面板上按【紧急停止】按钮，接着按【控制器接通】按钮关闭电源开关；最后关闭气阀开关与电源总开关。

3.1.2　机用虎钳装夹

机用虎钳是刨床、铣床、钻床、磨床、插床的主要夹具，广泛用于铣床、钻床等进行各种平面、沟槽、角度等加工。机用虎钳由躯座、活动钳口、螺母、螺杆等构件组成，按其结构和使用可分为通用机用虎钳、角度压紧机用虎钳、可倾机用虎钳、高精度机用虎钳、增力机用虎钳。

机用虎钳的规格是以钳口铁的宽度而定的，常用 100mm、125mm、136mm、160mm、200mm 和 250mm 6 种规格，如图 3-7 所示。

图 3-7　机用虎钳

1．机用虎钳的安装

机用虎钳的安装非常方便，其方法和步骤如下：

（1）清洁工作台面与机用虎钳

将钳座底面和数控铣床工作台面擦干净，如图 3-8 所示。

（2）确定机用虎钳安装位置

机用虎钳安装在数控铣床工作台面上，并且是工作台长度方向中心线偏左处，其固定钳口根据加工要求，应与数控铣床主轴线平行或垂直。如图 3-9 所示。

图 3-8 清洁机用虎钳与机床工作台面

图 3-9 机用虎钳安装位置

1）清洁螺杆、螺母。当机用虎钳安放在机床上时，接着安装螺杆与螺母。在安装螺杆与螺母前也要先进行清洁，如图 3-10 所示。

2）安装螺杆、螺母。当清洁完后，将螺杆与螺母装夹进机床工作台的 T 形槽内，安装结果如图 3-11 所示。

图 3-10 清洁螺母、螺杆及垫片

图 3-11 螺母、螺杆安装

3）紧固螺杆、螺母。完成螺杆、螺母装夹后，对螺杆、螺母及机用虎钳进行紧固，如图 3-12 所示。

图 3-12 紧固螺杆、螺母

2. 机用虎钳的校正

机用虎钳的校正步骤如下：

（1）安装百分表

将百分表的磁性表座吸在悬梁导轨面上，使百分表测量杆与固定钳口平面垂直，如图 3-13 所示。

图 3-13　百分表安放面

技巧提示： 1）在放置百分表时，应对安放面进行清洁，同时要注意百分表座的磁铁吸附力是否完好。

2）在使用百分表时，应先检查该百分表是否在受控范围内，检查测量杆活动的灵活性。即轻轻推动测量杆时，测量杆在套筒内的移动要灵活，没有出现卡顿现象，每次手松开后，指针能回到原来的刻度位置。

3）测量时，不要使测量杆的行程超过它的测量范围，不要使表头突然撞到工件上，也不要用百分表测量表面粗糙或有显著凹凸不平的工件。

（2）校正机用虎钳

将模式选择【JOG】，进入手动运行模式，然后打开手轮，将百分表测量杆与钳口（固定那一边）的平面接触，测量杆压缩范围在 0.3 ～ 0.4 mm。接着左右移动工作台，观察百分表读数，若在钳口全长范围内是一致的，则固定钳口就与铣床主轴线垂直，紧固钳体，并再次复检，如图 3-14 所示。

图 3-14　机用虎钳校正

3.1.3 工件的装夹

工件的装夹主要包含两个步骤：首先必须对工件进行准确的定位（即找正），使工件在夹具或机床上相对于刀具具有正确的加工位置。然后再把工件夹紧，将定位后的正确位置保持到加工结束，以保证工件的位置精度符合图样要求。

工件的正确装夹对保证工件的加工质量和铣削过程的顺畅非常重要。铣削加工过程中会产生很大的作用力，如果工件装夹不牢固，工件在切削力的作用下会产生振动，折断铣刀，损坏刀杆、夹具和工件，甚至会发生人身事故，因此必须正确装夹工件。

1. 工件装夹的基本要求

（1）对夹紧力的要求

1）夹紧力应垂直于定位基准，且不改变工件的正确定位位置。

2）夹紧力的大小应使工件加工过程中位置稳固。

3）夹紧力所产生的变形不应超过所允许的范围，工件表面不应有夹紧力造成的损伤。

（2）对夹紧机构的要求

1）夹紧机构应能调节夹紧力的大小。

2）夹紧机构应不妨碍铣刀对工件的铣削。

3）夹紧机构应有足够的强度和刚度，并具有装卸动作快、操作方便、体积小和安全等特点。

2. 用机用虎钳装夹工件

（1）装夹方法

铣削一般长方体工件的平面、斜面、台阶或轴类工件的键槽时，都可以用机用虎钳来装夹，用机用虎钳装夹工件的方法如下：

1）清洁机用虎钳钳口和垫铁，如图 3-15 所示。

图 3-15 清洁机用虎钳钳口和垫铁

2）选择毛坯件上一个大而平整的毛坯面做粗基准，将其靠在固定钳口面上。在钳口与工件之间应垫上铜皮或纸，以防止损伤钳口，符合要求后夹紧工件，如图 3-16 所示。

图 3-16　工件放置

3）将工件的基准面靠向钳体导轨面。在工件与导轨面之间要加垫平行垫铁。为了使工件基准面与导轨面平行，工件夹紧后，可用铝棒或纯铜棒（锤）轻击工件上平面，并用手试移垫铁。当垫铁不再松动时，表明垫铁与工件和水平导轨面三者密合较好。敲击工件时，用力要适当，并逐渐减小。用力过大，会产生反作用力而影响平行垫铁的密合，如图 3-17 所示。

图 3-17　工件安装及夹紧

（2）用机用虎钳装夹工件时的注意事项

1）安装机用虎钳时，应擦净钳座底面、工作台面。安装工件时，应擦净钳口铁平面、钳体导轨面及工件表面。

2）装夹毛坯时，应在毛坯面与钳口面之间垫上铜皮等物。

3）装夹工件时，必须将工件的基准面贴紧固定钳口或导轨面。在钳口平行于刀杆的情况下，承受切削力的钳口必须是固定钳口。

4）工件的加工表面必须高出钳口，以免铣坏钳口或损坏铣刀。如果工件加工表面低于钳口平面，可在工件下面垫放适当厚度的平行垫铁，并使工件紧贴平行垫铁。

5）工件的装夹位置和夹紧力的大小应合适，使工件装夹后稳固、可靠。

6）用平行垫铁装夹工件时，所选垫铁的平面度、上下表面的平行度以及相邻表面的垂直度应符合要求。垫铁表面应具有一定的硬度。

3.1.4 对刀与换刀

1．对刀概述

在数控铣削中，对刀是一个重要环节。对刀的目的是确立工件坐标位置与机床坐标位置的关系，并通过位置关系建立 G54 ～ G59 坐标系。对刀的准确性直接影响零件的加工精度。常见的对刀方法有试切对刀法、寻边器对刀法、机内对刀仪对刀法、自动对刀法等。

下面介绍采用四面分中试切对刀法进行对刀。试切对刀法是指在主轴上装入铣刀，然后利用旋转的铣刀进行对刀。在试切对刀中，利用手轮移动工作台和主轴，使旋转的刀具与工件的前后、左右及工件的上表面做极其微量的接触切削，分别记下刀具所在位置，对这些坐标值进行一定的计算，最终将计算所得输入坐标系 G54 ～ G59 中。一般工件坐标系都设定在工件上表面的几何中心。

2．对刀操作步骤

（1）刀具安装

在装刀过程中，首先要准备刀柄、弹簧夹头、弯形扳手，如图 3-18 所示。先将刀柄装在锁刀座上，锁刀座上的键对准刀柄上的键槽，互相卡住，使刀柄无法转动，如图 3-19 所示；接着将弹簧夹头装入锁紧套，立铣刀插入弹簧夹头，如图 3-20 所示；然后把锁紧套与刀柄进行旋扭，最后利用弯形扳手拧紧锁紧套，如图 3-21 所示。

图 3-18　装刀准备

图 3-19　刀柄装入装刀架

图 3-20　刀具装入夹头

图 3-21　拧紧锁紧套

技巧提示：1）装刀高度要尽可能低，但必须大于零件加工深度 5mm 左右。
2）在立铣刀插入弹簧夹头时可利用布屑包住切削刃，以免切削刃划伤手。

（2）分中对刀操作

1）在数控机床操作面板区选择【JOG】模式，左手握住已装刀的刀柄，接着在数控机床主轴按住【刀具松开】按钮，如图 3-22 所示。同时听到“噗嗤”一声，然后将刀柄的键槽对准主轴孔上的键，接着松开【刀具松开】按钮，刀柄安装完成，如图 3-23 所示。

2）在数控机床操作面板区选择【MDI】模式，并在 CNC 键盘操作区按【PROMG】，接着输入【M3 S400】，回车，然后按【CYCLE START】按钮，如图 3-24 所示。主轴以 400r/min 开始正转。

3）在数控机床操作面板区选择【JOG】模式，在 CRT 显示屏上按【基本设定】软键，接着利用手轮移动 X 轴靠近工件一边，将刀具靠近工件，用眼睛观察刀具是否已与工件切削，如图 3-25 所示。在 CRT 显示屏上按【设置相对位置】软键，接着再按【X=0】软键，并用手轮抬高 Z 轴至安全高度，然后快速移至工件的另一边，并用刀具切削工件，如图 3-26 所示。同时显示屏中显示工件总尺寸 X121.334，如图 3-27 所示。

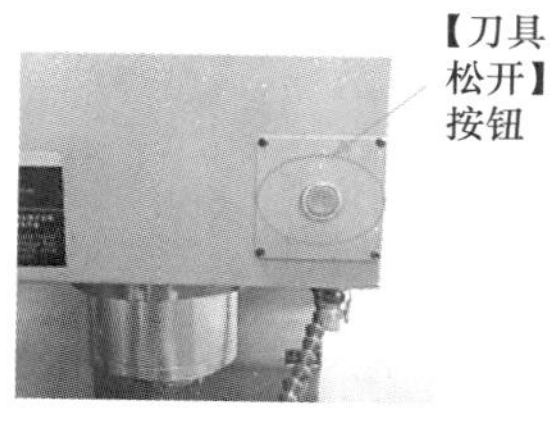

图 3-22 【刀具松开】按钮

图 3-23　刀具安装结果

图 3-24　循环启动按钮

图 3-25　工件左侧试切

图 3-26　工件右侧试切

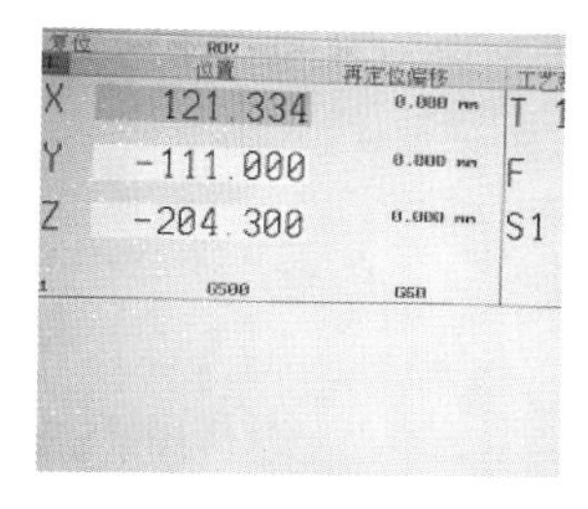

图 3-27　工件总长数据

4）在数控机床操作面板区按【=】键，显示区弹出【计算器】对话框，如图 3-28 所示。此时工件的中心位置应该是工件的总尺寸除 2，因此在操作面板区按【/】键和【2】数字键，并按【INPUT】得到 60.667000，如图 3-29 所示。在 CRT 显示屏右侧按【接受】软键，同时用手轮抬高 Z 轴至安全高度，然后将 X 轴快速移至工件中心（即工件的零点）。

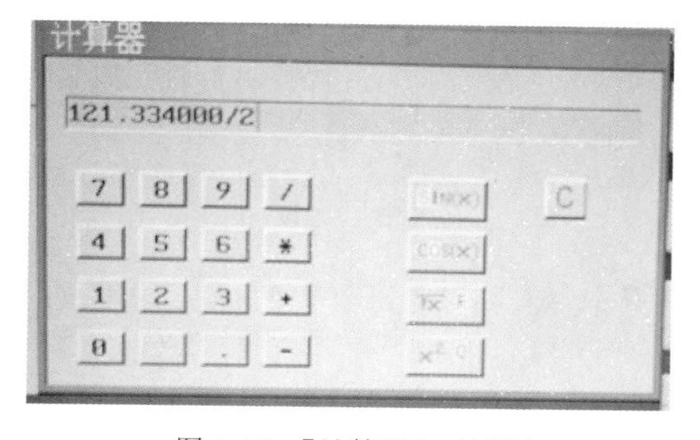

图 3-28 【计算器】对话框

图 3-29　计算工件中心结果

5）在 CRT 显示屏的下方按【测量工件】软键，CRT 显示屏中显示【测量工件边沿】对话框，如图 3-30 所示。在保证【存储在】高亮显示的前提下，在数控机床操作面板区按【SELECT】键，并选择【G54】，如图 3-31 所示。在数控机床操作面板区按【光标移动】键至【距离（a）】，接着在 CRT 显示屏的右侧按【设定零偏】软键，至此完成 X 轴方向的分中操作。

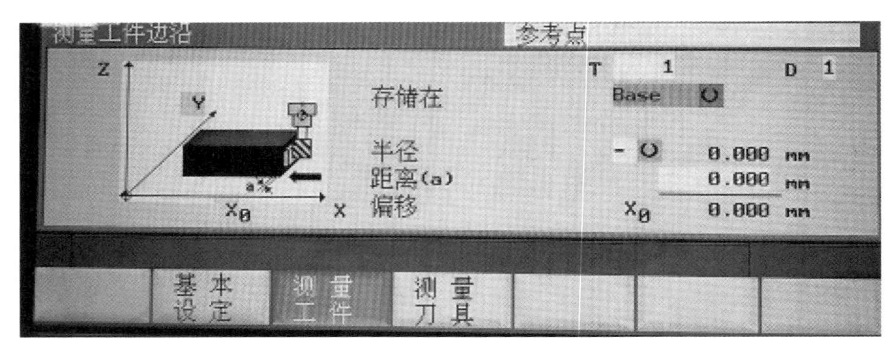

图 3-30 【测量工件边沿】对话框

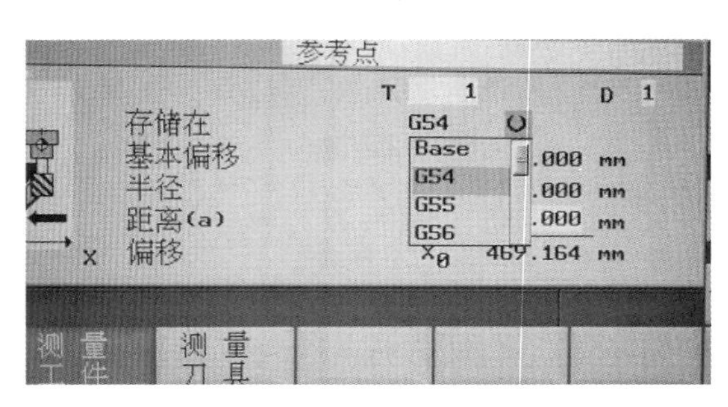

图 3-31 选择【G54】

6）Y 轴利用上述 5 个操作步骤，完成 Y 轴的分中操作，不同之处是在 CRT 显示屏右上方选择【Y】。

7）Z 轴方向对刀，在 CRT 显示屏下方按【基本设定】软键，利用手轮快速移动刀具靠近工件表面，目测将快到达工件表面时，将手轮倍速调慢，慢慢接触工件表面，直到看到有轻微的铁屑飞出，在 CRT 显示屏上按【设置相对位置】软键，接着再按【Z=0】软键，然后在 CRT 显示屏下方按【测量工件】软键，CRT 显示屏中显示【测量工件边沿】对话框，如图 3-30 所示。在保证【存储在】高亮显示的前提下，在数控机床操作面板区按【SELECT】键，并选择【G54】，如图 3-31 所示。在数控机床操作面板区按【光标移动】键至【距离（a）】，接着在 CRT 显示屏的右侧按【Z】软键，再按【设定零偏】软键，至此完成 Z 轴方向的对刀操作。

3.1.5 程序传输与模拟仿真

刀具路径经过后处理产生的 NC 程序需要传输软件传输到数控机床上，下面以“WINCOMM”传输软件为例进行讲解。

1. 软件启动与参数设置

在与数控机床连机的计算机上双击图标，打开 WINCOMM 软件，如图 3-32 所示。在主菜单栏单击【Setting】|【Setting of communtion F4】或直接在键盘上按 F4，系统弹出【Protocol】对话框，如图 3-33 所示。在【Protocol】对话框中一般设置波特率、串口通道、传输模式等。同时串口通道、波特率应该与计算机和数控机床的参数相结合，我校的机床设置参数为：波特率（Baudrate）是 19200，串口通道（Port）是 1，数据位（Data Bit）是 8，传输模式（mode）采用默认（如果 NC 程序数据较大，则可更改为 DNC）。设置结果如图 3-34 所示。

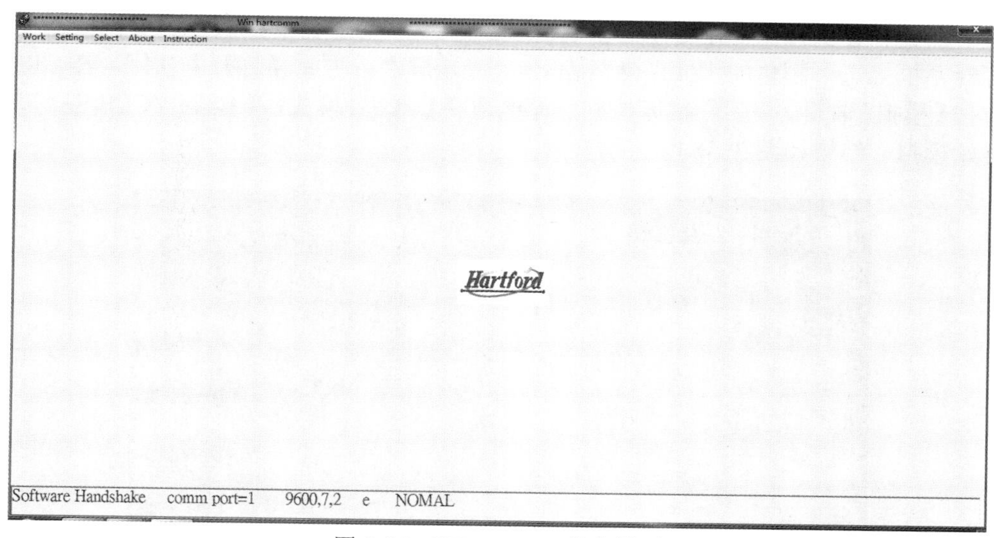

图 3-32　WINCOMM 软件界面

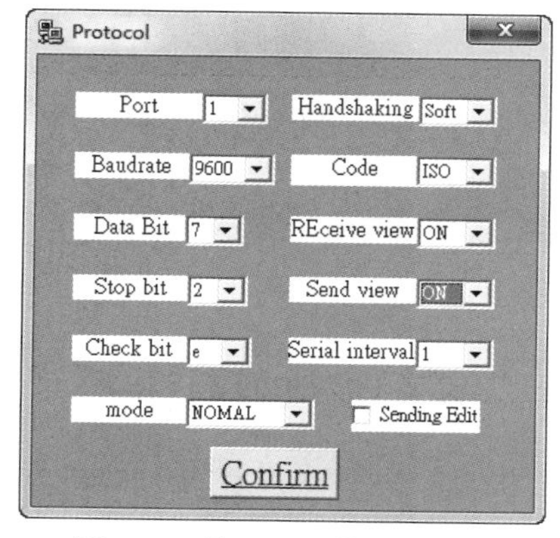

图 3-33　【Protocol】对话框

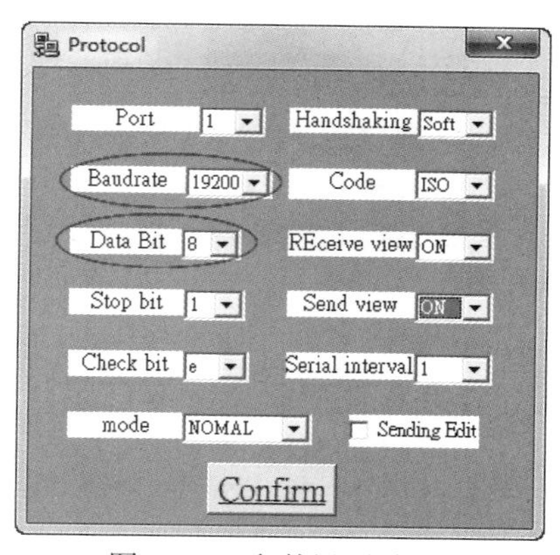

图 3-34　参数设置结果

2．程序传输与模拟仿真

在主菜单栏单击【Work】|【Setting F1】或直接在键盘上按 F1，系统弹出【Setting】对话框。找到需要传输的 NC 程序，单击【打开】按钮，系统弹出准备对话框，如图 3-35 所示。接着在数控机床上按【PROGRAM】软键，CRT 显示屏显示【程序管理】对话框，如图 3-36 所示。在 CRT 显示屏下方按【RS232】软键，然后在 CRT 显示屏右上方按【接收】软键，系统弹出【接收数据】对话框，如图 3-37 所示。

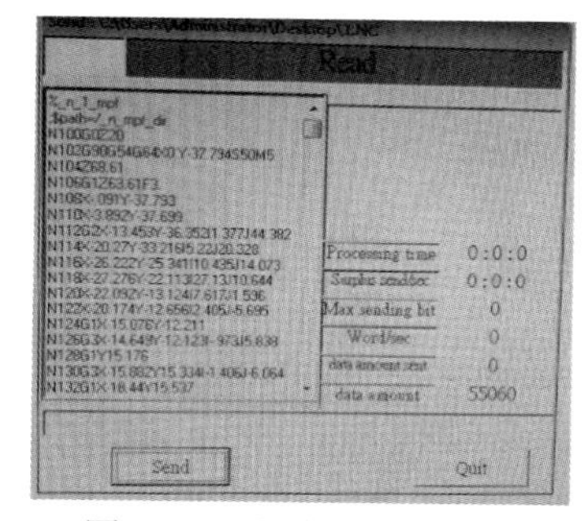

图 3-35　程序待传对话框

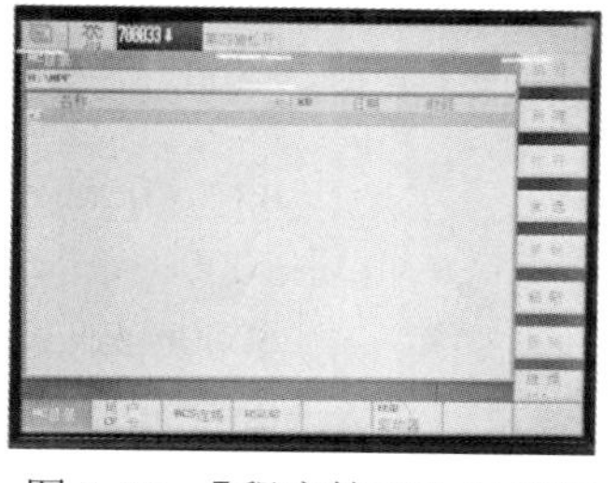

图 3-36　【程序管理】对话框

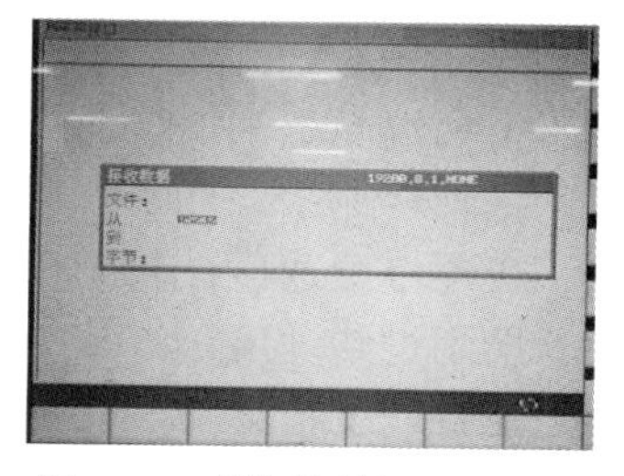

图 3-37　【接收数据】对话框

接着回到计算机，在键盘处单击空格键或回车键，系统开始接收程序，直到完成。在程序管理对话框上选择刚传的程序，然后在 CRT 显示屏右上方按【打开】软键，在 CRT 显示屏下方按【模拟】软键，最后在机床控制面板区选择【自动】模式，再按【CYCLE START】键，系统开始模拟，结果如图 3-38 所示。

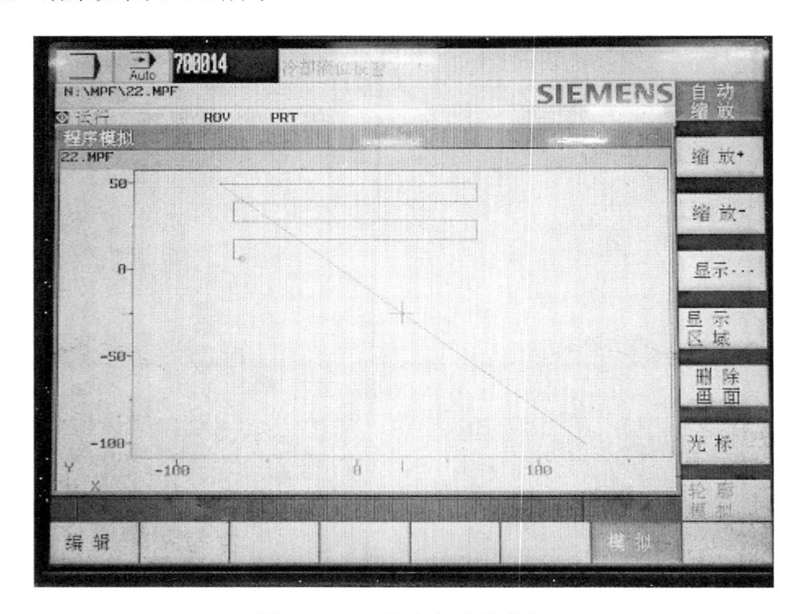

图 3-38 刀轨在机床的模拟

技巧提示：如果此时机床上有已装好的工件且完成了工件的分中与对刀，那么此时就可以按面板的【CYCLE START】键进行工件加工。

3.2 FANUC 0i-MD 加工中心的基本操作

3.2.1 FANUC 0i-MD 加工中心面板认识

VMC-650L3 型 FANUC 0i-MD 加工中心是深圳市捷涌达实业有限公司开发的中档加工中心，稳定性好，强度高，传动刚性强，各项精度稳定可靠。机床采用全密式护罩，有 24 把刀的圆盘式刀库，气动自动换刀，换刀速度快，同时配有自动排屑器等，如图 3-39 所示。主要规格参数如下：

工作台面尺寸：	800mm×450mm
行程（X/Y/Z）：	660mm×450mm×500mm
主轴端面至工作台面距离：	105 ～ 560mm
主轴转速：	0 ～ 8000r/min
快速进给速度：	10000 mm/min
切削进给速度：	6000mm/min
定位精度：	0.008mm
最小设定移动单位：	0.001mm

外形尺寸：	2500mm×2350mm×2600mm
净重：	4500kg
工作台承重：	350kg

图 3-39　VMC-650L3 型 FANUC 0i-MD 加工中心

FANUC 0i-MD 数控系统面板也分为 4 个区，分别为 CNC 操作键盘区、机床控制面板区、电源控制区、CF 卡槽区及屏幕显示区，如图 3-40 所示。

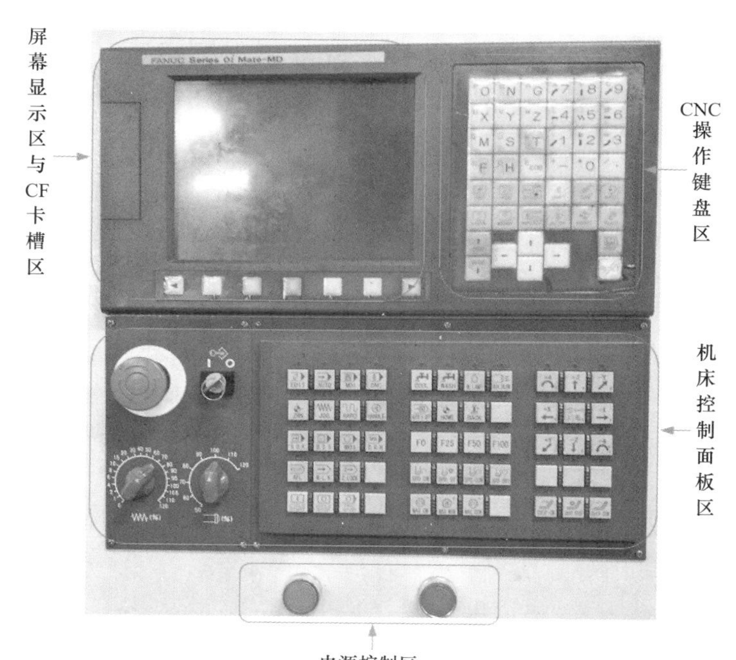

图 3-40　FANUC 0i-MD 数控系统面板

1．CNC 操作键盘区

FANUC 0i-MD 数控系统面板 CNC 操作键盘区如图 3-41 所示，各按键功能见表 3-3。

图 3-41　CNC 操作键盘区

表 3-3　FANUC 0i-MD CNC 操作面板功能说明

按键符号	按键名称	用　途	按键符号	按键名称	用　途
POS	坐标位置键	显示机床坐标界面。位置显示有三种方式，相对坐标、绝对坐标和机械坐标，用翻页键进行选择	ALTER	替换键	用于程序字的替换。用输入的数据替换光标所在的数据
PROG	程序键	显示与编辑程序界面	CAN	取消键	用于消除输入区内的数据
DELETE	删除键	用于删除程序或程序字。删除光标所选择的数据，或者删除一个程序，或者删除全部程序	INSERT	插入键	用于插入程序字。将输入区的字符或符号插入程序当前光标后的位置。也可以对程序命名
SYSTEM	系统键	显示系统参数界面。一般禁止改动、显示及设置系统相关参数	E EOB	程序段结束键	程序段结束指令。按下此键时会出现“;”结束一行程序的输入并切换到下一行
MESSAGE	报警信息键	显示各种报警信息界面	CSTM GRPH	图形显示键	显示刀具路径图形界面
OFS SET	参数设置键	偏置参数输入界面。按第一次进入刀具参数补偿界面，按第二次进入坐标系设置界面。进入不同的界面后，用翻页键进行切换	SHIFT	上下档切换键	用于切换按键的上档与下档的字符。在键盘上的某些键具有两个功能。按此键将会出现“∧”符号，表明可以在上档和下档这两个功能之间切换。若再按一下切换键时，将会取消切换操作
RESET	复位键	用于程序复位停止、取消报警等。按一下复位键，加工运行中的程序、坐标运动轴、主轴、切削液等都将会停止	HELP	帮助键	获取帮助信息
INPUT	输入键	用于输入各种参数			

2．机床控制面板区

FANUC 0i-MD 数控系统面板机床控制面板区如图 3-42 所示，各按键功能见表 3-4。

图 3-42　机床控制面板区

表 3-4　FANUC 0i-MD 机床控制面板功能说明

按键符号	按键名称	用　途	按键符号	按键名称	用　途
	急停按钮	按下急停按钮，机床的伺服系统电源被切断；用于加工过程中出现意外时紧急停止	RAPID	快速移动	用于机床回零后，将机床快速移动至合适安装工件的位置
MDI	手动数据输入	输入程序并可以执行，程序为一次性。与程序键搭配使用，最多能执行 10 个程序段		主轴旋转倍率旋钮	通常用来调节数控程序自动运行时的主轴速度倍率，调节范围为 0% ～ 120%。一般不建议加工时调整，如在加工时调到 0% 则会发生断刀事故
DNC	在线加工	用于边传程序边加工程序。用 RS-232 电缆线连接 PC 和数控机床，选择程序传输加工。通过在线加工，可以避免因程序太多太长而占据机床的容量		进给倍率旋钮	通常用来调节数控程序自动运行时的进给速度倍率，调节范围为 0% ～ 120%
ZRN	回零模式	使各坐标轴返回参考点位置并建立机床坐标系	SPD. CW　SPD. CCW	主轴正、反转及停止键	用于开启主轴运动或停止运动
S. B. K	单段执行模式	当此按键被按下时，运行程序时每次执行一段数控指令，要运行下一段程序需再次按程序运行按键	MAG CW　MAG CCW	刀库正、反转键	按一下使刀库顺（逆）时针转动一个刀位（逆着 Z 轴正向看）。不要随意操作，如果刀库手动转动后使刀库实际刀位与主轴当前刀位不一致，容易发生严重的撞刀事故
JOG	手动模式	用于手动操作模式。表示进入 JOG 运行模式、手动连续移动坐标轴或其他在手动模式下的操作	COOL	手动冷却键	在 JOG 模式、手轮模式或自动模式下，按此键使指示灯亮，则切削液打开；按此键使指示灯灭，则切削液关闭
HANDLE	手轮模式	用于手摇脉冲发生器控制各坐标轴运动。根据手轮的坐标、方向、倍率进行移动	M. L. K	机床锁住键	按下此键，则机床所有轴都不能移动

（续）

按键符号	按键名称	用　　途	按键符号	按键名称	用　　途
AUTO	自动模式	用于自动连续执行程序来加工工件	W. LAMP	机床照明灯键	按亮指示灯为开机床照明灯，按灭指示灯为关机床照明灯
EDIT	程序编辑模式	用于编辑数控程序，与程序键搭配使用，可以进行程序的新建、编辑、输入、检查修改和检索	M.S.T AFL	MST 锁住键	用于程序校验。该按钮有两个工作状态：当按下此键时，指示灯亮，表示“MST 功能锁住”机能有效；再次按下时，指示灯灭，表示“MST 功能锁住”机能取消。当“MST 功能锁定”机能有效时，M、S、T 指令被锁住而不执行，如主轴、切削液、刀具功能都无效，与机床锁住功能一起用于程序校验
CHIP CW　CHIP CCW	排屑	用于自动清除机床里的铁屑	Z. LOCK	Z 轴锁住	按下此键，机床的 Z 轴将不运动，其余轴能正常运动

3. 开机与关机流程

（1）开机流程

开启气阀，在通电之前先检查机床各部分初始状态是否正常，如润滑油液高度、气压表、干燥机等；如各部分都正常时，合上机床右侧的电气总开关，接着在机床控制面板上按【控制器接通】按钮，系统进入自检，如图 3-43 所示，约 2min 后进入系统界面，如图 3-44 所示。

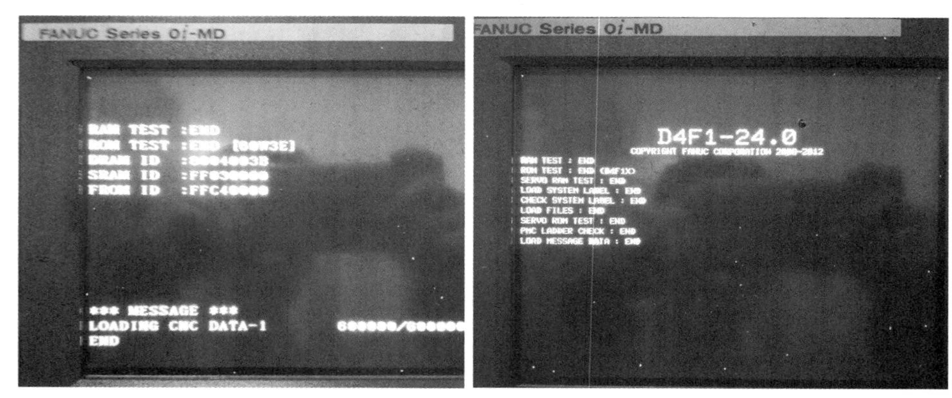

图 3-43　FANUC 自检界面

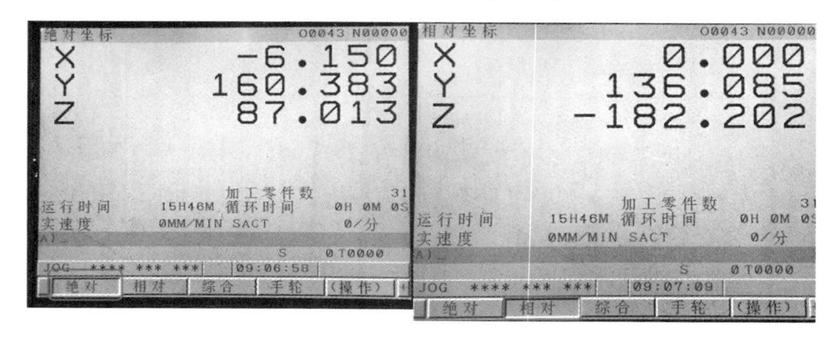

图 3-44　系统界面

按机床箭头方向旋【紧急停止】按钮，并在机床控制面板上按【Reset】复位键解除【紧急停止】报警信息，接着在机床控制面板上按【ZRN】按键，然后按【+Z】按键，数控机床进行 Z 轴归零，然后按【X】、【Y】按键，机床进行 X、Y 轴归零，最后在 CRT 屏幕显示区下方按【综合】软键，在屏幕显示区可看到机械坐标都是 0.000，如图 3-45 所示。

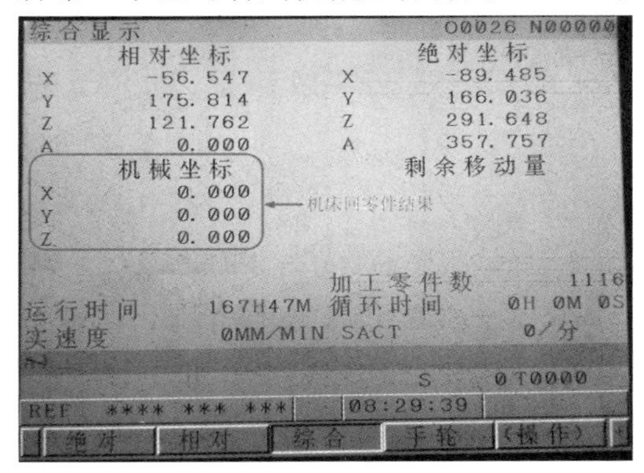

图 3-45　机床回零结果

（2）关机流程

实训完成后，应该切断数控机床的电源，其关机流程与开机流程相反。首先将 X、Y 轴移至工作台中间，接着将 Z 轴下降到一定距离；然后在机床控制面板上按【紧急停止】按钮，接着按【控制器接通】按钮关闭电源开关；最后关闭气阀开关与电源总开关。

3.2.2　零件的分中与对刀

FANUC 系统的对刀与 SIEMENS 系统对刀既有相同之处也有不同之处，相同之处是它们的原理是一样的，不同之处是设置坐标参数时不一样。

1. X、Y 轴分中操作

在分中之前，先准备加工工件与相关刀具，并保证工件装夹正确、刀具安装合理。

1）在数控机床操作面板区选择【MDI】模式，并在 CNC 键盘操作区按【PROG】，接着输入“M3 S400”，回车，然后按【CYCLE START】按钮，机床以 400r/min 开始正转。

2）在数控机床操作面板区选择【JOG】模式，在 CRT 显示屏上按【POS】软键，接着利用手轮移动 X 轴靠近工件一边，将刀具靠近工件，用眼睛观察刀具是否已与工件切削，如图 3-46 所示。在 CRT 显示屏下方按【相对】软键，接着在 CNC 键盘操作区按【X】，在 CRT 显示屏下方会显示出【归零】软键，并用手轮抬高 Z 轴至安全高度，然后快速移至工件的另一边，并用刀具切削工件，如图 3-47 所示。同时显示屏中显示工件总尺寸 X121.580，如图 3-48 所示。

图 3-46　工件左侧试切

图 3-47　工件右侧试切

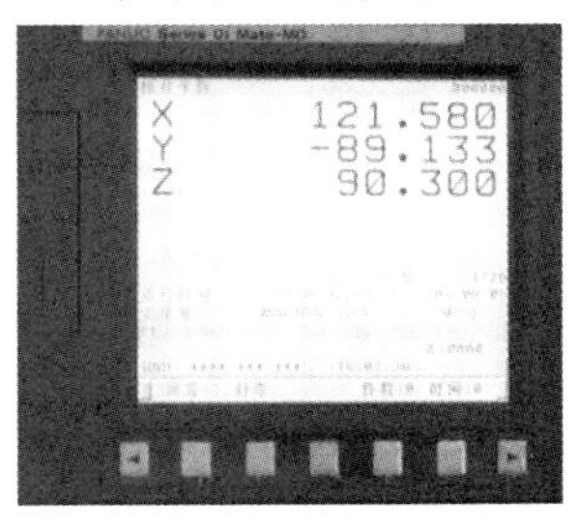

图 3-48　工件总长数据

3）至此可知工件的中心位置是121.58/2，通过简单计算得到60.79。用手轮抬高Z轴至安全高度，然后快速移至X轴相对坐标值60.79处，在CNC键盘操作区按【OFS/SET】键，然后在CRT显示屏下方按【坐标系】软键，系统显示【工件坐标系设定】对话框，如图3-49所示。利用光标键将高亮显示对象移动至G54处，接着输入“X0.”并按【测量】键，完成X分中操作。

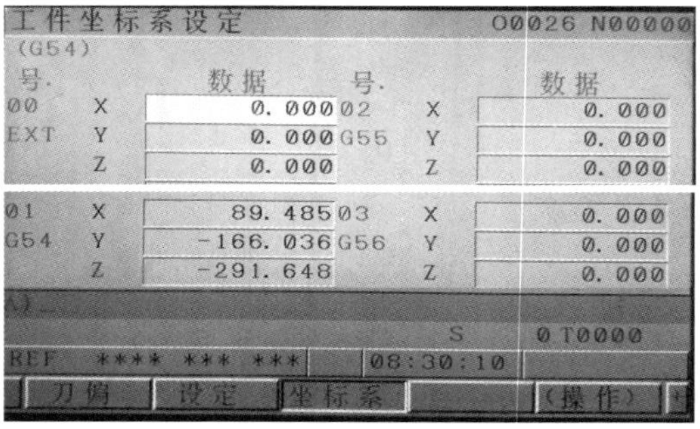

图3-49 【工件坐标系设定】对话框

4）Y轴方向分中与X轴一样，所不同的是步骤3）中的X归零更换为Y归零，同时在坐标系G54中输入的是“Y0.”测量。

2. Z轴方向对刀

利用手轮快速移动刀具靠近工件表面，目测将快到达工件表面时，将手轮倍速调慢，慢慢接触工件表面，直到看到有轻微的铁屑飞出，在CRT显示屏下方按【相对】软键，接着在CNC键盘操作区按【Z】，在CRT显示屏下方会显示出【归零】软键。然后在CNC键盘操作区按【OFS/SET】键，然后在CRT显示屏下方按【坐标系】软键，系统显示【工件坐标系设定】对话框，利用光标键将高亮显示对象移动至G54处，接着输入“Z0.”并按【测量】键，完成Z轴对刀操作，最终G54坐标设定如图3-50所示。

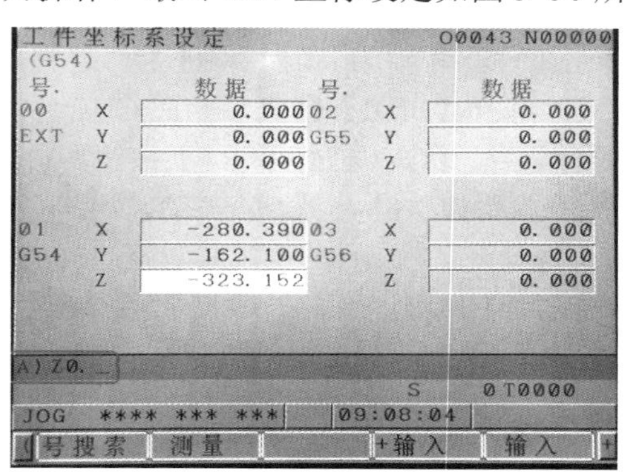

图3-50 G54坐标设定结果

技巧提示： 1）由于本书是以软件为主，所以对机床的刀库没做介绍，同时也没对多把刀具对刀操作做详细介绍。

2）由于本章节中都是介绍试切对刀，这种试切方法精度并不高，一般适用于工件为粗料时；如果工件材料是精料，则应采用分中棒、杠杆式百分表或光电式寻边器等。

3.2.3　程序的传输与编辑

FANUC 数控系统的程序传输与 SIEMENS 系统类似，都采用“WINCOMM”传输软件进行传输，但波特率改为 19200，其余参数都是一样的。

1．程序的传输

1）在数控机床操作面板区选择【EDIT】模式，在 CNC 键盘操作区按【PROG】软键，接着按【操作】软键，然后一直按▶键，直到显示【输入出】。按对应【输入出】软键，接着按【输入】键，并按【执行】键。

2）打开“WINCOMM”软件，在主菜单栏单击【Work】|【Setting F1】或直接在键盘上按 F1，系统弹出【Setting】对话框，找到需要传输的 NC 程序，单击【打开】按钮，系统弹出准备对话框。接着在键盘处单击空格键或回车键，系统开始接收程序，直至完成。

2．程序的编辑

程序的编辑是指后处理完成后的 NC 程序需要通过数控机床进行删除或增加。

1）在数控机床操作面板区选择【EDIT】模式，在 CNC 键盘操作区按【PROG】软键，接着在 CRT 显示屏下方按【列表】软键，系统显示程序列表（本例选择 O3 程序），接着输入 3，并在 CRT 显示屏下方按【检索】软键，系统显示程序对话框，如图 3-51 所示。

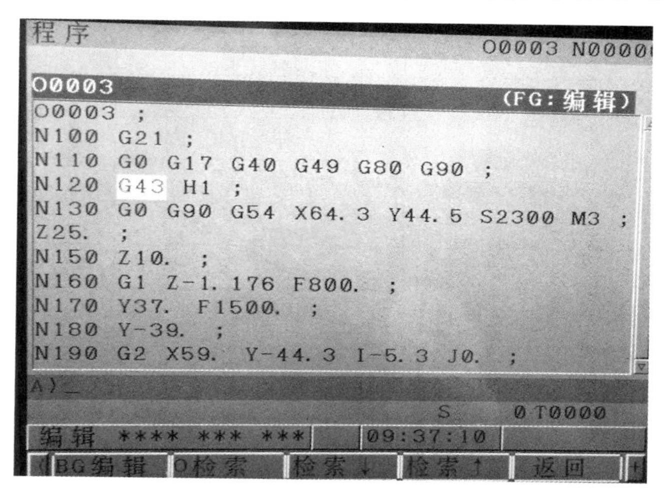

图 3-51　程序编辑对话框

2）如需要删除“G43 H1”这一组数字，则利用移动光标键将光标移动至“G43 H1”处，然后在 CNC 键盘操作区按【CAN】软键或【DELETE】软键，删除后按【RESET】软键完成程序编辑。

3.3　数控加工操作中常见问题处理

3.3.1　零件精度的分析

一般来讲，数控机床的机械加工精度取决于机床的精度、刀具和加工工艺。机床的加工精度主要有几何精度、定位精度和工作精度 3 个方面。几何精度包括机床部件自身精度、部件间相互精度等，主要指标有平面度、垂直度和主轴轴向、径向圆跳动等；定位精度包括定位精度、重复定位精度和反向偏差等，以环境温度在 15 ～ 25℃、无负荷空转试验来检验；工作精度是指机床的综合精度，受机床几何精度、刚度、温度的影响，加工中心工作精度见表 3-5。由于加工中心刚性较数控铣床好，同样精度等级加工中心的加工精度一般高于数控铣床。

表 3-5 加工中心工作精度

序　号	检 测 内 容		允许误差 /mm
1	镗孔精度	圆度	0.01
		圆柱度	0.01/100
2	面铣刀铣平面精度	平面度	0.01
		阶梯差	0.01
3	面铣刀铣侧面精度	垂直度	0.02/300
		平行度	0.02/300
4	镗孔孔距精度	X 轴方向	0.02
		Y 轴方向	0.02
		对角线方向	0.03
		孔径偏差	0.01
5	立铣刀铣削四周面精度	直线度	0.01/300
		平行度	0.02/300
		厚度差	0.03
		垂直度	0.02/300
6	两轴联运铣削直线精度	直线度	0.015/300
		平行度	0.03/300
		垂直度	0.03/300
7	立铣刀铣削圆弧精度	圆度	0.02

注：摘自韩鸿鸾、张秀玲编著《数控加工技师》，机械工业出版社。

在机床精度达到要求的基础上，零件的加工精度取决于刀具和加工工艺。刀具的制造误差和加工过程中的磨损、加工工艺中切削三要素是否合理，加工工艺是否合理，切削过程中由于切削力和切削温度的升高引起系统的变形等，都是影响加工精度的重要因素。

数控编程人员能够做的就是合理编制加工工艺来保证零件的精度，如编程软件的切削参数设置、刀具的选择和公差的设定等。

3.3.2 常见数控系统的精度分析

数控机床的加工精度除了与机械部分有关以外，还与电气部分有关。根据控制原理的不同，数控机床控制系统可分为开环、半闭环、闭环三种。

1. 开环控制系统

开环控制系统没有位置测量装置，信号流是单向的（数控装置→进给系统），故系统稳定性好。无位置反馈，精度相对闭环控制系统来讲不高，其精度主要取决于伺服驱动系统和机械传动机构的性能和精度。

开环控制系统不能检测误差，也不能校正误差。控制精度和抑制干扰的性能都比较差，而且对系统参数的变动很敏感，一般以大功率步进电动机作为伺服驱动元件。这类控制系统具有结构简单、工作稳定、调试方便、维修简单、价格低廉等优点，在精度和速度要求不高、驱动力矩不大的场合得到广泛应用，一般用于经济型数控机床。

2．半闭环控制系统

半闭环控制系统是位置检测装置安装在驱动电动机的端部或丝杠的端部，用来检测丝杠或伺服电动机的回转角，间接测出机床运动部件的实际位置，经反馈送回控制系统。半闭环环路内不包括或只包括少量机械传动环节，因此可获得稳定的控制性能，其系统的稳定性虽不如开环控制系统，但比闭环要好。

由于丝杠的螺距误差和齿轮间隙引起的运动误差难以消除，因此其精度较闭环差，较开环好。可对这类误差进行补偿，因而仍可获得满意的精度。半闭环控制系统结构简单、调试方便、精度也较高，因而在现代 CNC 机床中得到广泛应用。

3．闭环控制系统

将位置检测装置（如光栅尺，直线感应同步器等）安装在机床运动部件（如工作台）上，并对移动部件位置进行实时反馈，通过数控系统处理后将机床状态告知伺服电动机，伺服电动机通过系统指令进行运动误差的补偿。

从理论上讲，闭环控制系统可以消除整个驱动和传动环节的误差和间隙，具有很高的位置控制精度。但实际上，由于它将丝杠、螺母副及机床工作台这些大惯性环节放在闭环内，许多机械传动环节的摩擦特性、刚性和间隙都是非线性的，故很容易造成系统的不稳定，使闭环系统的设计、安装和调试都相当困难。另外，像光栅尺、直线感应同步器这类测量装置价格较高，安装复杂，有可能引起振荡，所以一般机床不使用闭环控制系统。该系统主要用于精度要求很高的镗铣床、超精车床、超精磨床以及较大型的数控机床等。

3.3.3　半闭环控制系统反向间隙的补偿

在半闭环位置控制系统中，从位置编码或旋转变压器等位置测量器件返回数控系统中的轴运动位置信号仅仅反映丝杠的转动位置，而丝杠本身的螺距误差和反向间隙必然会影响工作台的定位精度，因此对丝杠的螺距误差进行正确的补偿在半闭环控制系统十分重要。

1．反向间隙的形成原理

数控机床机械间隙误差是指从机床运动链的首端至执行件全程由于机械间隙而引起的综合误差。机床的进给链，其误差来源于电动机轴与齿轮由于键连接引起的间隙、齿轮副间隙、齿轮与丝杠间由键连接引起的间隙、联轴器中键连接引起的间隙、丝杠螺母间隙等。

数控机床反向间隙误差是指由于数控机床传动链中机械间隙的存在，机床执行件在运动过程中，从正向运动变为反向运动时，执行件的运动量与理论值（编程值）存在误差，最后反映为叠加至工件上的加工误差。当数控机床工作台在其运动方向上换向时，由于反向间隙的存在会导致伺服电动机空转而工作台无实际移动，此称为失动。

2．消除反向间隙的方法

针对数控机床自身的特点及使用要求，一般的数控系统都具有补偿功能。如对刀点位置偏差补偿、刀具半径补偿、机械反向间隙参数补偿等各种自动补偿功能。其中，机械反向参数补偿法是目前开环、半闭环控制系统常用的方法之一。

机械反向参数补偿法的原理是通过实测机床反向间隙误差值，利用机床控制系统中设置的系统参数来实现间隙误差的自动补偿。其过程为：实测各运动轴的间隙误差值，然后通过机床控制面板键入控制单元。机床走刀时，在相应方向（如纵身走刀或横向走刀）反向走刀，先走间隙值，然后走所需的数值，原先的间隙误差就得以补偿。由于这种方法是利用一个控制程序所有程序中的反向走刀量，因此只要输入有限的几个间隙值就可以补偿所有加工过程中的间隙误差，此方法简单易行，对加工程序的编写也没有影响。

反向间隙误差补偿是保证数控机床加工精度的重要手段。系统参数补偿法不影响程序的编写，易操作，简单明了，在一定范围内具有一定的效果。

反向间隙值输入数控系统后，数控机床在加工时会自动补偿此值。但随着数控机床的长期使用，反向间隙会因运动副磨损而逐渐增大，因此必须定期对数控机床的反向间隙值进行测定和补偿来减少加工误差。

第 4 章　典型单面零件编程

4.1　典型单面零件编程加工方案

图 4-1　典型单面零件

典型单面零件如图 4-1 所示。通过模型查询可知工件长 200mm、宽 160mm、高 40mm，各处圆角半径为 8mm，最窄的边为 14.5mm 左右，加工最深的距离为 20mm。

4.1.1　工艺分析

1）毛坯材料为 45 钢，毛坯尺寸为 200mm×160mm× 40mm。

2）由于工件为立方体，需要去除的材料较多，通过模型的查询已知最窄加工地方为 14.6mm，因此可选用 ϕ16mm 立铣刀先进行粗加工，加工后的残料部分选用 ϕ10mm 的立铣刀进行二次开粗，最后用新的 ϕ10mm 立铣刀进行半精和精加工。

3）由于工件不大，可采用机用虎钳进行装夹，同时可选用立式加工中心进行加工。采用四面分中，X、Y 轴取在工件的中心，Z 轴取在工件的最高顶平面。

4.1.2　填写 CNC 加工程序单

CNC 加工程序单见表 4-1。

表 4-1　CNC 加工程序单

零件名称：单面典型件　　　　编程员：钟平福　　　　操作员：钟平福

计划时间：1:15		描述：
实际时间：0:59 上机时间：		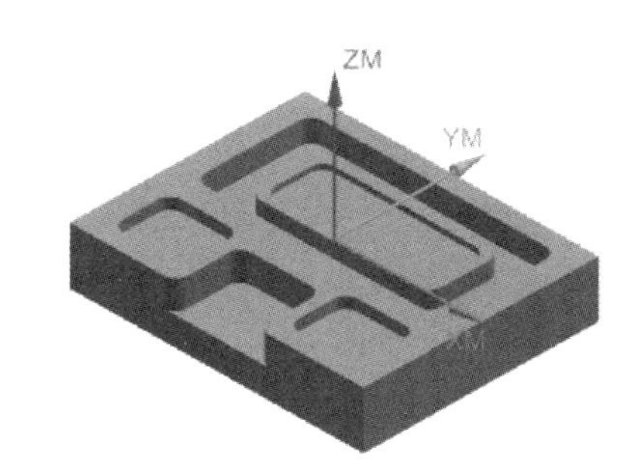 四面分中
下机时间：		
工件尺寸		
XC/mm	200	
YC/mm	160	
ZC/mm	40	
工作数量：1 件		

程序名称	加工类型	刀具直径 /mm	加工深度 /mm	加工余量 /mm	主轴转速 /（r/min）	进给速度 /（mm/min）	备　注
平面铣	开粗	D16	–20	0.3	1500	1200	
平面铣	开粗	D10	–20	0.35	2000	1200	
平面铣	半精	D10	–20	0.1	3500	800	
精加工底面	精修	D10	–20	0	4000	800	
平面铣	精修	D10	–20	0	4000	800	

4.2 数控编程操作步骤

4.2.1 父节点创建

步骤 1：运行 UG NX 8.5。

步骤 2：选择主菜单的【文件】|【打开】命令，或在【标准】工具条单击打开图标按钮，将弹出【打开部件文件】对话框，在此找到放置练习文件夹 ch4 并选择 exe1.prt 文件，单击 OK 进入 UG NX 主加工界面，如图 4-2 所示。

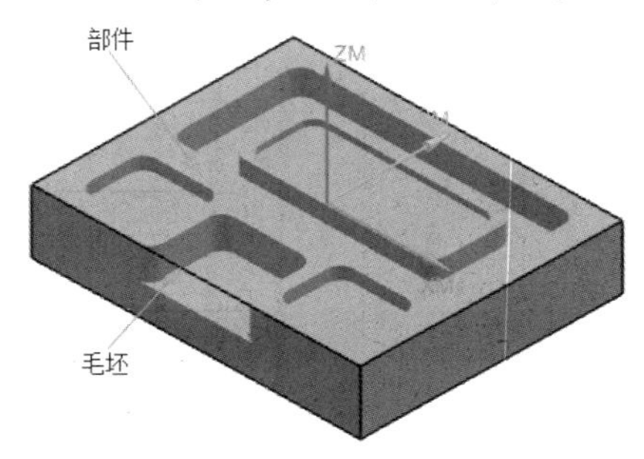

图 4-2 部件和毛坯模型

步骤 3：创建程序组。

在【刀片】工具栏中单击图标按钮，系统弹出【创建程序】对话框。

- 在【类型】下拉列表中选择【mill_planar】选项。
- 在【程序】下拉列表中选择【NC_PROGRAM】。
- 在【名称】处按系统内定的名称【PL】，单击两次 确定 按钮完成程序组操作，如图 4-3 所示。

图 4-3 【创建程序】对话框

步骤 4：创建刀具组。

在【刀片】工具栏中单击图标按钮，系统弹出【创建刀具】对话框，如图 4-4 所示。

- 在【类型】下拉列表中选择【mill_planar】选项。
- 在【刀具子类型】选项组中单击图标按钮。
- 在【刀具】下拉列表中选择【GENGRIC_MACHINE】选项。
- 在【名称】处输入 D16，单击 应用 ，进入【刀具参数】设置对话框。
- 在【直径】文本框中输入 16、【刀具号】文本框中输入 1、【补偿寄存器】文本框中输入 1、【刀具补偿寄存器】文本框中输入 1，其余参数按系统默认，单击 确定 按钮完成第 1 把刀具的创建操作，如图 4-5 所示。

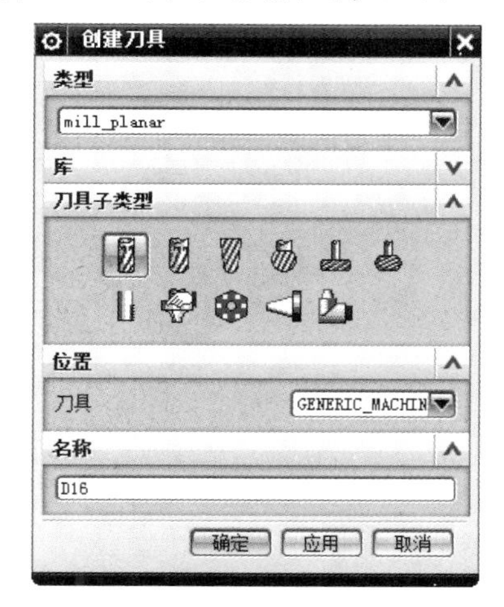

图 4-4 【创建刀具】对话框

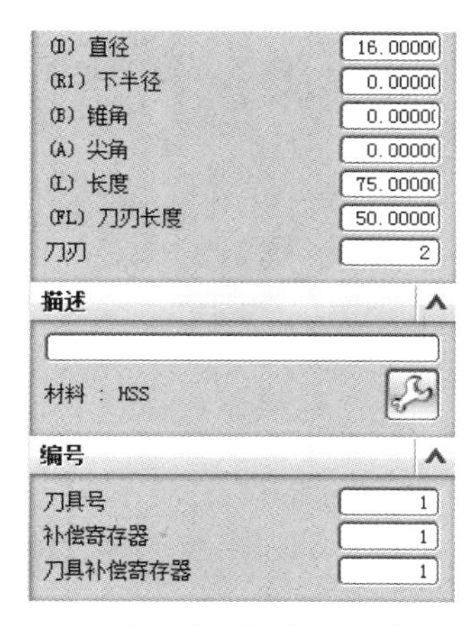

图 4-5 【刀具参数】设置对话框

- 按照上面步骤的操作，在【名称】处输入 D10，完成第 2 把刀具的创建。

技巧提示：在创建刀具时，如果第一次创建的刀具号为 1，则第二次创建的刀具号就要为 2，依此类推；如果是不带刀库的机床，则可以不设置刀具号。

步骤 5： 创建几何体组。

在【刀片】工具栏中单击创建几何体图标按钮，系统弹出【创建几何体】对话框。

(1) 创建机床坐标系

- 在【类型】下拉列表中选择【mill_planar】选项。
- 在【几何体子类型】选项组中单击图标按钮。
- 在【几何体】下拉列表中选择【GEOMETRY】。
- 【名称】处的几何节点按系统内定的名称【MCS_MILL】，如图 4-6 所示。
- 单击 应用 按钮进入【MCS】对话框，如图 4-7 所示。

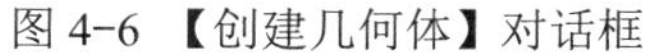

图 4-6 【创建几何体】对话框

图 4-7 【MCS】对话框

- 在【指定 MCS】处单击（自动判断），然后在作图区选择毛坯顶面为 MCS 放置面，如图 4-8a 所示，然后单击【确定】按钮，完成加工坐标系的创建，结果如图 4-8b 所示。

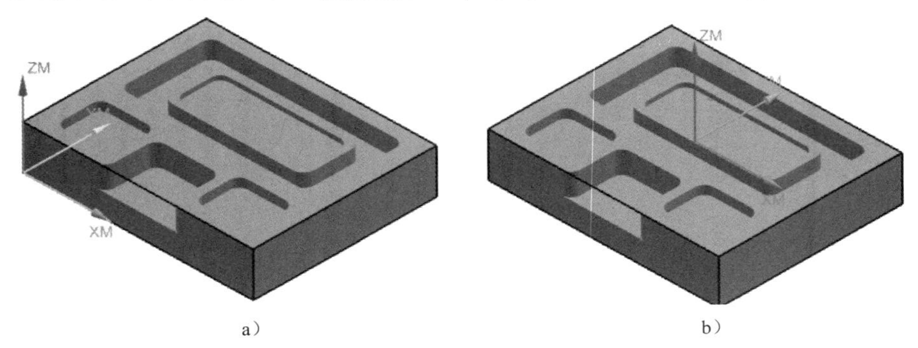

a）　　b）

图 4-8　MCS 放置面

（2）创建部件与毛坯

- 在【类型】下拉列表中选择【mill_planar】选项。
- 在【几何体子类型】选项组中单击图标按钮。
- 在【几何体】下拉列表中选择【MCS_MILL】。
- 【名称】处的几何节点按系统内定的名称【WORKPIECE】，如图 4-9 所示。
- 单击【应用】按钮进入【工件】对话框，如图 4-10 所示。

图 4-9 【创建几何体】对话框

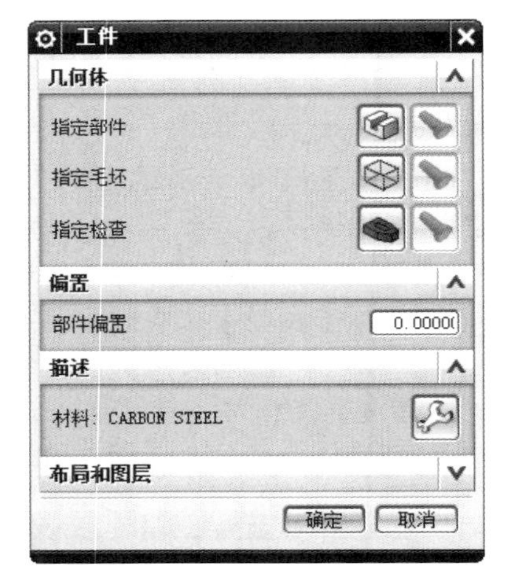

图 4-10 【工件】对话框

- 在【指定部件】处单击图标按钮，系统弹出【部件几何体】对话框，然后在作图区选择部件作为指定的部件，单击【确定】按钮完成部件几何体创建，并返回【工件】对话框。
- 在【指定毛坯】处单击图标按钮，系统弹出【毛坯几何体】对话框，然后在作图区选择工件作为毛坯几何体，单击【确定】按钮完成毛坯几何体操作，并返回【工件】对话框。在【工件】对话框中单击【确定】按钮完成工件创建。

技巧提示： 工件对平面铣操作没有直接意义，但是对 2D 或 3D 动态仿真是必需的。读者也可以这样理解：不定义工件，刀路验证时只能进行重播操作，不能在软件界面看到实际的切削界面。

（3）创建切削边界

- 在【类型】下拉列表中选择【mill_planar】选项。
- 在【几何体子类型】选项中单击图标按钮。
- 在【几何体】下拉列表中选择【WORKPIECE】。
- 【名称】处的几何节点按系统内定的名称，如图 4-11 所示，单击确定按钮系统弹出【铣削边界】对话框，如图 4-12 所示。

图 4-11　【创建几何体】对话框

图 4-12　【铣削边界】对话框

- 在【指定部件边界】处单击图标按钮，系统弹出【部件边界】对话框。接着单击图标，然后选取顶面和所有底平面，单击确定按钮完成零件边界操作，如图 4-13 所示。
- 在【指定毛坯边界】处单击图标按钮，系统弹出【毛坯边界】对话框。接着单击图标，然后选取工件顶面为毛坯边界，单击确定按钮完成毛坯边界操作，如图 4-14 所示。

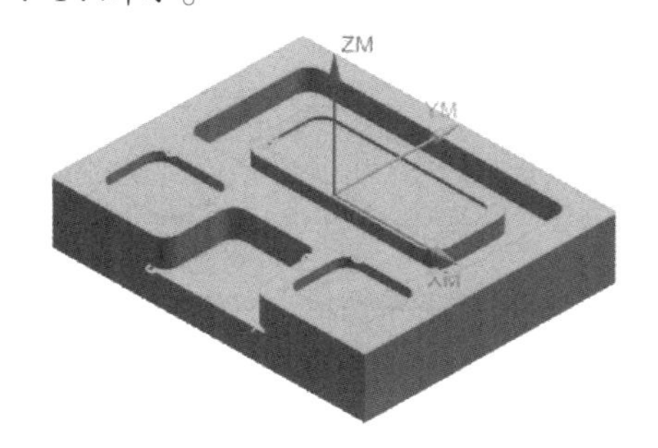

图 4-13　部件边界

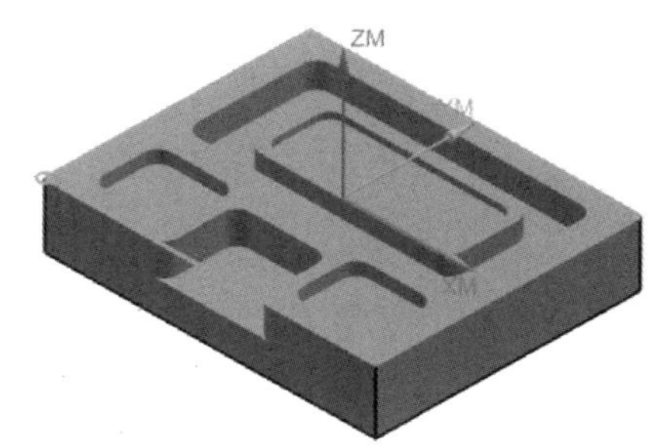

图 4-14　毛坯边界

技巧提示： 指定部件边界和指定毛坯边界都可以选择面或边界和曲线，如果有多个切削区域时，则优先选择面。因为选择边界时，要顾及材料侧，对初学者来说比较难理解。

➘ 在【指定底面】处单击图标按钮，系统弹出【平面】对话框。接着在作图区选择最深的底面作为底平面，单击 确定 按钮完成底平面操作，再单击 确定 按钮完成切削边界的操作，如图 4-15 所示。

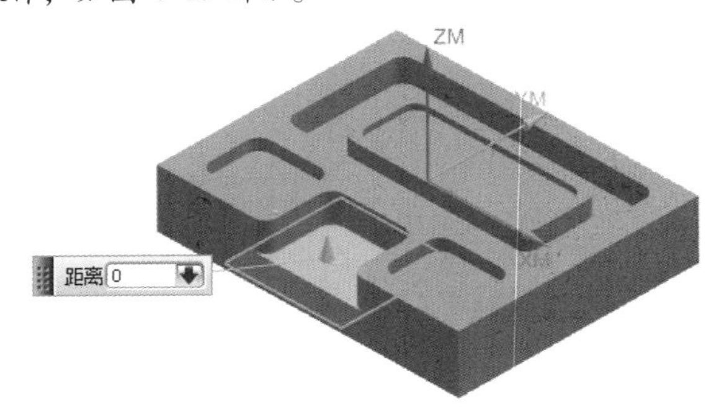

图 4-15 指定底平面结果

（4）创建方法

在【刀片】工具栏中单击图标按钮，系统弹出【创建方法】对话框。

➘ 在【类型】下拉列表中选择【mill_planar】选项。

➘ 在【方法】下拉列表中选择【METHOD】选项。

➘ 【名称】一栏处输入 MILL_R，如图 4-16 所示。

➘ 单击 应用 按钮，进入【铣削方法】对话框，如图 4-17 所示。在【部件余量】处输入 0.3，其余参数按系统默认，单击 确定 按钮完成切削方法操作。

➘ 利用同样的方法，创建 MILL_M（中加工）、MILL_F（精加工），其中中加工的部件余量为 0.1mm；精加工部件余量为 0。

图 4-16 【创建方法】对话框

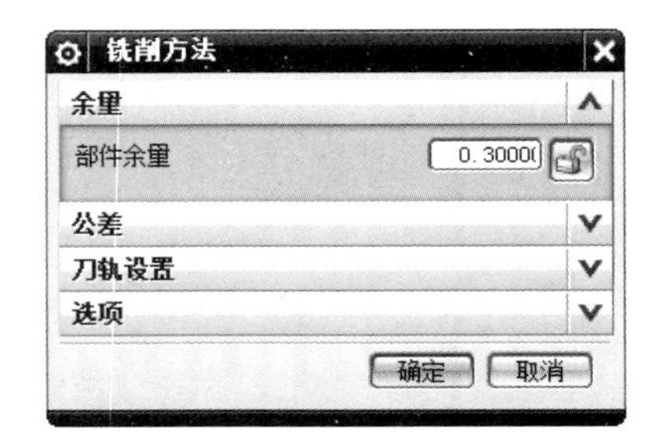

图 4-17 【铣削方法】对话框

4.2.2 创建刀轨路径

1．创建粗加工刀轨路径

步骤 1：在【刀片】工具栏中单击图标按钮，系统弹出【创建工序】对话框，如图 4-18 所示。

➘ 在【类型】下拉列表中选择【mill_planar】选项。

➘ 在【工序子类型】选项中单击图标按钮。

- 在【程序】下拉列表中选择【PL】选项为程序名。
- 在【刀具】下拉列表中选择【D16（铣刀 -5 参数）】。
- 在【几何体】下拉列表中选择【MILL_BND】选项。
- 在【方法】下拉列表中选择【MILL_R】选项。
- 【名称】一栏为默认的【PLANAR_MILL】名称，单击 应用 按钮，进入【平面铣】对话框，如图 4-19 所示。

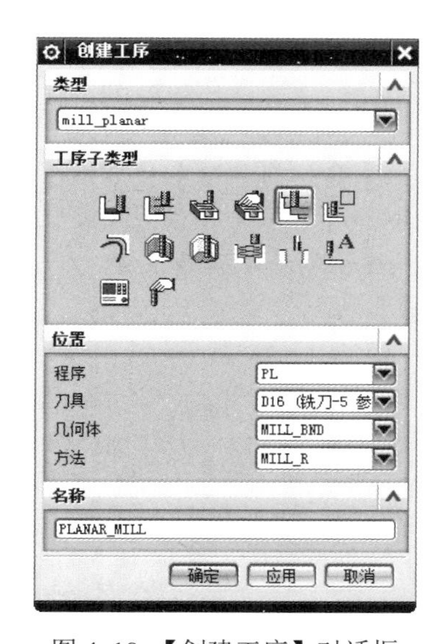

图 4-18 【创建工序】对话框

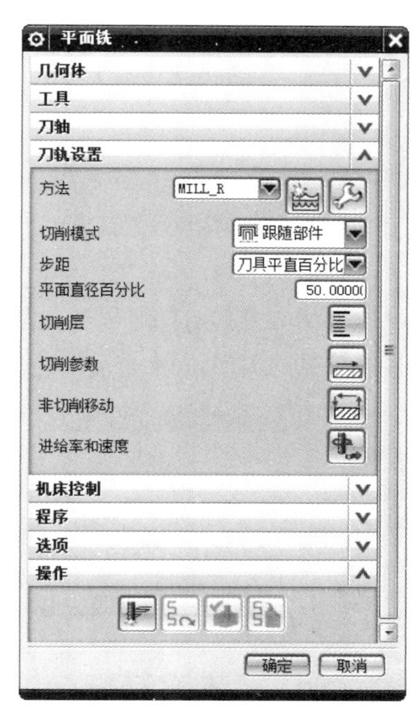

图 4-19 【平面铣】对话框

步骤 2：平面铣切削参数的设置。

在【刀轨设置】选项中设置如下参数：

- 在【切削模式】下拉菜单中选择【跟随周边】。
- 在【步距】下拉菜单中选择【刀具平直百分比】。
- 在【平面直径百分比】中输入 70，如图 4-20 所示。
- 单击【切削层】图标 按钮，系统弹出【切削层】对话框，在【类型】下拉菜单中选择【恒定】、在【公共】文本框处输入 0.5，其余参数按系统默认，单击 确定 按钮，完成切削层操作，如图 4-21 所示。

图 4-20　刀轨设置

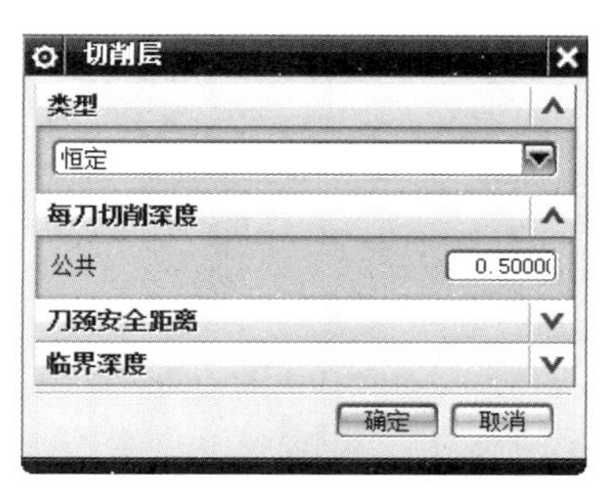

图 4-21　切削层参数设置

➘ 单击【切削参数】图标按钮，系统弹出【切削参数】对话框，在【策略】选项卡中设置如图 4-22 所示的参数；在【余量】选项卡中设置如图 4-23 所示的参数，其余参数按系统默认，单击 确定 按钮完成切削参数设置。

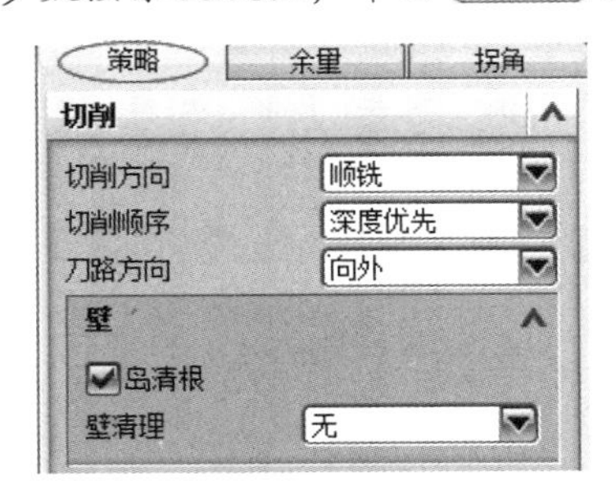

图 4-22 策略参数设置结果

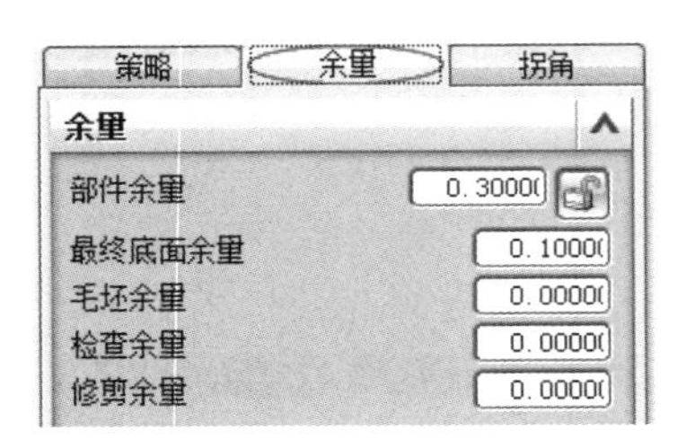

图 4-23 余量参数设置结果

➘ 单击【非切削移动】图标按钮，系统弹出【非切削移动】对话框，在【进刀】选项卡中设置图 4-24 所示的参数；在【转移 / 快速】选项卡中设置图 4-25 所示的参数，其余参数按系统默认，单击 确定 按钮完成非切削移动参数设置。

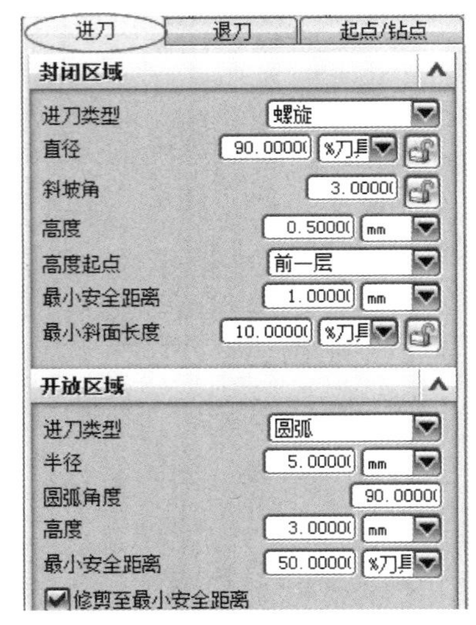

图 4-24 进刀参数设置结果

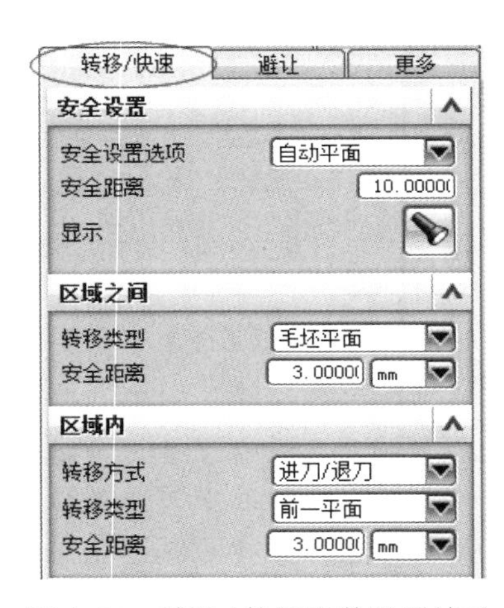

图 4-25 转移 / 快速参数设置结果

➘ 单击【进给率和速度】图标按钮，系统弹出【进给率和速度】对话框，接着按图 4-26 所示的参数设置主轴速度和进给率，单击 确定 按钮完成进给率和主轴速度的设置。

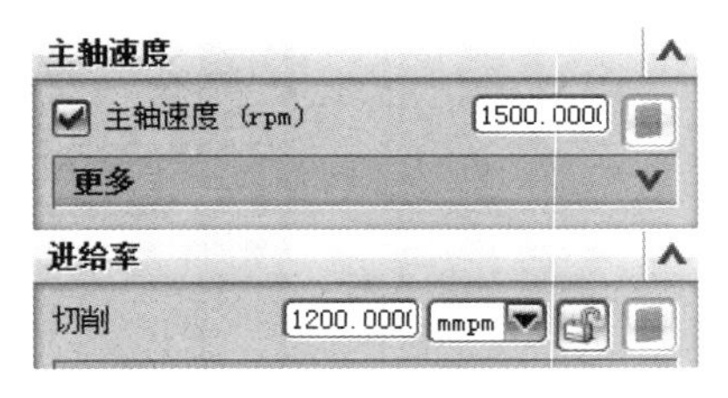

图 4-26 进给率和速度参数设置结果

步骤 3：粗加工刀具路径生成。

在【平面铣】参数设置对话框中单击生成图标按钮，系统开始计算刀具路径，计算完成后，单击【确定】按钮完成粗加工刀具路径操作，结果如图 4-27 所示。

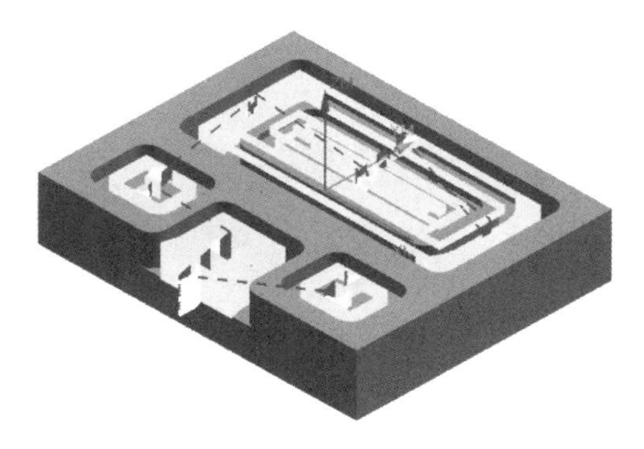

图 4-27　粗加工刀具路径

2. 残料加工

步骤 1： 复制粗加工刀轨。

为了读者更快上手和掌握编程技巧，本步骤采用复制刀具路径方法创建加工刀具路径。

- 在显示资源条中单击工序导航器图标按钮，系统弹出工序导航器对话框，接着在工序导航器工具条中单击图标按钮，此时工序导航器对话框会显示为加工方法视图。
- 单击 MILL_R 前面的+，会看到名为 PLANAR_MILL 的刀具路径，将鼠标移至 PLANAR_MILL 刀具路径中，右击系统弹出快捷方式，接着单击【复制】，然后将鼠标移至 PLANAR_MILL 中，右击系统弹出快捷方式。
- 单击【粘贴】，此时可以看到一个过时的刀具路径名 PLANAR_MILL_COPY，将鼠标移至 PLANAR_MILL_COPY 中，右击系统弹出快捷方式，然后将 PLANAR_MILL_COPY 重命名为 PLANAR_MILL_1。双击 PLANAR_MILL_1 刀具路径或右击，在快捷方式中单击【编辑】，系统弹出【平面铣】参数设置对话框，接着按图 4-28 所示设置参数。

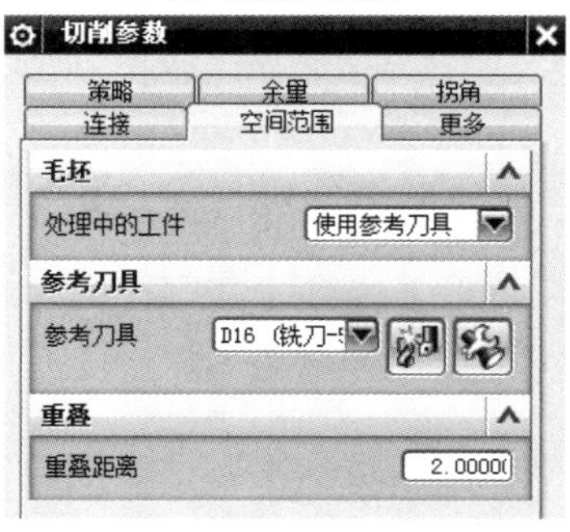

图 4-28　残料加工参数设置

步骤 2： 残料加工刀具路径生成。

在【平面铣】参数设置对话框中单击生成图标按钮，系统计算刀具路径，计算完成后，单击【确定】按钮完成残料加工刀具路径创建，结果如图 4-29 所示。

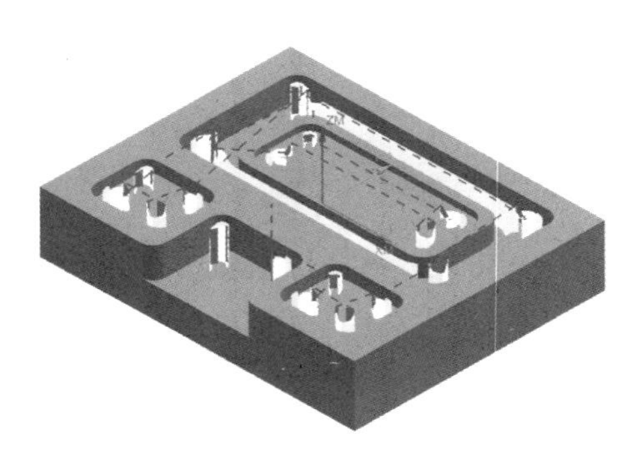

图 4-29 残料加工刀轨结果

3．精加工底面

步骤 1： 创建操作。

在【刀片】工具栏中单击图标按钮，系统弹出【创建工序】对话框。

- 在【类型】下拉列表中选择【mill_planar】选项。
- 在【工序子类型】选项中单击图标按钮。
- 在【程序】下拉列表中选择【PROGRAM】选项为程序名。
- 在【刀具】下拉列表中选择【D10】。
- 在【几何体】下拉列表中选择【MILL_BND】选项。
- 在【方法】下拉列表中选择【MILL_F】选项，其余参数按系统默认，单击 确定 按钮，进入【精加工底面】对话框，如图 4-30 所示。

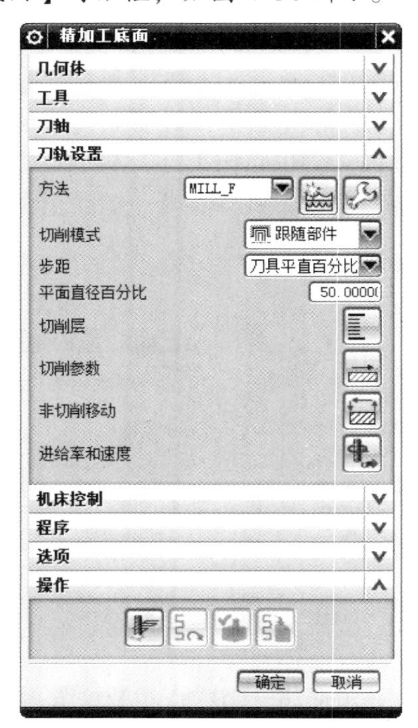

图 4-30 【精加工底面】对话框

步骤 2： 设置精加工底面参数。

在【精加工底面】对话框中设置图 4-31 所示的参数（未在图中设置的参数按系统默认）。

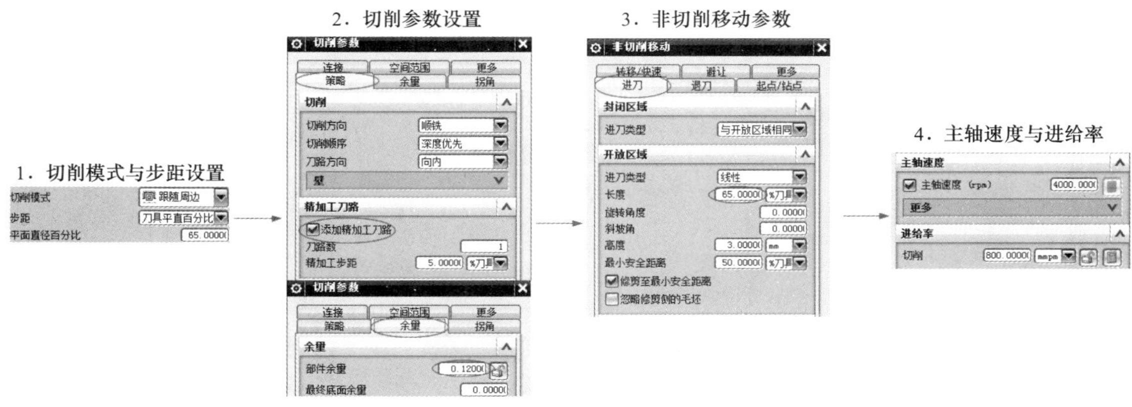

图 4-31　精加工底面参数设置

步骤 3：精加工底面刀具路径生成。

在【精加工底面】对话框中单击生成图标按钮，系统计算刀具路径，计算完成后，单击【确定】按钮，完成精加工刀具路径操作，结果如图 4-32 所示。

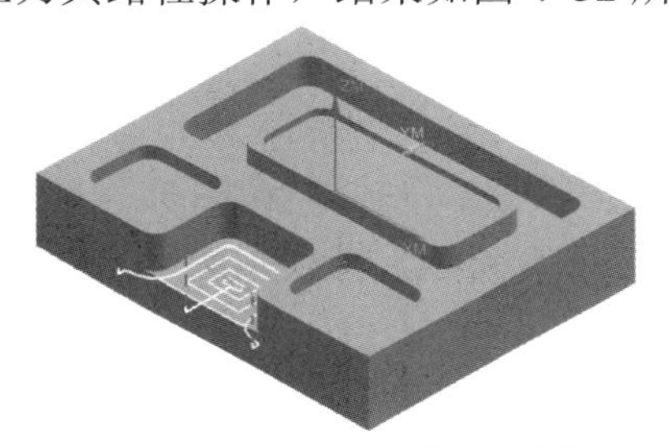
图 4-32　精加工底面刀具路径

4. 半精加工侧壁刀轨创建

步骤 1：刀具路径复制。

1）单击 MILL_R 前面的 +，会看到名为 PLANAR_MILL 的刀具路径，将鼠标移至 PLANAR_MILL 刀具路径中，右击，系统弹出快捷方式。

2）单击【复制】，然后将鼠标移至 MILL_M 中，右击，系统弹出快捷方式，接着单击【内部粘贴】，此时可以看到 MILL_M 前面多了个减号和一个过时的刀具路径 PLANAR_MILL_COPY，将鼠标移至 PLANAR_MILL_COPY 中，右击，系统弹出快捷方式，然后将 PLANAR_MILL_COPY 重命名为 PLANAR_MILL_2。

3）双击 PLANAR_MILL_2 刀具路径或右击，在快捷方式中单击【编辑】，系统弹出【平面铣】参数设置对话框。

步骤 2：刀轨参数设置。

切削模式与步距参数按图 4-33 所示进行设置。

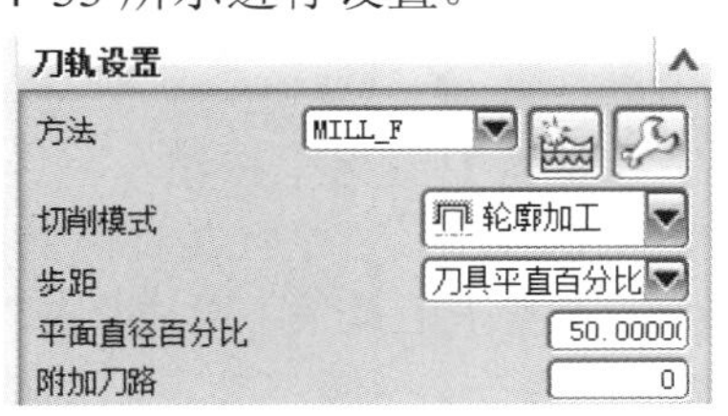

图 4-33　切削模式与步距设置

刀轨其他参数按图 4-34 所示进行设置（未在图中设置的参数按系统默认）。

1. 切削层参数

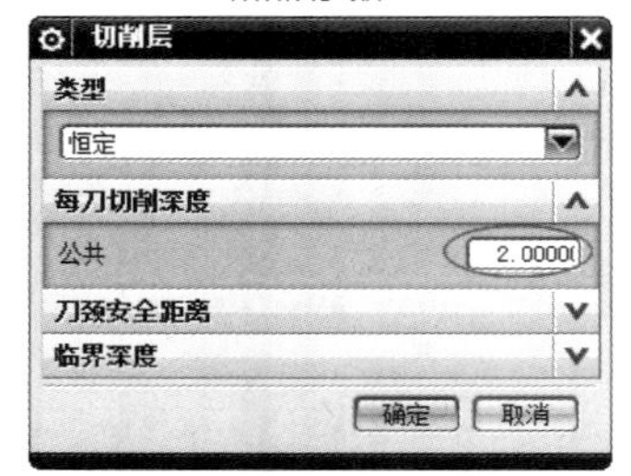

2. 切削参数设置

3. 非切削移动参数

4. 主轴速度与进给率

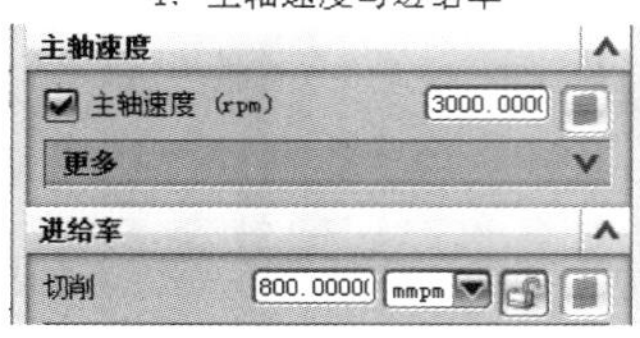

图 4-34 刀轨参数设置

步骤 3： 半精加工侧壁刀具路径生成。

在【平面铣】参数设置对话框中单击生成图标按钮，系统计算刀具路径，计算完成后，单击 确定 按钮完成精加工刀具路径操作，结果如图 4-35 所示。

5. 精加工侧壁刀轨创建

精加工侧壁刀轨创建过程与半精加工刀轨创建过程一样，只需对半精加工侧壁刀轨进行复制，将余量参数设置为 0，主轴速度设置为 4000r/min，其余参数按系统默认，创建结果如图 4-36 所示。

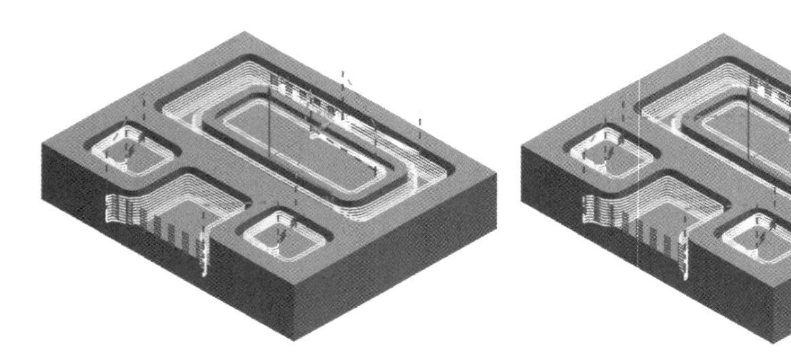

图 4-35 半精加工侧壁刀具路径　　图 4-36 精加工侧壁刀具路径

4.2.3 刀具路径的仿真验证

在显示资源条中单击【工序导航器】图标按钮，系统弹出工序导航器对话框，在工序导航器工具条中单击图标按钮，此时工序导航器对话框显示为几何视图。单击【MCS_MILL】，此时加工操作工具条激活，在操作工具条中单击图标按钮，系统弹出【刀轨可视化】对话框。在【刀轨可视化】对话框中单击 2D 动态 按钮，然后单击播放图标按钮，系统在作图区出现仿真操作，最终效果如图 4-37 所示。

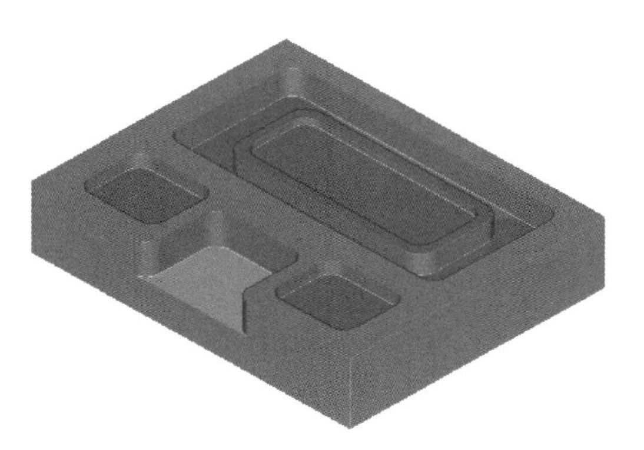

图 4-37　刀具路径仿真结果

4.3　拓展练习

拓展练习如图 4-38 所示。

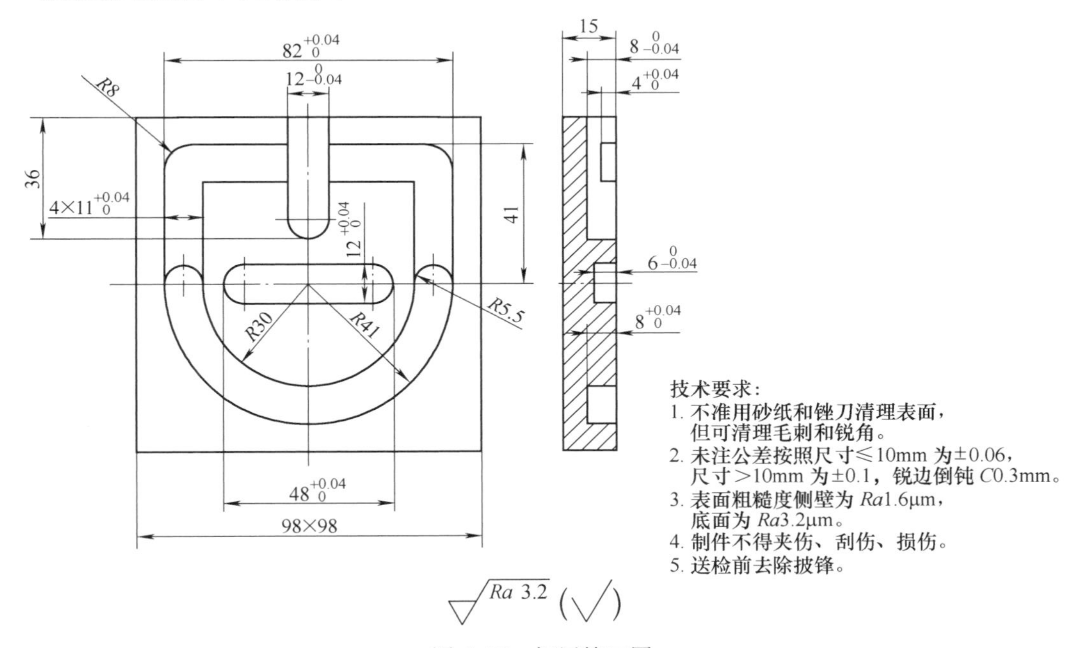

图 4-38　拓展练习图

第 5 章　典型双面零件编程

5.1　零件底面编程加工方案

图 5-1 是典型双面零件（深圳市第八届职工运动会考题），材料为铝，备料尺寸为 120mm×80mm×30mm。

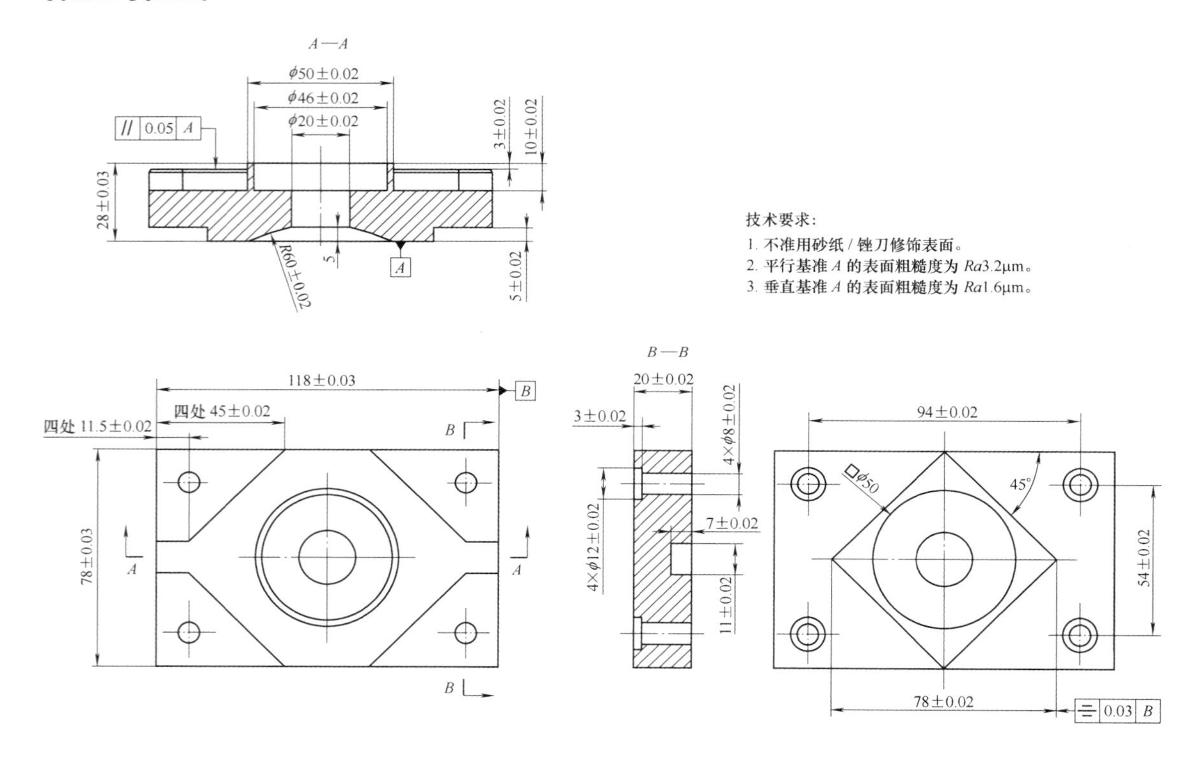

图 5-1　典型双面零件

5.1.1　工艺分析

1）从图 5-1 所示可知此零件两面都需要加工，底面为基准面，同时尺寸精度要求较高，需要进行半精加工与精加工。

2）加工时，先加工基面后加工其他面，同心孔最好在同一面加工到位，以保证它们的同轴度。需要大量去除材料的只有四方凸台，四个沉孔可用铣刀直接铣出也可以先钻后铣，圆弧 R60mm 处先用平刀开粗，后用 R4mm 球刀半精及精加工。

3）由于工件不大，可采用机用虎钳进行装夹，底面用等高垫铁垫平，同时可选用立式加工中心加工。采用四面分中，X、Y 轴取在工件的中心，Z 轴取工件的最高顶平面。

5.1.2　填写 CNC 加工程序单

CNC 加工程序单见表 5-1。

表 5-1　CNC 加工程序单

零件名称：双面典型件　　　　编程员：钟平福　　　　操作员：钟平福

<table>
<tr><td colspan="3">计划时间：4:00</td><td colspan="5" rowspan="9">描述：
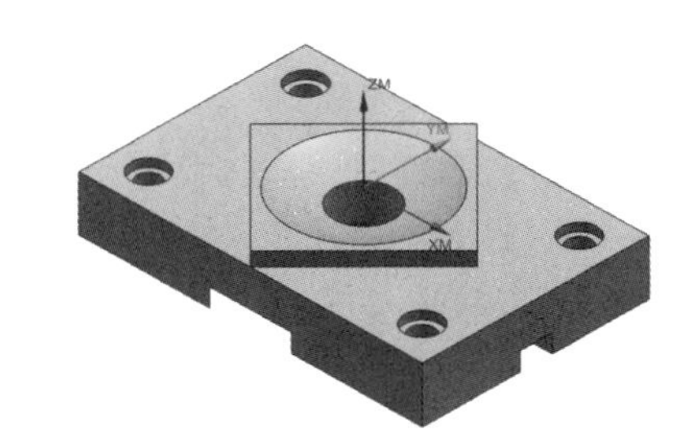
四面分中</td></tr>
<tr><td colspan="3">实际时间：3:15
上机时间：</td></tr>
<tr><td colspan="3">下机时间：</td></tr>
<tr><td colspan="3">工件尺寸</td></tr>
<tr><td>XC/mm</td><td colspan="2">120</td></tr>
<tr><td>YC/mm</td><td colspan="2">80</td></tr>
<tr><td>ZC/mm</td><td colspan="2">30</td></tr>
<tr><td colspan="3">工件数量：1 件</td></tr>
<tr><td colspan="3"></td></tr>
<tr><td>程序名称</td><td>加工类型</td><td>刀具直径/mm</td><td>加工深度/mm</td><td>加工余量/mm</td><td>主轴转速/（r/min）</td><td>进给速度/（mm/min）</td><td>备　注</td></tr>
<tr><td>型腔铣</td><td>开粗</td><td>D16</td><td>–20</td><td>0.3</td><td>1500</td><td>1200</td><td></td></tr>
<tr><td>面铣</td><td>精修</td><td>D16</td><td>–5</td><td>0.3（侧面）</td><td>3500</td><td>1500</td><td></td></tr>
<tr><td>型腔铣</td><td>精修</td><td>D16</td><td>–20</td><td>0</td><td>3500</td><td>1500</td><td></td></tr>
<tr><td>型腔铣</td><td>开粗</td><td>D10</td><td>–8</td><td>0.3</td><td>3000</td><td>1000</td><td></td></tr>
<tr><td>型腔铣</td><td>精修</td><td>D10</td><td>–8</td><td>0</td><td>4000</td><td>100</td><td></td></tr>
<tr><td>型腔铣</td><td>开粗</td><td>D6</td><td>–28</td><td>0.15</td><td>4000</td><td>1500</td><td></td></tr>
<tr><td>型腔铣</td><td>精修</td><td>D6</td><td>–28</td><td>0</td><td>4500</td><td>1500</td><td></td></tr>
<tr><td>固定轮廓铣</td><td>精修</td><td>D8R4</td><td>–5</td><td>0</td><td>4500</td><td>1500</td><td></td></tr>
</table>

5.1.3　零件底面数控编程操作步骤

5.1.3.1　删除不加工面

步骤 1：运行 UG NX 8.5。

步骤 2：选择主菜单的【文件】|【打开】命令，或在【标准】工具条单击打开图标按钮，弹出【打开部件文件】对话框，在此找到放置练习文件夹 ch5 并选择 exe1.prt 文件，单击 OK 按钮，进入 UG NX 加工主界面，如图 5-2 所示。

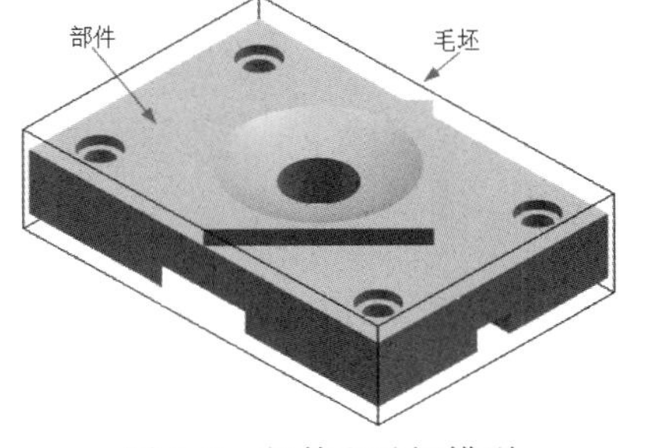

图 5-2　部件和毛坯模型

步骤 3：删除不加工对象。

选择主菜单的【插入】|【同步建模】|【删除】或在【同步建模】工具条单击图标按钮，系统弹出【删除面】对话框。

- 在作图区选取图 5-3 所示的面为删除的面，其余参数按系统默认，单击 应用 按钮，完成删除面创建，结果如图 5-4 所示。

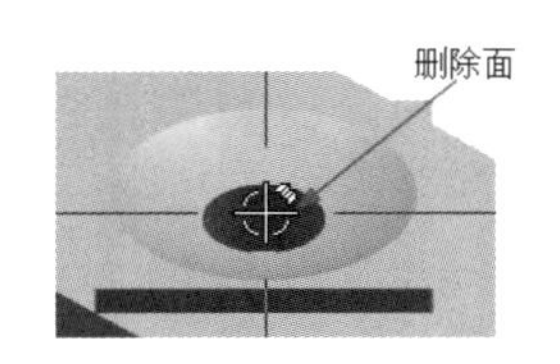

图 5-3　删除面选择结果

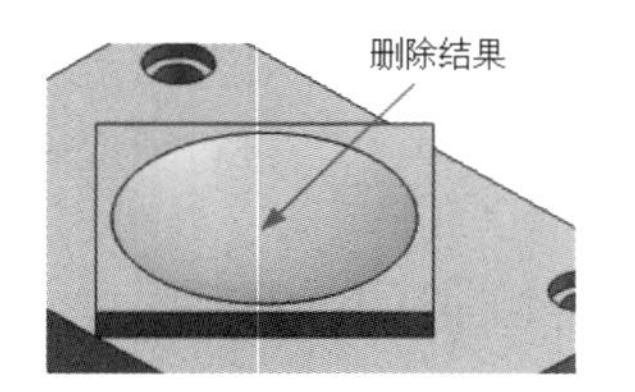

图 5-4　删除面结果

5.1.3.2　父节点创建

步骤 1：创建程序组。

在【刀片】工具栏中单击图标按钮，系统弹出【创建程序】对话框。

- 在【类型】下拉列表中选择【mill_planar】选项。
- 在【程序】下拉列表中选择【NC_PROGRAM】。
- 在【名称】处按系统内定的名称【BK】，单击两次确定按钮完成程序组操作，如图 5-5 所示。

图 5-5 【创建程序】对话框

步骤 2：创建刀具组。

在【刀片】工具栏中单击图标按钮，系统弹出【创建刀具】对话框。

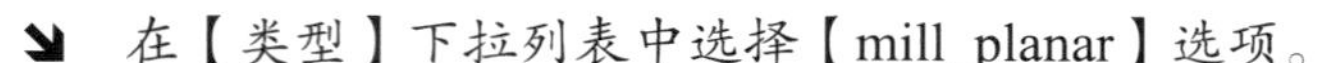

- 在【类型】下拉列表中选择【mill_planar】选项。
- 在【刀具子类型】选项组中单击图标按钮。
- 在【刀具】下拉列表中选择【GENERIC_MACHINE】选项。
- 在【名称】处输入 D16，单击应用按钮，进入【刀具参数】设置对话框，如图 5-6 所示。
- 在【直径】文本框中输入 16、【刀具号】文本框中输入 1、【补偿寄存器】文本框中输入 1、【刀具补偿寄存器】文本框中输入 1，其余参数按系统默认，单击确定按钮完成第 1 把刀具创建操作，如图 5-7 所示。

图 5-6 【创建刀具】对话框

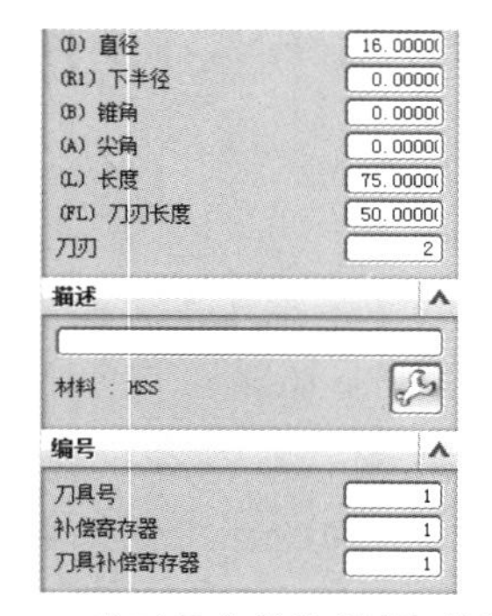

图 5-7 【刀具参数】设置对话框

- 按照上面步骤的操作，在名称处输入 D10、R4、D6 完成后面 3 把刀具的创建。

技巧提示：在创建刀具时，如果第一次创建的刀具号为 1，则第二次创建的刀具号就要为 2，依此类推；如果是不带刀库的机床，则可以不设置刀具号（本书所用机床都带刀库）。

步骤 3：创建几何体组。

在【刀片】工具栏中单击创建几何体图标按钮，系统弹出【创建几何体】对话框。

（1）创建机床坐标系

- 在【类型】下拉列表中选择【mill_planar】选项。
- 在【几何体子类型】选项中单击图标按钮。
- 在【几何体】下拉列表中选择【GEOMETRY】。
- 【名称】处的几何节点按系统内定的名称【MCS_MILL】，如图 5-8 所示。
- 单击 应用 按钮进入【MCS】对话框，如图 5-9 所示。

图 5-8　【创建几何体】对话框

图 5-9　【MCS】对话框

- 在【指定 MCS】处单击（自动判断），然后在作图区选择毛坯顶面为 MCS 放置面，如图 5-10a 所示，接着单击 确定 按钮，完成加工坐标系的创建，结果如图 5-10b 所示。

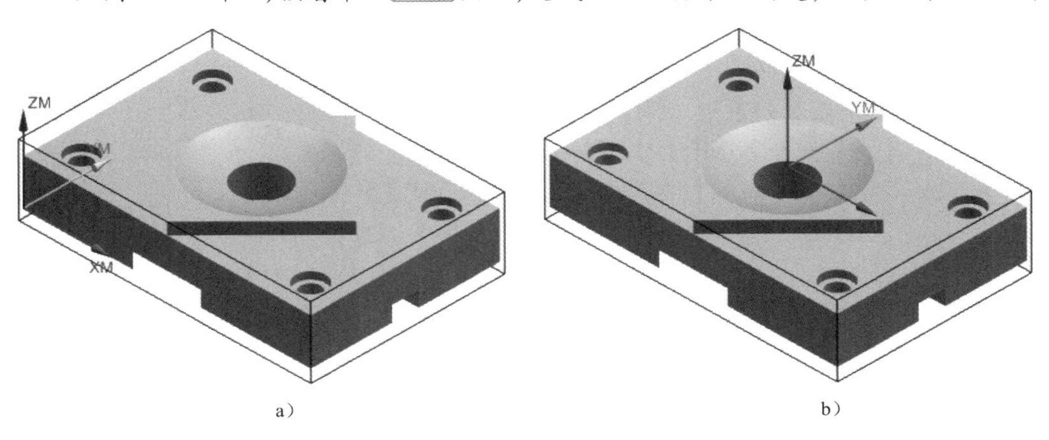

图 5-10　MCS 放置面

（2）创建部件与毛坯

- 在【类型】下拉列表中选择【mill_planar】选项。
- 在【几何体子类型】选项组中单击图标按钮。
- 在【几何体】下拉列表中选择【MCS_MILL】。
- 【名称】处的几何节点按系统内定的名称【WORKPIECE】，如图 5-11 所示。
- 单击 应用 按钮，进入【工件】对话框，如图 5-12 所示。
- 在【指定部件】处单击图标按钮，系统弹出【部件几何体】对话框，然后在作图区选择部件作为指定的部件，单击 确定 按钮完成部件几何体创建，并返回【工件】对话框。

- 在【指定毛坯】处单击图标按钮，系统弹出【毛坯几何体】对话框，然后在作图区选择工件作为毛坯几何体，单击 确定 按钮完成毛坯几何体操作，并返回【工件】对话框。在【工件】对话框中单击 确定 按钮完成工件创建。

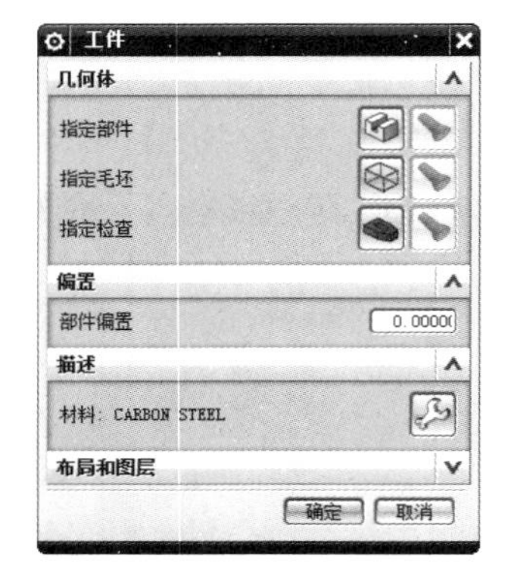

图 5-11 【创建几何体】对话框　　图 5-12 【工件】对话框

技巧提示：工件对平面铣操作没有直接意义，但是对 2D 或 3D 动态仿真是必需的。读者可以这样理解：不定义工件时，刀路验证只能进行重播操作，不能在软件界面看到实际的切削界面。

（3）创建方法

在【刀片】工具栏中单击图标按钮，系统弹出【创建方法】对话框。

- 在【类型】下拉列表中选择【mill_planar】选项。
- 在【方法】下拉列表中选择【METHOD】选项。
- 【名称】一栏处输入 MILL_R，如图 5-13 所示。
- 单击 应用 按钮，进入【铣削方法】对话框，如图 5-14 所示。在【部件余量】处输入 0.3，其余参数按系统默认，单击 确定 按钮完成切削方法操作。
- 利用同样的方法，创建 MILL_M（中加工）、MILL_F（精加工），其中中加工的部件余量为 0.1mm，精加工部件余量为 0。

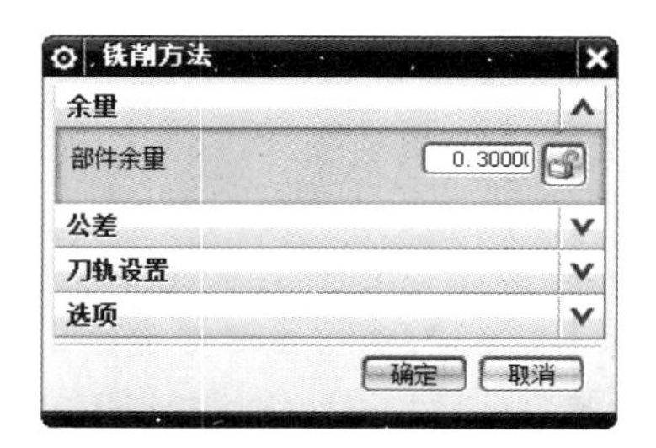

图 5-13 【创建方法】对话框　　图 5-14 【铣削方法】对话框

5.1.3.3　创建刀轨路径

1．创建粗加工刀轨路径

步骤 1： 在【刀片】工具栏中单击图标 按钮，系统弹出【创建工序】对话框，如图 5-15 所示。

- 在【类型】下拉列表中选择【mill_contour】选项。
- 在【工序子类型】选项中单击图标按钮。
- 在【程序】下拉列表中选择【BK】选项为程序名。
- 在【刀具】下拉列表中选择【D16】。
- 在【几何体】下拉列表中选择【WORKPIECE】选项。
- 在【方法】下拉列表中选择【MILL_R】选项。
- 【名称】一栏为默认的【CAVITY_MILL】名称，单击 应用 按钮，进入【型腔铣】对话框，如图 5-16 所示。

图 5-15 【创建工序】对话框

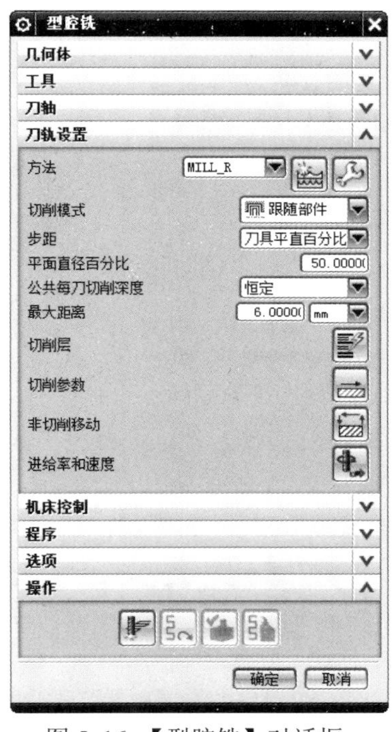

图 5-16 【型腔铣】对话框

步骤 2： 型腔铣切削参数的设置。

在【刀轨设置】选项中设置如下参数：

- 在【切削模式】下拉菜单中选择【跟随周边】。
- 在【步距】下拉菜单中选择【刀具平直百分比】。
- 在【平面直径百分比】中输入 65，在【最大距离】文本框中输入 1，如图 5-17 所示。

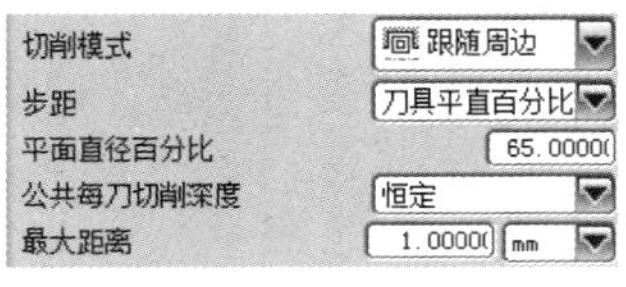

图 5-17 刀轨设置

- 单击【切削层】图标按钮，系统弹出【切削层】对话框，如图 5-18 所示。在【范围类型】下拉菜单中选择【用户定义】选项，然后在作图区选择图 5-19 所示的对象为范围定义对象，并在【范围深度】文本框中输入 20，其余参数按系统默认，单击确定按钮完成切削层操作。

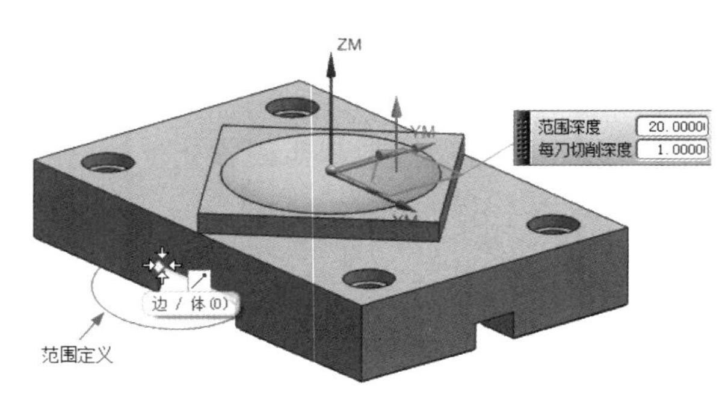

图 5-18 【切削层】对话框　　　　图 5-19 范围定义结果

- 单击【切削参数】图标按钮，系统弹出【切削参数】对话框，在【策略】选项卡中设置图 5-20 所示的参数；在【余量】选项卡中设置图 5-21 所示的参数，其余参数按系统默认，单击确定按钮完成切削参数设置。

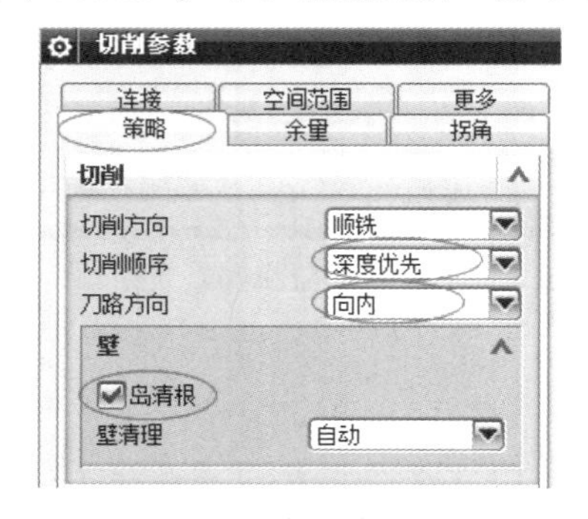

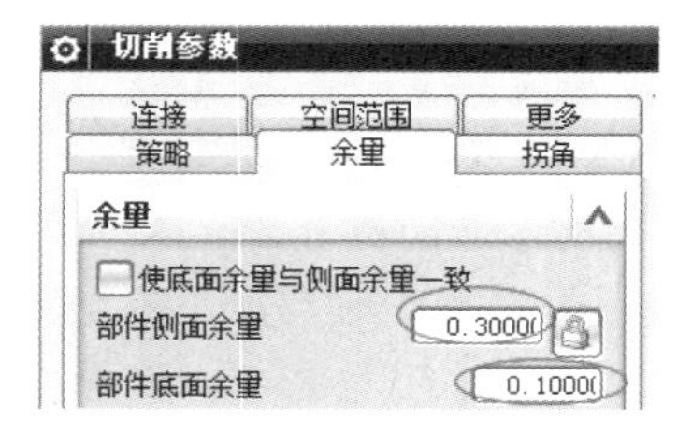

图 5-20 策略参数设置结果　　　　图 5-21 余量参数设置结果

- 单击【非切削移动】图标按钮，系统弹出【非切削移动】对话框，在【进刀】选项卡中设置图 5-22 所示的参数；在【转移 / 快速】选项卡中设置图 5-23 所示的参数，其余参数按系统默认，单击确定按钮完成非切削移动参数设置。
- 单击【进给率和速度】图标按钮，系统弹出【进给率和速度】对话框，按图 5-24 所示的参数设置主轴速度和进给率，单击确定按钮完成进给率和主轴速度的设置。

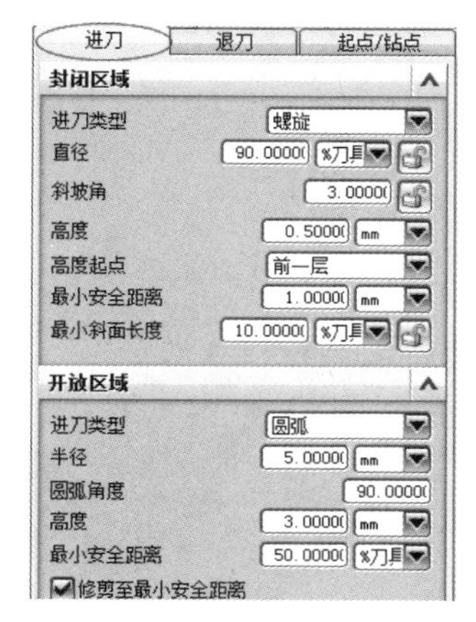

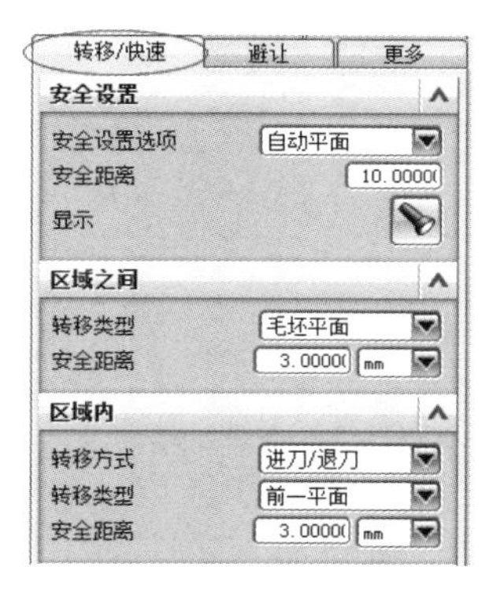

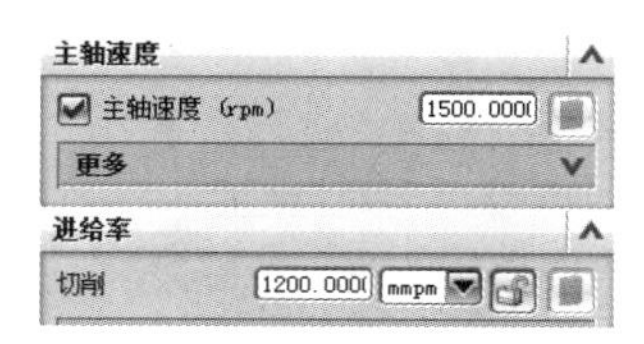

图 5-22　进刀参数设置结果　　图 5-23　转移 / 快速参数设置结果　　图 5-24　进给率和主轴速度参数设置结果

步骤 3：粗加工刀具路径生成。

在【型腔铣】参数设置对话框中单击生成图标按钮，系统计算刀具路径，计算完成后，单击按钮完成粗加工刀具路径操作，结果如图 5-25 所示。

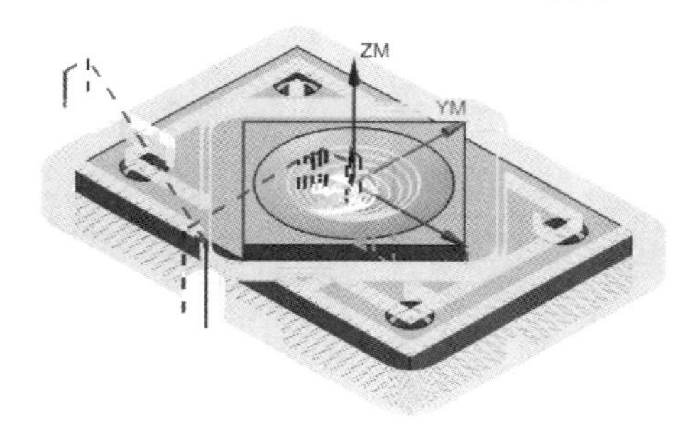

图 5-25　粗加工刀具路径

2. 精加工表面与底面

步骤 1：创建操作。

在【刀片】工具栏中单击图标按钮，系统弹出【创建工序】对话框。

- 在【类型】下拉列表中选择【mill_planar】选项。
- 在【工序子类型】选项中单击图标按钮。
- 在【程序】下拉列表中选择【BK】选项为程序名。
- 在【刀具】下拉列表中选择【D10】。
- 在【几何体】下拉列表中选择【WORKPIECE】选项。
- 在【方法】下拉列表中选择【MILL_F】选项，其余参数按系统默认，单击按钮进入【面铣】对话框，如图 5-26 所示。

步骤 2：设置精加工表面、底面参数。

在【指定面边界】处单击图标按钮，系统弹出【指定面几何体】对话框，如图 5-27 所示。接着在作图区选择图 5-28 所示的面为指定面几何体，单击按钮返回【面铣】对话框。

在【面铣】对话框中设置图 5-29 所示的参数（未在图中设置的参数按系统默认）。

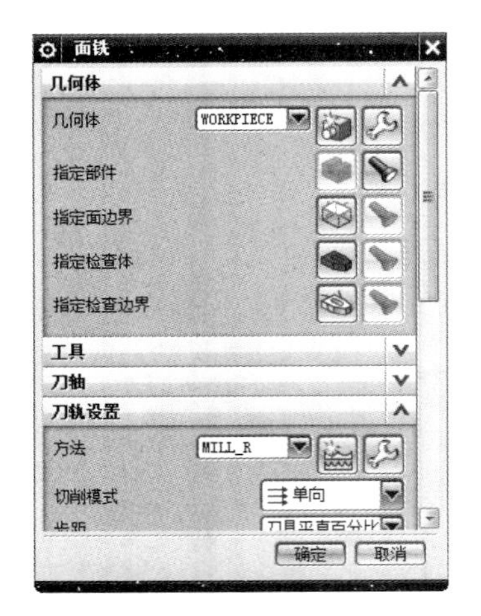

图 5-26 【面铣】对话框

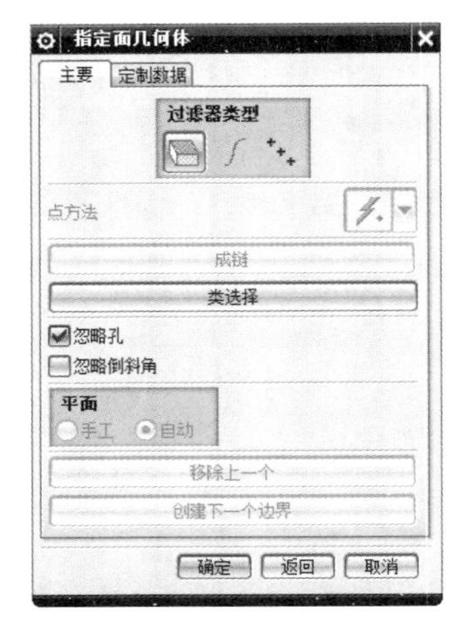

图 5-27 【指定面几何体】对话框

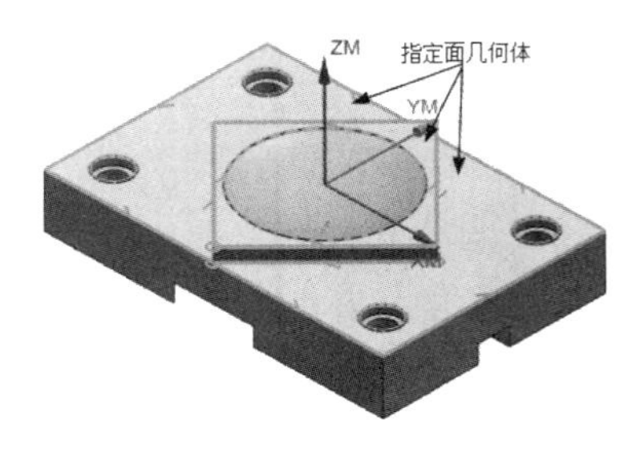

图 5-28 指定面几何体结果

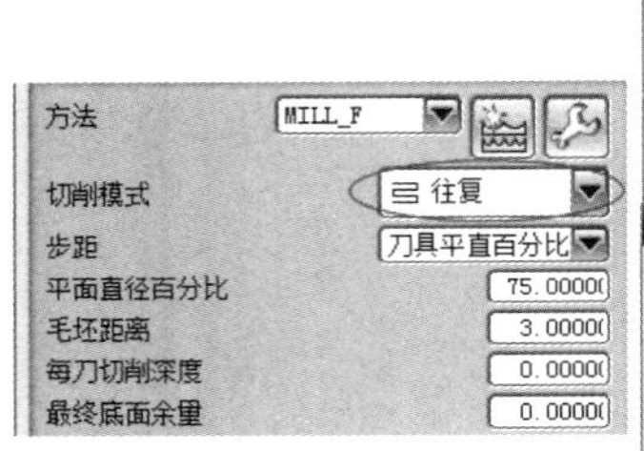

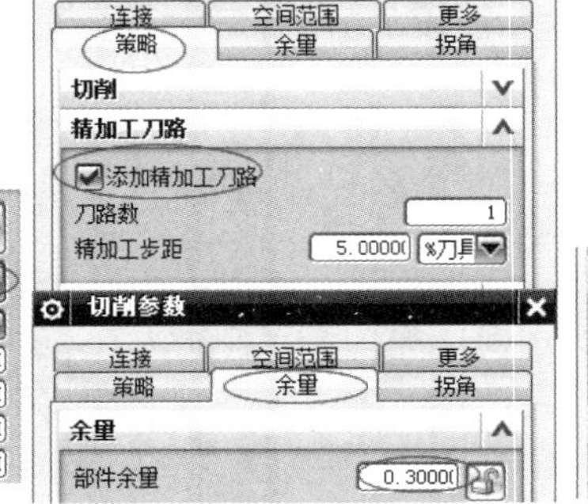

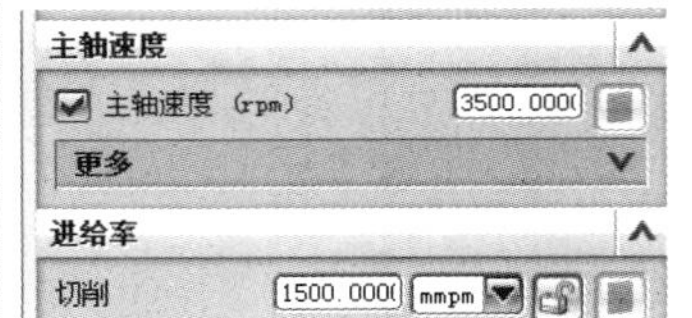

图 5-29 精加工表面、底面参数设置

步骤 3：精加工表面、底面刀具路径生成。

在【精加工底面】对话框中单击生成图标 按钮，系统计算刀具路径，计算完成后，单击 确定 按钮完成精加工刀具路径操作，结果如图 5-30 所示。

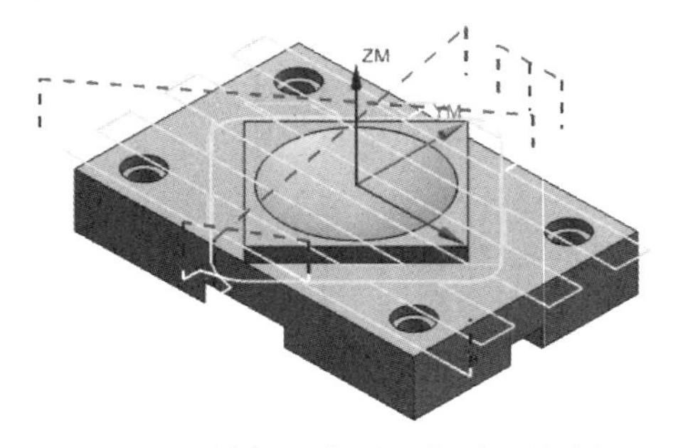

图 5-30 精加工表面、底面刀具路径

3. 精加工侧壁创建

步骤 1：复制粗加工刀轨。

在显示资源条中单击工序导航器图标 按钮，系统弹出工序导航器对话框，接着在工序导航器工具条中单击图标 按钮，此时工序导航器对话框显示为加工方法视图。

- 单击 MILL_R 前面的 +，可看到名为“CAVITY_MILL”的刀具路径，将鼠标移至“CAVITY_MILL”刀具路径中，右击系统弹出快捷方式，接着单击【复制】，然后将鼠标移至 MILL_F 中，右击系统弹出快捷方式。
- 单击【内部粘贴】，此时可以看到一个过时的刀具路径名“CAVITY_MILL_COPY”，然后将鼠标移至“CAVITY_MILL_COPY”中，右击系统弹出快捷方式，然后将“CAVITY_MILL_COPY”重命名为“CAVITY_MILL_1”。双击“CAVITY_MILL_1”刀具路径或右击，在快捷方式中单击【编辑】，系统弹出【型腔铣】参数设置对话框。

步骤 2： 刀轨编辑与参数设置。

在工序导航器中双击“CAVITY_MILL_1”，系统弹出【型腔铣】对话框，接着在【刀轨设置】对话框中设置如下选项：

- 在【切削模式】下拉菜单中选择【轮廓加工】。
- 在【步距】下拉菜单中选择【刀具平直百分比】。
- 在【平面直径百分比】中输入 65，在【最大距离】文本框中输入 1，如图 5-31 所示。

在【型腔铣】对话框中单击【进给率和速度】图标按钮，系统弹出【进给率和速度】对话框，接着按图 5-32 所示的参数设置主轴速度和进给率，单击确定按钮完成进给率和主轴速度的设置。

步骤 3： 精加工侧壁刀具路径生成。

在【型腔铣】参数设置对话框中单击生成图标按钮，系统计算刀具路径，计算完成后，单击确定按钮完成精加工刀具路径操作，结果如图 5-33 所示。

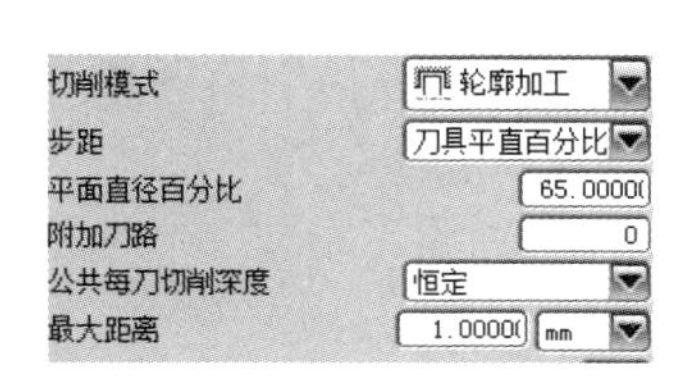

图 5-31　刀轨设置

图 5-32　进给率和主轴速度参数设置结果

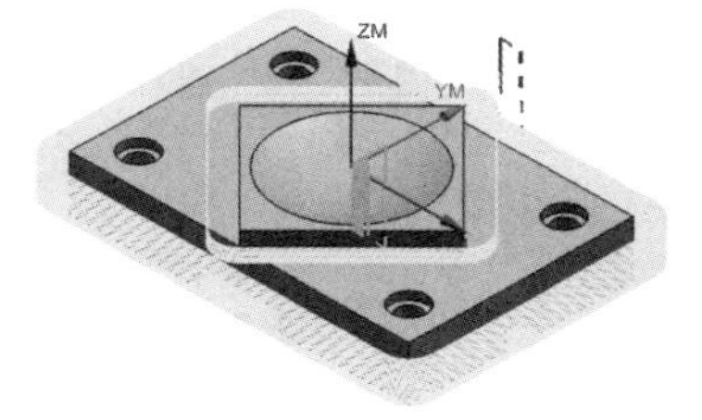

图 5-33　精加工侧壁刀具路径

4. ϕ12mm 孔粗、精加工

步骤 1： 复制精加工刀轨。

在显示资源条中单击工序导航器图标按钮，系统弹出工序导航器对话框，接着在工序导航器工具条中单击图标按钮，此时工序导航器对话框会显示为加工方法视图。

- 单击 MILL_F 前面的 +，可看到名为“CAVITY_MILL_1”的刀具路径，将鼠标移至“CAVITY_MILL_1”刀具路径中，右击系统弹出快捷方式，接着单击【复制】，然后将鼠标移至 MILL_R 中，右击系统弹出快捷方式。
- 单击【内部粘贴】，此时可以看到一个过时的刀具路径名“CAVITY_MILL_COPY”，然后将鼠标移至“CAVITY_MILL_1_COPY”中，右击系统弹出快捷方式，然后将“CAVITY_MILL_1_COPY”重命名为“CAVITY_MILL_2”。双击“CAVITY_MILL_2”刀具路径或右击，在快捷方式中单击【编辑】，系统弹出【型腔铣】参数设置对话框。

步骤 2：刀轨编辑与参数设置。

（1）选择加工区域

在工序导航器中双击“CAVITY_MILL_2”，系统弹出【型腔铣】对话框，在【指定切削区域】处单击图标按钮，系统弹出【切削区域】对话框，接着在作图区选择 4 个孔为加工对象，其余参数按系统默认，单击按钮返回【型腔铣】对话框。

（2）参数设置

在【刀具】下拉选项选择【D10】，在【切削层】处单击图标按钮，系统弹出【切削层】对话框，接着在作图区选择图 5-34 所示的对象为范围 1 的顶部对象，选择图 5-35 为范围定义对象，并在【范围深度】文本框处输入 20，其余参数按系统默认，单击按钮完成切削层操作。

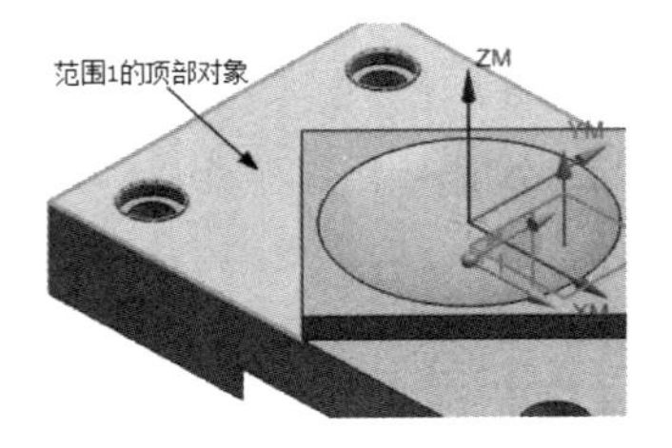

图 5-34　顶部对象选择结果

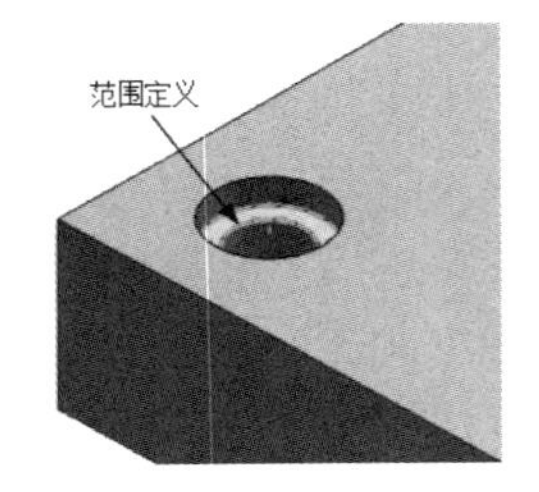

图 5-35　范围定义结果

在【型腔铣】对话框中单击【非切削移动】图标按钮，系统弹出【非切削移动】对话框，在【进刀】选项中设置图 5-36 所示的参数，其余参数按系统默认，单击按钮完成非切削移动参数设置。

在【型腔铣】对话框中单击【进给率和速度】图标按钮，系统弹出【进给率和速度】对话框，接着按图 5-37 所示的参数设置主轴速度和进给率，单击按钮完成进给率和主轴速度的设置。

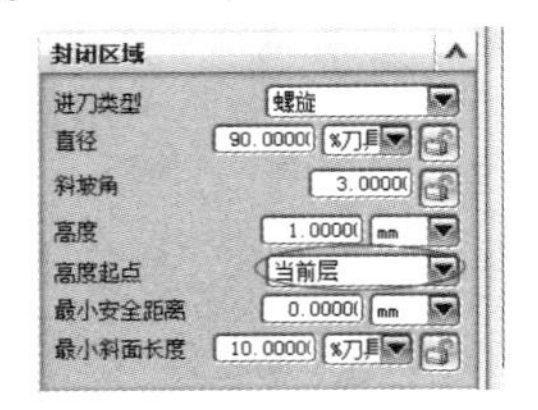

图 5-36　非切削参数设置

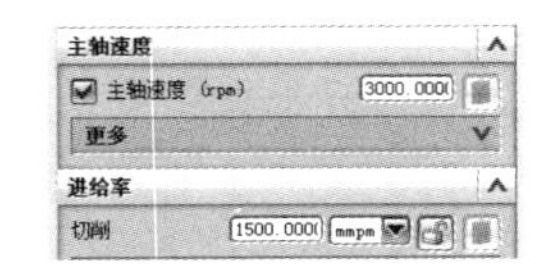

图 5-37　进给率和主轴速度参数设置结果

步骤 3：孔粗加工刀具路径生成。

在【型腔铣】参数设置对话框中单击生成图标按钮，系统计算刀具路径，计算完成后，单击按钮完成粗加工刀具路径操作，结果如图 5-38 所示。

步骤 4：利用上述 3 个步骤完成孔的精加工，创建结果如图 5-39 所示。

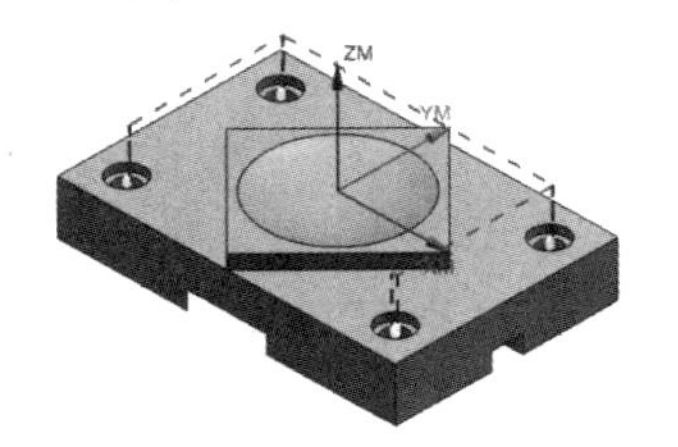

图 5-38　ϕ12mm 孔粗加工刀轨

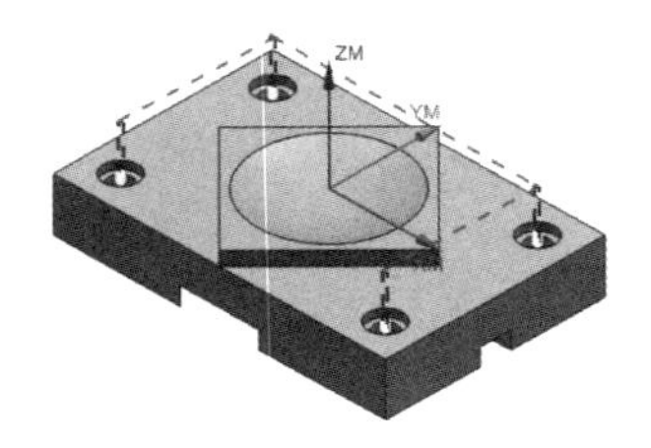

图 5-39　ϕ12mm 孔精加工刀轨

5．ϕ6mm 孔粗、精加工

利用 ϕ12mm 孔的加工方法完成 ϕ6mm 孔粗、精加工操作，结果如图 5-40 所示。

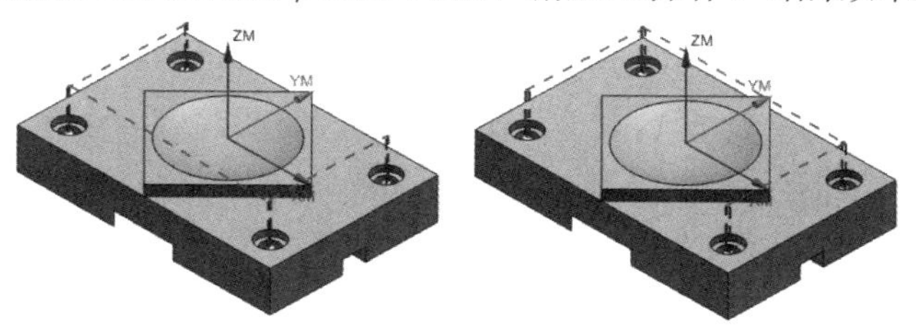

图 5-40　ϕ6mm 孔粗、精加工刀轨

6．半圆弧精加工

步骤 1： 创建操作。

选择下拉菜单【插入】|【工序】命令，或在【刀片】工具条中单击图标按钮，系统弹出【创建工序】对话框。

- 在【类型】下拉列表中选择【mill_contour】选项。
- 在【工序子类型】选项中单击图标按钮。
- 在【程序】下拉列表中选择【BK】选项为程序名。
- 在【刀具】下拉列表中选择【R4】。
- 在【几何体】下拉列表中选择【WORKPIECE】选项。
- 在【方法】下拉列表中选择【MILL_R】选项。
- 【名称】一栏为默认的【FIXED_CONTOUR】名称，单击 应用 按钮进入【固定轮廓铣】对话框，如图 5-41 所示。

步骤 2： 固定轮廓铣参数设置。

在【指定切削区域】处单击图标按钮，系统弹出【切削区域】对话框，接着在作图区选择圆弧面为加工对象，其余参数按系统默认，单击 确定 按钮，返回【固定轮廓铣】对话框。

在【驱动方法】下拉菜单中选择【区域铣削】，系统弹出【驱动方法】对话框，单击对话框中的 确定(O) 按钮，弹出【区域铣削驱动方法】对话框，接着按图 5-42 所示进行参数设置，单击 确定 按钮，返回【固定轮廓铣】对话框。

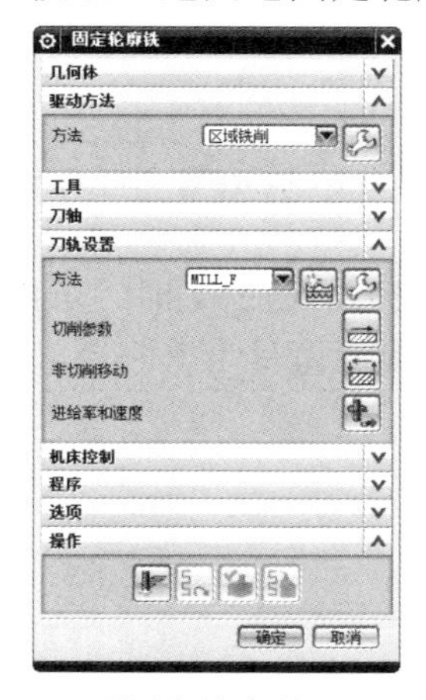

图 5-41　【固定轮廓铣】对话框

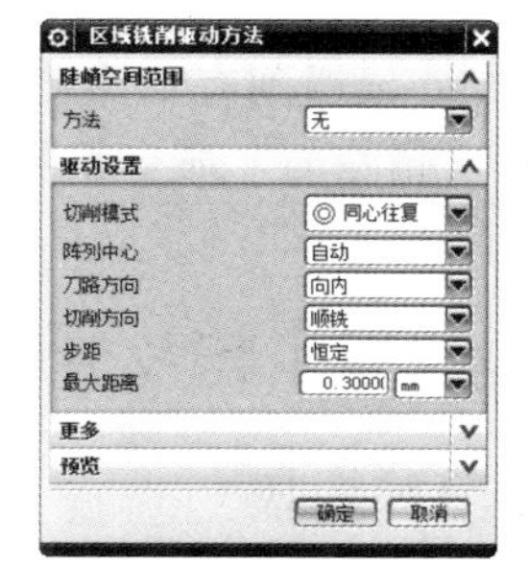

图 5-42　区域铣削参数设置结果

在【型腔铣】对话框中单击【进给率和速度】图标按钮，系统弹出【进给率和速度】对话框，接着按图 5-43 所示的参数设置主轴速度和进给率，单击确定按钮完成进给率和主轴速度的设置。

步骤 3：半圆弧精加工刀具路径生成。

在【型腔铣】参数设置对话框中单击生成图标按钮，系统计算刀具路径，计算完成后，单击确定按钮完成精加工刀具路径操作，结果如图 5-44 所示。

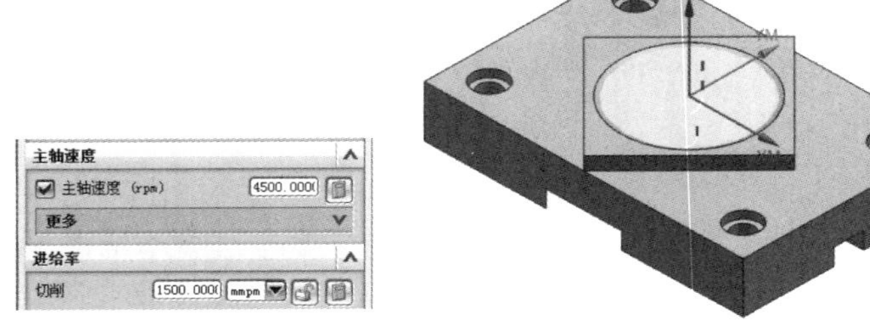

图 5-43　进给率和主轴速度参数设置结果　　图 5-44　半圆弧精加工刀轨

5.1.3.4　刀具路径的仿真验证

在显示资源条中单击【工序导航器】图标按钮，系统弹出工序导航器对话框，在工序导航器工具条中单击图标按钮，此时工序导航器对话框显示为几何视图。单击【MCS_MILL】，此时加工操作工具条激活，在操作工具条中单击图标按钮，系统弹出【刀轨可视化】对话框。在【刀轨可视化】对话框中单击 2D 动态 按钮，然后再单击播放图标按钮，系统在作图区出现仿真操作，最终效果如图 5-45 所示。

图 5-45　刀具路径仿真结果

技巧提示： 1．本章案例中基本都是采用三维加工方法来完成工件的编程，也可以采用二维加工方法来完成。

2．如果遇到有工件在此面不加工而在另一面加工时，可以利用同步建模中的"删除面"命令删除多余对象，以提高刀具走刀路径。

5.2　零件表面编程步骤及分中对刀操作

5.2.1　零件表面编程步骤

由于零件表面比较简单，编程步骤可参考表 5-2，本节重点介绍零件的分中对刀操作。

表 5-2　零件表面编程步骤

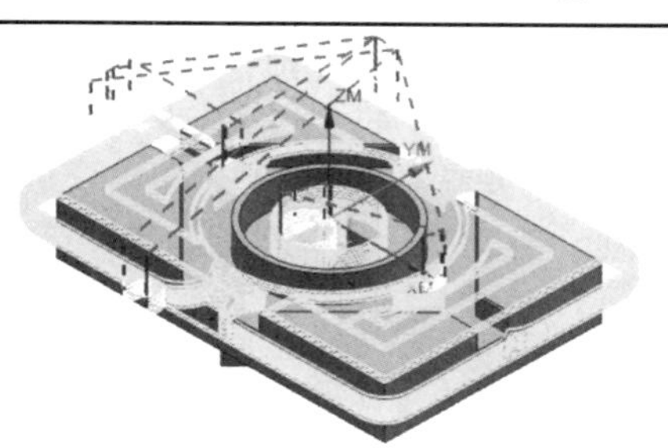 1．表面整体开粗（用 ϕ16mm 平底刀）	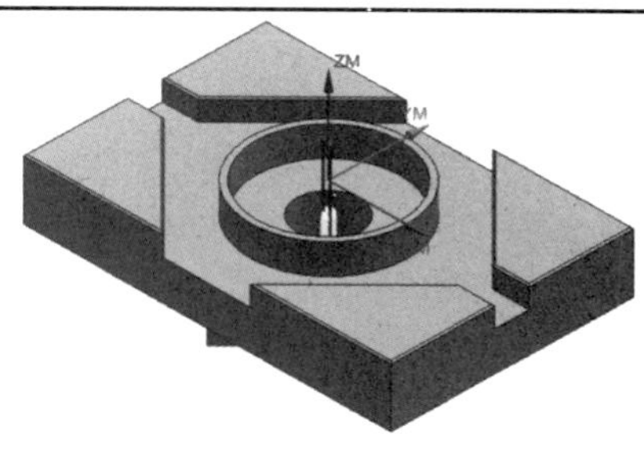 2．ϕ20mm 内孔粗加工（用 ϕ16mm 平底刀）
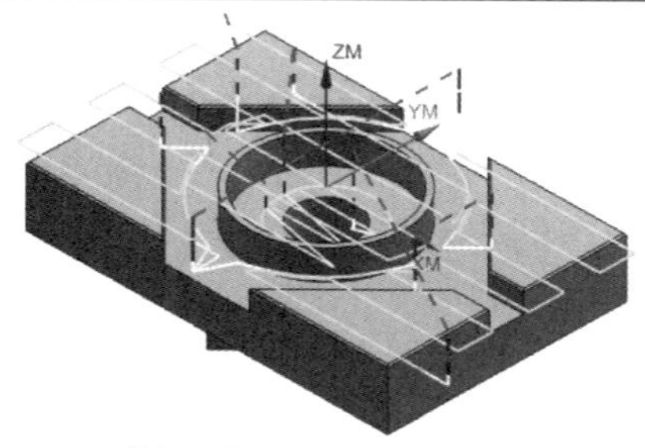 3．精加工表面（用 ϕ16mm 平底刀）	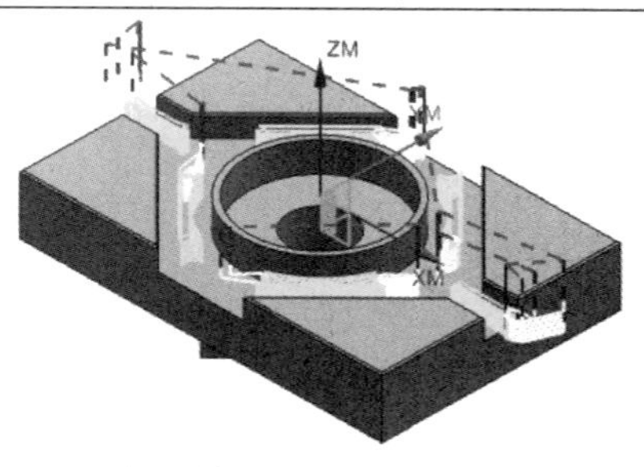 4．二次残料粗加工（用 ϕ10mm 平底刀）
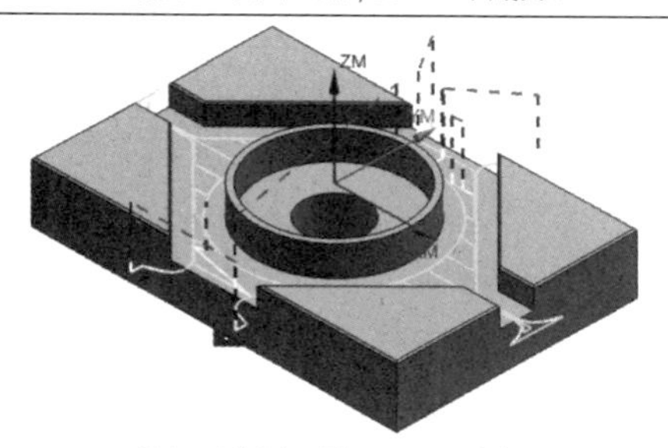 5．精加工底面（用 ϕ10mm 平底刀）	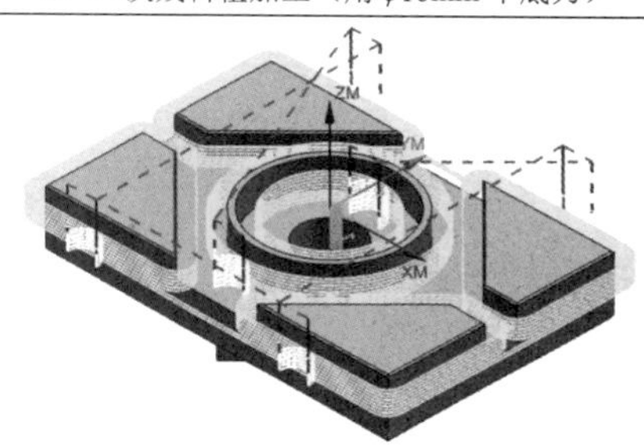 6．侧壁精加工（用 ϕ10mm 平底刀）
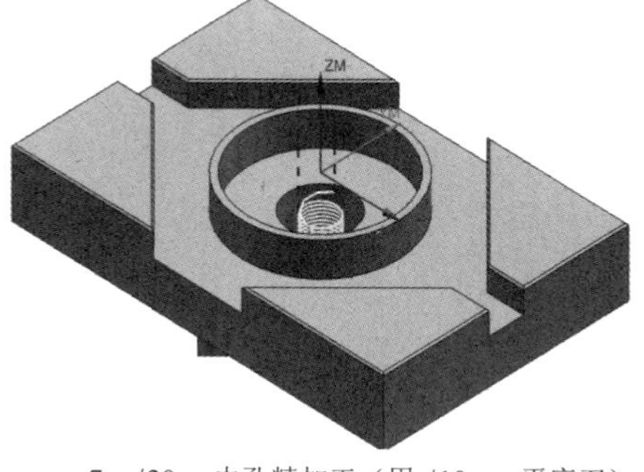 7．ϕ20mm 内孔精加工（用 ϕ10mm 平底刀）	

5.2.2　工件反面装夹与分中对刀

为了保证零件厚度精度及孔的同轴度要求，零件表面的装夹需要通过光电寻边器或杠杆百分表进行分中，工件表面 Z 轴采用试切对刀。

1. 工件的装夹

由于零件一面已完成加工，为了保证工件在装夹时不被夹伤，建议读者在装夹工件时，可利用废纸放在机用虎钳两边的钳口处，然后再将工件放入机用虎钳。

2．分中对刀（使用光电式寻边器）

（1）光电式寻边器分中

将光电式寻边器装入刀柄，刀柄手工装入机床主轴。接着利用手轮移动工件靠近光电式寻边器一侧，然后寻边器的球心慢慢靠近工件，直到光电式寻边器处的灯光点亮。具体的操作流程可参考本书第 3 章，不同处是主轴不能转动。

（2）Z 轴对刀

Z 轴对刀过程可参考 3. 1. 4 或 3. 2. 2 章节，在此不再累述。

3．分中对刀（杠杆式百分表）

（1）杠杆式百分表分中

将杠杆式百分表的磁性表座紧紧吸附在主轴上，利用“手轮模式”移动工件左侧往百分表探针靠近，当工件快接近百分表探针时，用手转动主轴，使百分表沿工件侧面画弧，反复调试，找到百分表的最大读数，如 80，此时可对机床坐标 X 轴进行归零和记住 Z 轴坐标值。

利用手轮将工件避开百分表探针，抬高Z轴，并快速移动工件至右侧。在工件右侧利用“手轮模式”将百分表移动到与刚才左侧同样高度的 Z 轴坐标值处，接着移动工件右侧往百分表探针靠近，当工件快接近百分表探针时，用手转动主轴，使百分表沿工件侧面画弧，反复调试 X 方向，使百分表的最大读数同样为 80，此时记下机床坐标右侧 X 值，如 123.31，则 G54 的坐标值 $X_{G54}=X_{右}/2$，同时完成 Y 轴方向的分中。

（2）Z 轴对刀

Z 轴对刀过程可参考 3. 1. 4 或 3. 2. 2 章节，在此不再累述。

5.3 拓展练习

拓展练习如图 5-46 所示。

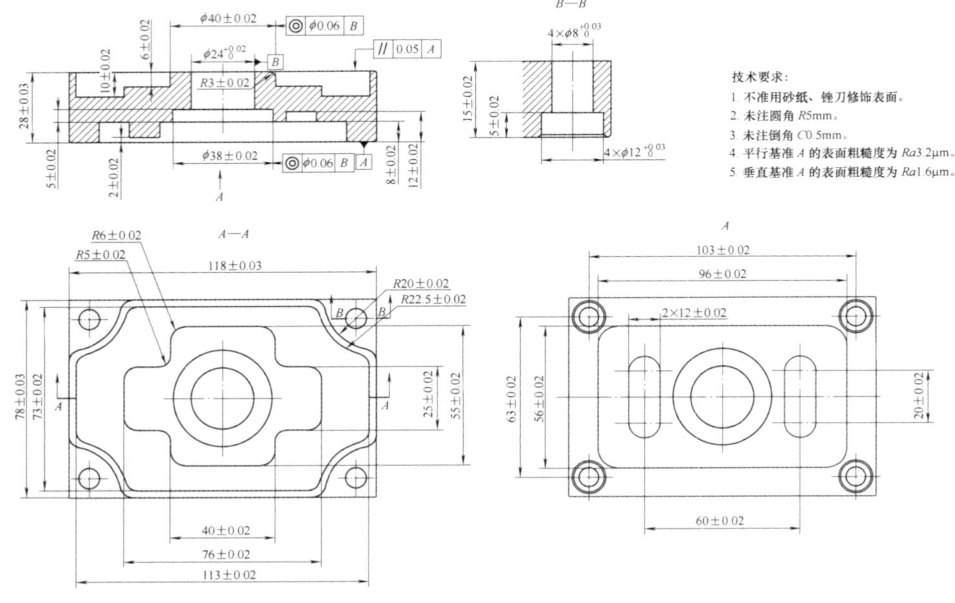

图 5-46　拓展练习图

第 6 章　典型曲面类零件编程

6.1　典型曲面零件编程加工方案

典型曲面零件如图 6-1 所示。由于本书主要介绍 UG NX 软件的编程模块，建模过程就不在此书介绍了。

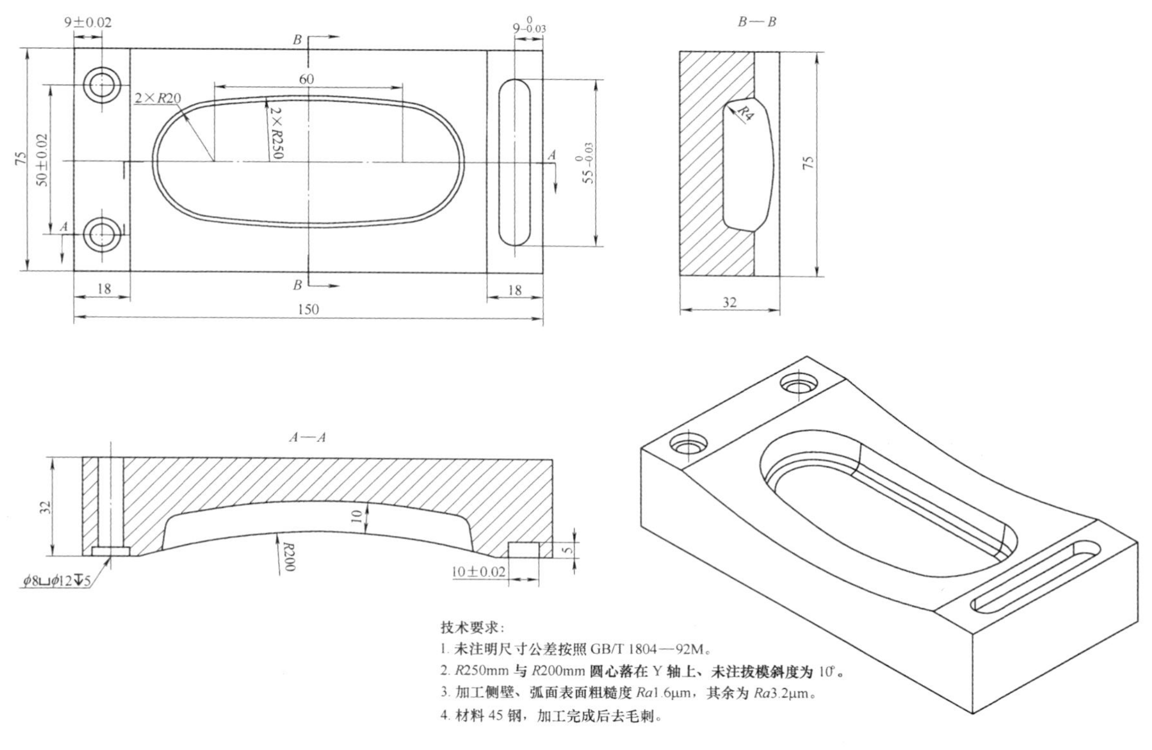

图 6-1　典型曲面零件

6.1.1　工艺分析

1）从图 6-1 所示的图样可以看到，零件由一内凹弧槽、键槽和两个沉头孔组成。零件结构比较简单，内部凹弧槽需要去除材料较多，同时凹弧侧壁有 10° 拔模斜度和底面有 *R*4mm 圆角需要加工到位。

2）加工材料为 45 钢，毛坯尺寸为 150mm×75mm×32mm。由于内部去除材料较多，可选用 $\phi16R0.8$ 飞刀进行，对于长方键槽则可选用 $\phi8$mm 平底立铣刀。

3）对于沉头孔的加工，沉孔 $\phi12$mm 采用 $\phi8$mm 平底立铣刀直接铣出，通孔 $\phi8$mm 则先采用点钻进行定位加工，然后采用 $\phi7.8$mm 钻头钻孔方法完成。

6.1.2 填写 CNC 加工程序单

1）在立铣加工中心上加工，使用机用虎钳装夹。

2）加工坐标原点的设置：采用四面分中，X、Y 轴取在工件的中心；Z 轴取在工件的最高平面上。

3）数控加工工艺及刀具等看加工程序单。

表 6-1 为 CNC 加工程序单。

表 6-1 CNC 加工程序单

零件名称：典型曲面零件　　零件编号：exe6　　操作员：钟平福　　编程员：钟平福

计划时间：1:15		描述：
实际时间：0:59 上机时间：		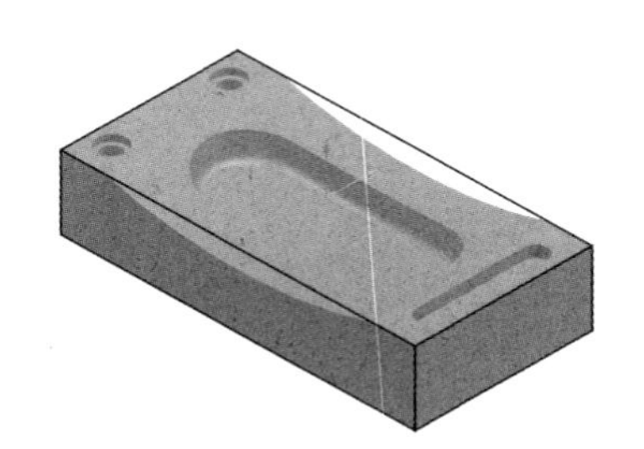
下机时间：		
工作尺寸		
XC/mm	150	
YC/mm	75	
ZC/mm	32	四面分中
工件数量：1 件		

程序名称	加工类型	刀具直径 /mm	加工深度 /mm	加工余量 /mm	主轴转速 /（r/min）	切削速度 /（mm/min）	备注
型腔铣	开粗	D16R0.8	−20	0.3	1500	1200	
型腔铣	开粗	D8	−20	0.3	2500	800	
等高	精修	D8	−5	0	4500	800	
等高	半精	D8R1	−20	0.1	3500	1000	
等高	精修	D8R1	−20	0	4500	8000	
固定	半精	D8R1	−20	0.1	3500	1000	
固定	精修	D8R1	−20	0	4500	800	
点孔	中心孔	D12	−8	0	1000	250	
啄钻	精	D7.8	−32	0	1200	250	

6.2 数控编程操作步骤

6.2.1 父节点创建

步骤 1： 运行 UG NX 8.5。

步骤 2： 选择主菜单的【文件】|【打开】命令，或在【标准】工具条单击打开图标按钮，弹出【打开部件文件】对话框，在此找到放置练习文件夹 ch6 并选择 exe1.prt 文件，单击 OK 按钮进入加工界面，如图 6-2 所示。

部件　毛坯

图 6-2 部件和毛坯模型

步骤 3： 创建程序组。

在【刀片】工具栏中单击图标按钮，系统弹出【创建程序】对话框。

- 在【类型】下拉列表中选择【mill_contour】选项。
- 在【程序】下拉列表中选择【NC_PROGRAM】。
- 在【名称】处按系统内定的名称【CA】，单击两次确定按钮完成程序组操作，如图 6-3 所示。

图 6-3 【创建程序】对话框

步骤 4：创建刀具组。

在【刀片】工具栏中单击图标按钮，系统弹出【创建刀具】对话框。

- 在【类型】下拉列表中选择【mill_contour】选项。
- 在【刀具子类型】选项组中单击图标按钮。
- 在【刀具】下拉列表中选择【GENERIC_MACHINE】选项。
- 在【名称】处输入D16R0.8，单击应用按钮进入【刀具参数】设置对话框，如图6-4所示。
- 在【直径】文本框中输入 16、【下半径】文本框中输入 0.8，【刀具号】文本框中输入 1、【补偿寄存器】文本框中输入 1、【刀具补偿寄存器】文本框中输入 1，其余参数按系统默认，单击确定按钮完成第 1 把刀具创建操作，如图 6-5 所示。

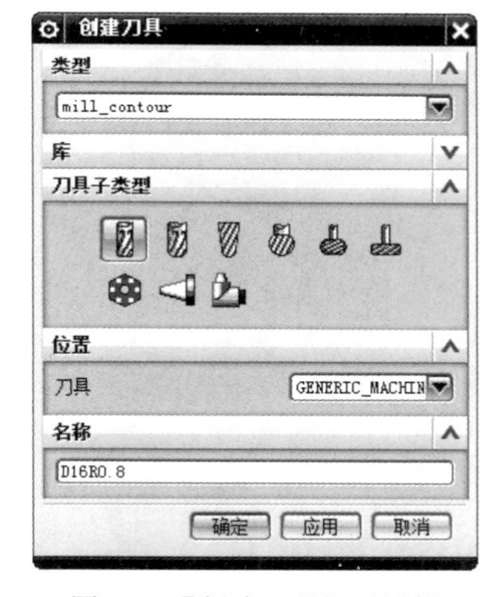

图 6-4 【创建刀具】对话框

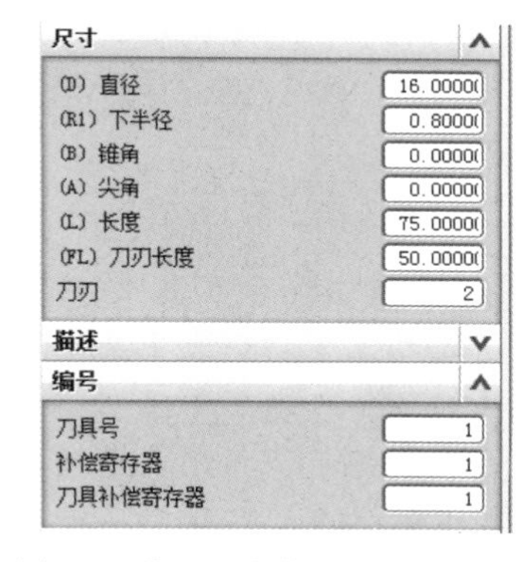

图 6-5 【刀具参数】设置对话框

- 按照上面步骤的操作，完成 D8、R3（球刀）、D7.8（钻头）等刀具的创建。

技巧提示：在创建刀具时，如果第一次创建的刀具号为 1，则第二次创建的刀具号就要为 2，依此类推；如果机床不带刀库，则可以不设置刀具号。

步骤 5：创建几何体组。

在【刀片】工具栏中单击创建几何体图标按钮，系统弹出【创建几何体】对话框。

（1）创建机床坐标系

- 在【类型】下拉列表中选择【mill_contour】选项。
- 在【几何体子类型】选项组中单击图标按钮。
- 在【几何体】下拉列表中选择【GEOMETRY】。
- 【名称】处的几何节点按系统内定的名称【MCS_MILL】，如图 6-6 所示。
- 单击应用按钮进入【MCS 铣削】对话框，如图 6-7 所示。

图 6-6 【创建几何体】对话框

图 6-7 【MCS 铣削】对话框

➘ 在【指定 MCS】处单击（自动判断），在作图区选择毛坯顶面为 MCS 放置面，如图 6-8a 所示，然后单击 确定 按钮，完成加工坐标系的创建，结果如图 6-8b 所示。

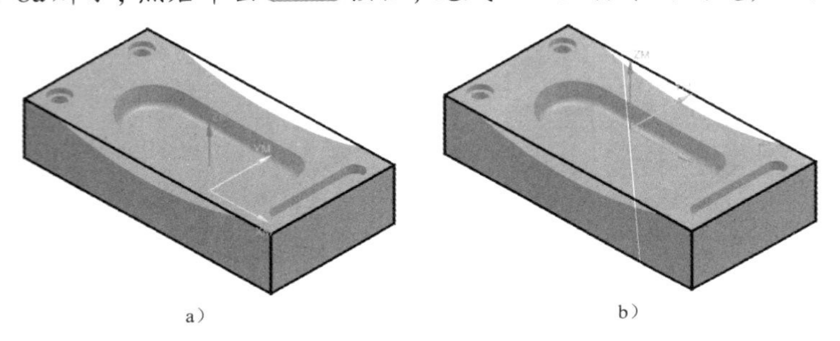

a）　b）

图 6-8 MCS 放置面

（2）创建部件与毛坯

➘ 在【类型】下拉列表中选择【mill_contour】选项。
➘ 在【几何体子类型】选项组中单击图标按钮。
➘ 在【几何体】下拉列表中选择【MCS_MILL】。
➘ 【名称】处的几何节点按系统内定的名称【WORKPIECE】，如图 6-9 所示。
➘ 单击 应用 按钮进入【工件】对话框，如图 6-10 所示。

图 6-9 【创建几何体】对话框

图 6-10 【工件】对话框

- 在【指定部件】处单击图标按钮，系统弹出【部件几何体】对话框，然后在作图区选择部件作为指定的部件，单击确定按钮完成部件几何体创建，并返回【工件】对话框。
- 在【指定毛坯】处单击图标按钮，系统弹出【毛坯几何体】对话框，然后在作图区选择工件作为毛坯几何体，单击确定按钮完成毛坯几何体操作，并返回【工件】对话框。在【工件】对话框中单击确定按钮完成工件创建。

（3）创建方法

在【刀片】工具栏中单击图标按钮，系统弹出【创建方法】对话框。

- 在【类型】下拉列表中选择【mill_contour】选项。
- 在【方法】下拉列表中选择【METHOD】选项。
- 【名称】一栏处输入 MILL_R，如图 6-11 所示。单击应用按钮，进入【铣削方法】对话框，如图 6-12 所示。在【部件余量】处输入 0.3，其余参数按系统默认，单击确定按钮完成切削方法操作。
- 利用同样的方法创建 MILL_M（中加工）、MILL_F（精加工），其中中加工的部件余量为 0.1mm，精加工部件余量为 0。

图 6-11 【创建方法】对话框

图 6-12 【铣削方法】对话框

6.2.2 创建刀轨路径

1. 创建粗加工刀轨路径

步骤 1：在【刀片】工具栏中单击图标按钮，系统弹出【创建工序】对话框，如图 6-13 所示。

- 在【类型】下拉列表中选择【mill_contour】选项。
- 在【工序子类型】选项中单击图标按钮。
- 在【程序】下拉列表中选择【CA】选项为程序名。
- 在【刀具】下拉列表中选择【D16R0.8（铣刀-）】。
- 在【几何体】下拉列表中选择【WORKPIECE】选项。
- 在【方法】下拉列表中选择【MILL_R】选项。
- 【名称】一栏为默认的【CAVITY_MILL】名称，单击应用按钮，进入【型腔铣】对话框，如图 6-14 所示。

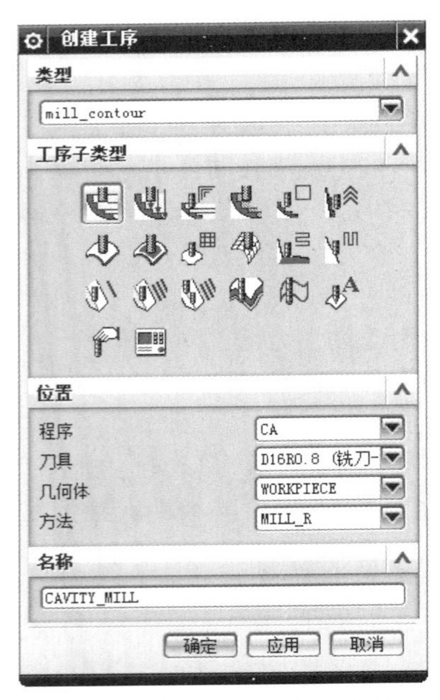

图 6-13 【创建工序】对话框

图 6-14 【型腔铣】对话框

步骤 2： 型腔铣切削参数的设置。

在【刀轨设置】对话框中设置如下参数：

图 6-15 刀轨设置

- 在【切削模式】下拉菜单中选择【跟随周边】。
- 在【步距】下拉菜单中选择【刀具平直百分比】，在【平面直径百分比】中输入 65。
- 在【公共每刀切削深度】下拉菜单中选择【恒定】，在【最大距离】文本框中输入 0.5，如图 6-15 所示。
- 单击【切削参数】图标按钮，系统弹出【切削参数】对话框，在【策略】选项卡中设置图 6-16 所示的参数；在【余量】选项卡中设置图 6-17 所示的参数，其余参数按系统默认，单击确定按钮完成切削参数设置。

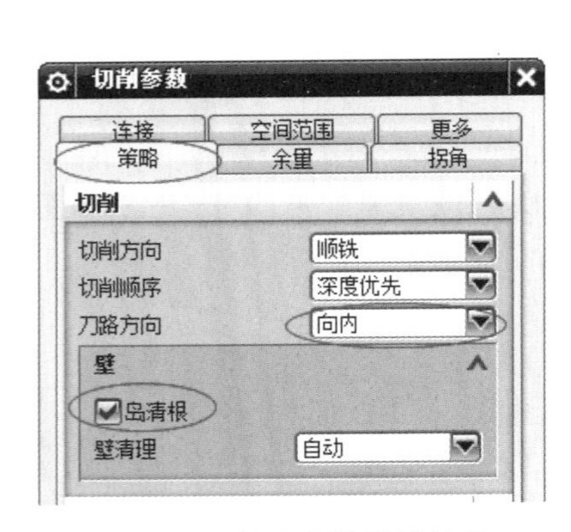

图 6-16 策略参数设置结果

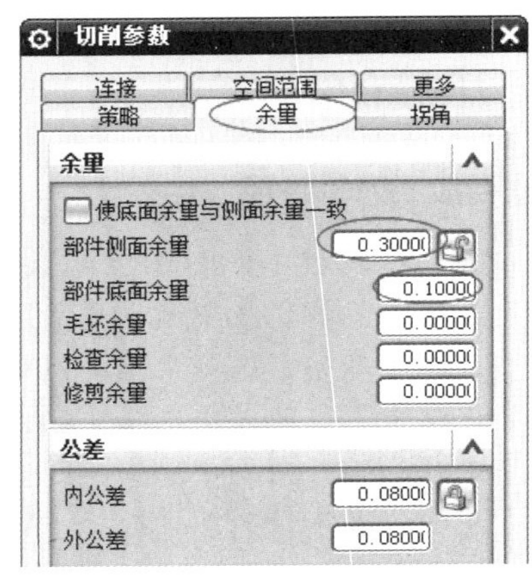

图 6-17 余量参数设置结果

- 单击【非切削移动】图标按钮，系统弹出【非切削移动】对话框，在【进刀】选项卡中设置图 6-18 所示的参数；在【转移 / 快速】选项卡中设置图 6-19 所示的参数，其余参数按系统默认，单击 确定 按钮完成非切削移动参数设置。

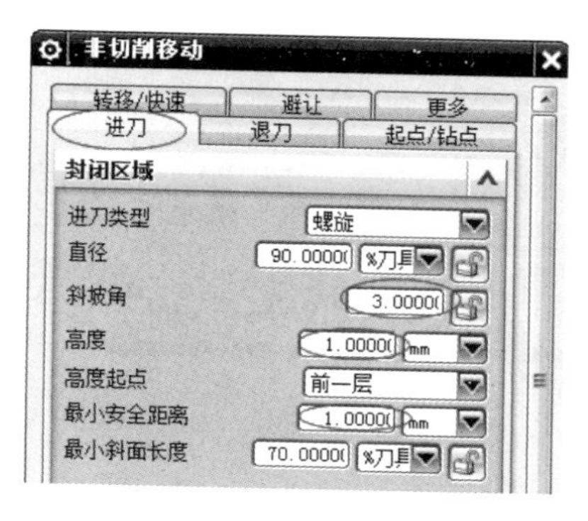

图 6-18　进刀参数设置结果

图 6-19　转移 / 快速参数设置结果

➘ 单击【进给率和速度】图标按钮，系统弹出【进给率和速度】对话框，接着按图 6-20 所示的参数设置主轴速度和进给率，单击 确定 按钮完成进给率和主轴速度的设置。

步骤 3：粗加工刀具路径生成。

➘ 在【型腔铣】对话框中单击生成图标按钮，系统计算刀具路径，计算完成后，单击 确定 按钮完成粗加工刀具路径操作，结果如图 6-21 所示。

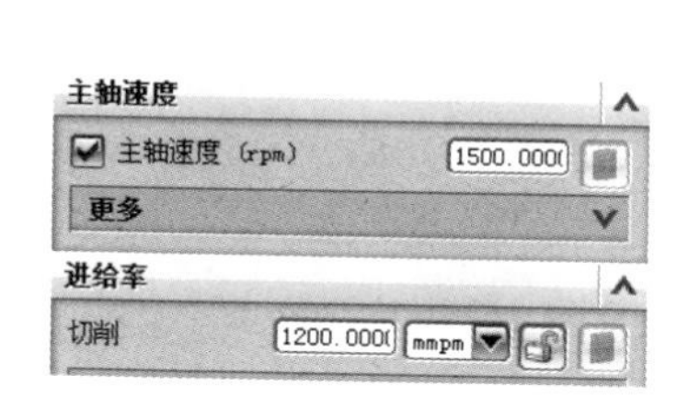

图 6-20　进给率和主轴速度参数设置结果

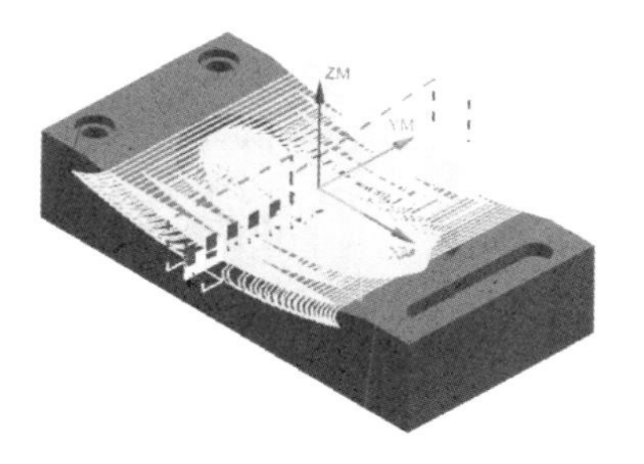

图 6-21　粗加工刀具路径

2. 二次开粗之残料加工

步骤 1：复制型腔铣粗加工刀轨。

➘ 在显示资源条中单击工序导航器图标按钮，系统弹出工序导航器对话框，接着在工序导航器工具条中单击图标按钮，此时工序导航器对话框会显示为加工方法视图。

➘ 单击 MILL_R 前面的 +，读者会看到名为 CAVITY_MILL 的刀具路径，将鼠标移至 CAVITY_MILL 刀具路径中，右击，系统弹出快捷方式，接着单击【复制】，然后将鼠标移至 CAVITY_MILL 中，右击，系统弹出快捷方式。

➘ 单击【粘贴】，此时可以看到一个过时的刀具路径名 CAVITY_MILL_COPY，将鼠标移至 CAVITY_MILL_COPY 中，右击系统弹出快捷方式，然后将 CAVITY_MILL_COPY 重命名为 CAVITY_MILL_1。双击 CAVITY_MILL_1 刀具路径或右击，在快捷方式中单击【编辑】，系统弹出【型腔铣】对话框，接着按图 6-22 所示设置参数。

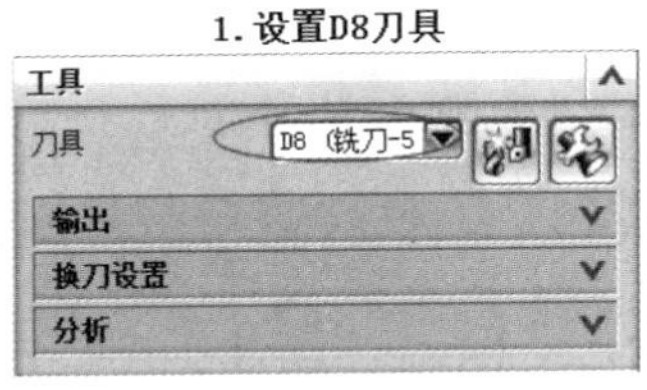

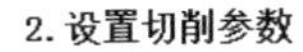

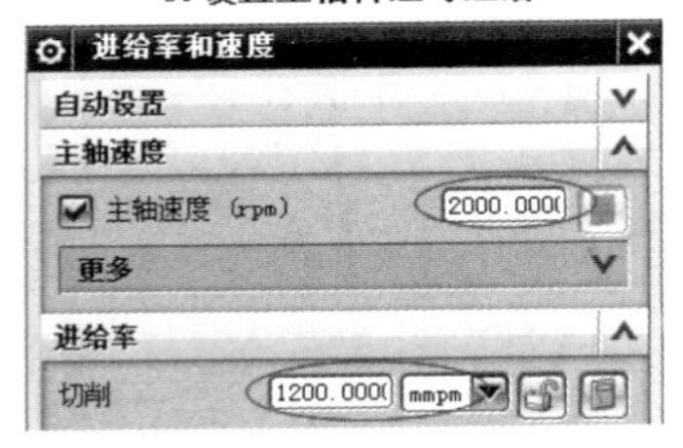

图 6-22　残料加工参数设置

技巧提示： 参考刀具是 UG NX 2.0 的新增功能，主要用于二次开粗。也就是说，当第一把刀加工完一个区域后，如果还有小区域的余量较多时，则要二次开粗，那么此时就要利用参考刀具功能。

步骤 2： 二次开粗残料加工刀具路径生成。

- 在【型腔铣】对话框中单击生成图标按钮，系统计算刀具路径，计算完成后，单击确定按钮完成中加工刀具路径操作，结果如图 6-23 所示。

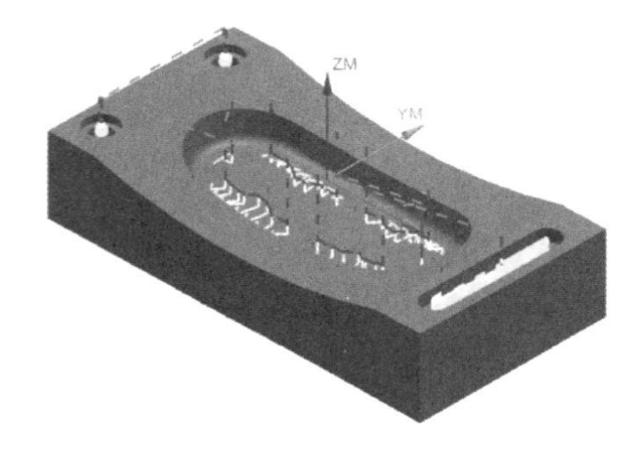

图 6-23　二次开粗刀具路径

3. 内弧槽侧壁半精加工

步骤 1： 在【刀片】工具栏中单击图标按钮，系统弹出【创建工序】对话框，如图 6-24 所示。

- 在【类型】下拉列表中选择【mill_contour】选项。
- 在【工序子类型】选项中单击图标按钮。
- 在【程序】下拉列表中选择【CA】选项为程序名。
- 在【刀具】下拉列表中选择【D8（铣刀—5 参数）】。
- 在【几何体】下拉列表中选择【WORKPIECE】选项。
- 在【方法】下拉列表中选择【MILL_M】选项。
- 【名称】一栏为默认的【ZLEVEL_PROFILE】名称，单击应用按钮，进入【深度加工轮廓】对话框，如图 6-25 所示。

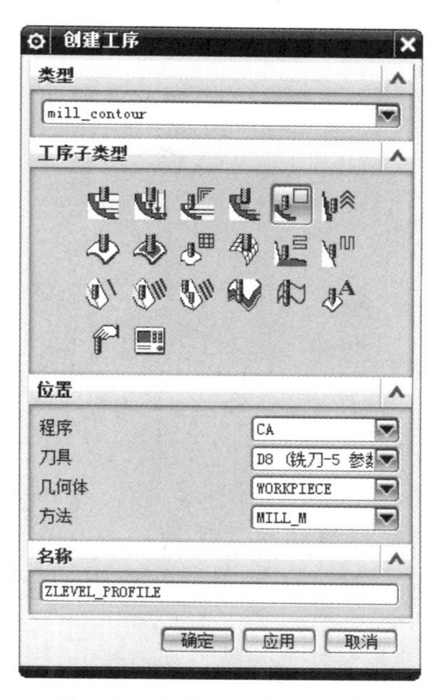

图 6-24　【创建工序】对话框

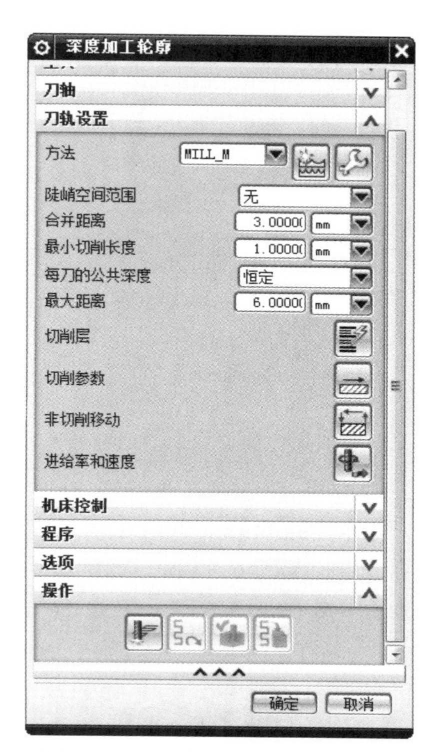

图 6-25　【深度加工轮廓】对话框

步骤 2：设置切削范围。

➘　在【深度加工轮廓】对话框中单击指定切削区域图标按钮，系统弹出【切削区域】对话框，如图 6-26 所示。接着在作图区选取图 6-27 所示的面为切削区域，单击确定按钮完成切削区域选取，并返回【深度加工轮廓】对话框。

图 6-26　【切削区域】对话框

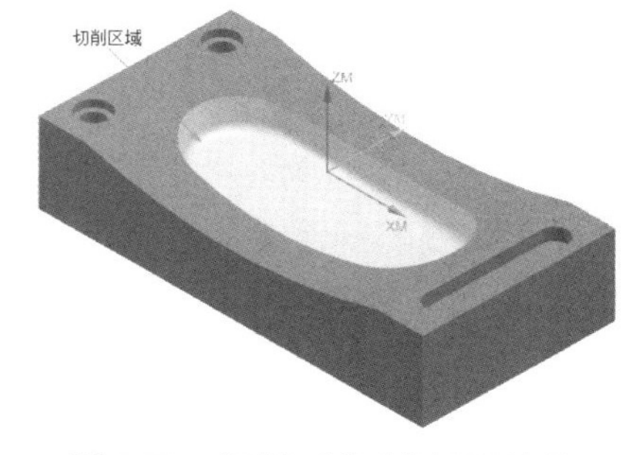

图 6-27　切削区域对象选取结果

步骤 3：刀轨切削参数的设置。

在【刀轨设置】选项中设置如下参数：

➘　在【陡峭空间范围】下拉菜单中选择【仅陡峭的】。

➘　在【角度】文本框中输入 50，在【最大距离】文本框中输入 0.3，其余参数按系统默认，结果如图 6-28 所示。

陡峭空间范围	仅陡峭的	
角度	50.0000	
合并距离	3.0000	mm
最小切削长度	1.0000	mm
每刀的公共深度	恒定	
最大距离	0.3000	mm

图 6-28　刀轨设置

➘　单击【切削参数】图标按钮，系统弹出【切削参数】对话框，在【策略】选项卡中设置图 6-29 所示的参数，在【余量】选项卡中设置图 6-30 所示的参数，其余参数按系统默认，单击确定按钮完成切削参数设置。

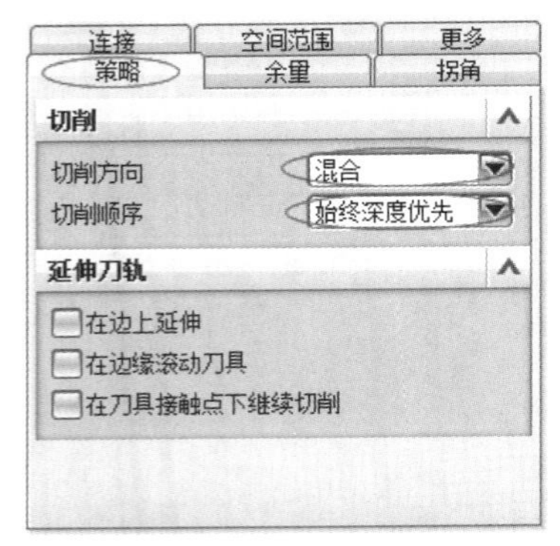

图 6-29 策略参数设置结果

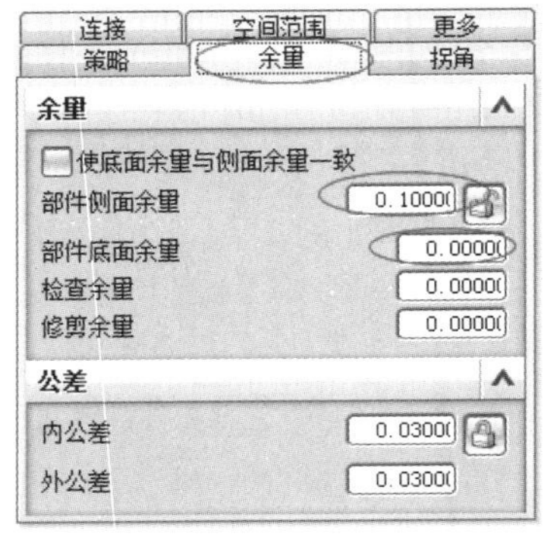

图 6-30 余量参数设置结果

单击【非切削移动】图标按钮，系统弹出【非切削移动】对话框，在【进刀】选项卡中设置图 6-31 所示的参数，在【转移/快速】选项卡中设置图 6-32 所示的参数，其余参数按系统默认，单击确定按钮完成非切削移动参数设置。

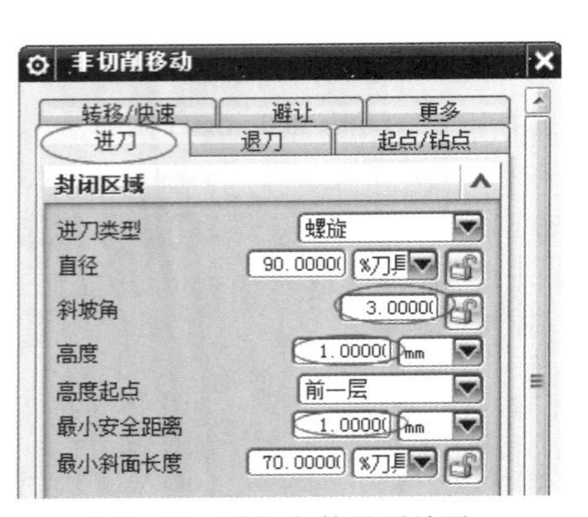

图 6-31 进刀参数设置结果

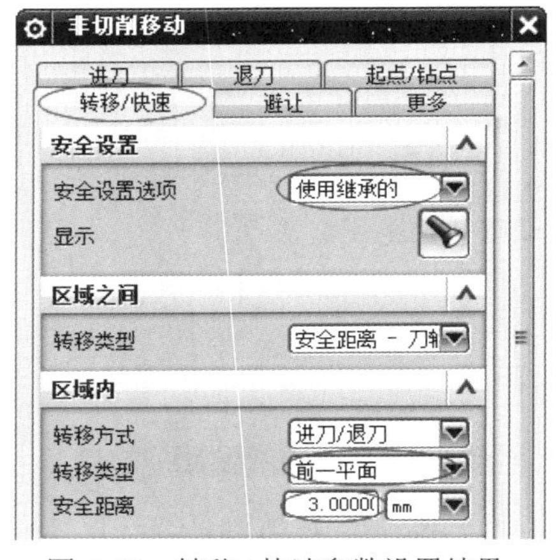

图 6-32 转移/快速参数设置结果

单击【进给率和速度】图标按钮，系统弹出【进给率和速度】对话框，接着按图 6-33 所示的参数设置主轴速度和进给率，单击确定按钮完成进给率和主轴速度的设置。

图 6-33 进给率和主轴速度参数设置结果

步骤 4：内弧槽侧壁半精加工刀具路径生成。

在【深度加工轮廓】对话框中单击生成图标按钮，系统计算刀具路径，计算完成后，单击确定按钮完成半精加工刀具路径操作，结果如图 6-34 所示。

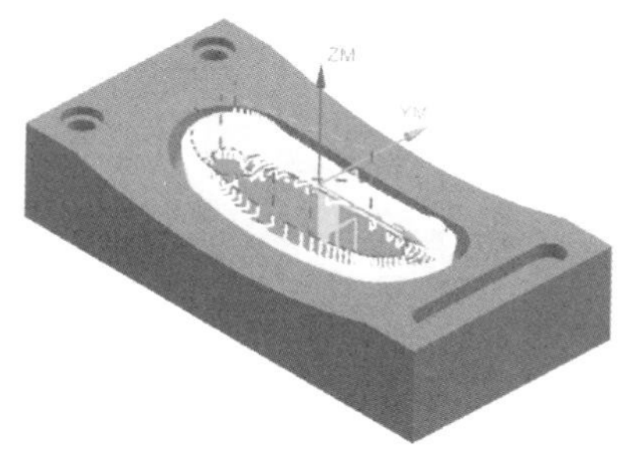

图 6-34　内弧槽侧壁半精加工刀具路径

4. 长方槽及沉孔精加工

步骤 1：复制内弧槽加工刀轨。

- 在显示资源条中单击工序导航器图标按钮，系统弹出工序导航器对话框，接着在工序导航器工具条中单击图标按钮，此时工序导航器对话框显示为加工方法视图。
- 单击 MILL_M 前面的 +，读者看到名为 ZLEVEL_PROFILE 的刀具路径，将鼠标移至 ZLEVEL_PROFILE 刀具路径中，右击，系统弹出快捷方式，接着单击【复制】，然后将鼠标移至 MILL_F 中，右击，系统弹出快捷方式。
- 单击【内部粘贴】，此时读者可以看到一个过时的刀具路径名 ZLEVEL_PROFILE_COPY，然后将鼠标移至 ZLEVEL_PROFILE_COPY 中，右击，系统弹出快捷方式，然后将 ZLEVEL_PROFILE_COPY 重命名为 ZLEVEL_PROFILE_1。双击 ZLEVEL_PROFILE_1 刀具路径或右击，在快捷方式中单击【编辑】，系统弹出【深度加工轮廓】对话框。

步骤 2：设置切削范围。

- 在【深度加工轮廓】对话框中单击指定切削区域图标按钮，系统弹出【切削区域】对话框，如图 6-26 所示。接着在作图区选取图 6-35 所示的面为切削区域，单击确定按钮完成切削区域选取，并返回【深度加工轮廓】对话框。

步骤 3：设置切削参数。

- 由于精加工刀轨是由半精加工中复制而来，很多切削参数可以按系统默认，只需设置余量、主轴转速及进给率。这里将切削参数中的【余量】设置为 0，将【主轴速度】设置为 3000r/min，【进给率】设置为 1000mm/min。在【深度加工轮廓】对话框中单击生成按钮，系统计算刀具路径，计算完成后，单击确定按钮完成精加工刀具路径操作，结果如图 6-36 所示。

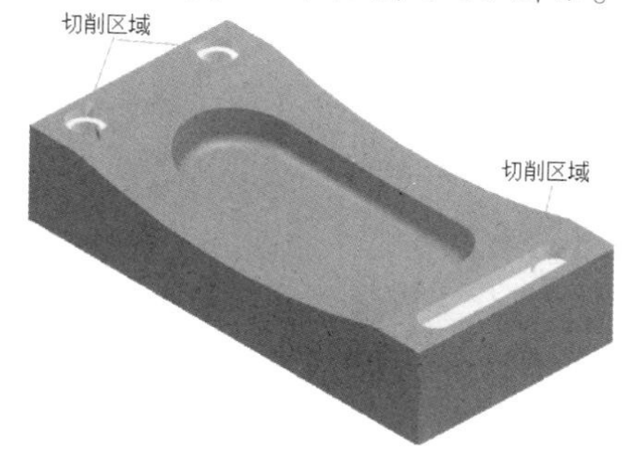

图 6-35　切削区域选取结果

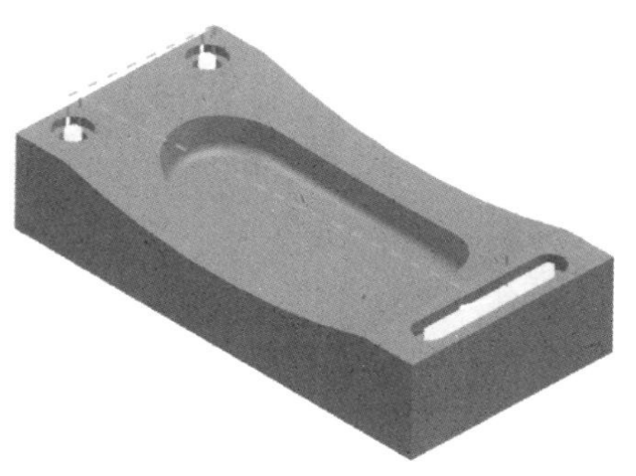

图 6-36　精加工刀轨结果

5. 内弧槽侧壁精加工

步骤 1：复制内弧槽加工刀轨。

- 在显示资源条中单击工序导航器图标按钮，系统弹出工序导航器对话框，接着在工序导航器工具条中单击图标按钮，此时工序导航器对话框显示为加工方法视图。
- 单击 MILL_M 前面的 +，读者会看到名为 ZLEVEL_PROFILE 的刀具路径，将鼠标移至 ZLEVEL_PROFILE 刀具路径中，右击，系统弹出快捷方式，接着单击【复制】，然后将鼠标移至 MILL_F 中，右击，系统弹出快捷方式。
- 单击【内部粘贴】，此时读者可以看到一个过时的刀具路径名 ZLEVEL_PROFILE_COPY，然后将鼠标移至 ZLEVEL_PROFILE_COPY 中，右击，系统弹出快捷方式，然后将 ZLEVEL_PROFILE_COPY 重命名为 ZLEVEL_PROFILE_2。双击 ZLEVEL_PROFILE_2 刀具路径或右击，在快捷方式中单击【编辑】，系统弹出【深度加工轮廓】对话框。

步骤 2：设置切削参数。

由于精加工刀轨是由半精加工中复制而来，很多切削参数可以按系统默认，只需将 D8 的平刀换成 R3 的球头刀，同时设置切削量、余量、主轴速度及进给率。

- 在【深度加工轮廓】对话框单击【工具】选项，在【刀具】下拉选项中选择【D6R3】选项。接着在【最大距离】文本框中输入 0. 15，【余量】设置为 0，将【主轴速度】设置为 3000r/min，【进给率】设置为 1000mm/min。在【深度加工轮廓】对话框单击生成按钮，系统计算刀具路径，计算完成后，单击【确定】按钮，完成精加工刀具路径操作，结果如图 6-37 所示。

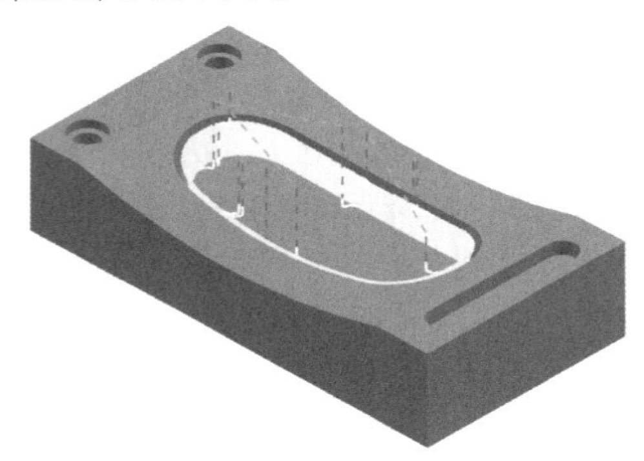

图 6-37　内弧槽侧壁精加工刀具路径

6. 弧形表面与底面半精加工

步骤 1：在【刀片】工具栏中单击图标按钮，系统弹出【创建工序】对话框，如图 6-38 所示。

- 在【类型】下拉列表中选择【mill_contour】选项。
- 在【工序子类型】选项中单击固定轮廓铣图标按钮。
- 在【程序】下拉列表中选择【CA】选项为程序名。
- 在【刀具】下拉列表中选择【D6R3（铣刀—5 参数）】。
- 在【几何体】下拉列表中选择【WORKPIECE】选项。
- 在【方法】下拉列表中选择【MILL_M】选项。
- 【名称】一栏为默认的【FIXED_CONTOUR】名称，单击【应用】按钮，进入【固定轮廓铣】对话框，如图 6-39 所示。

图 6-38 【创建工序】对话框

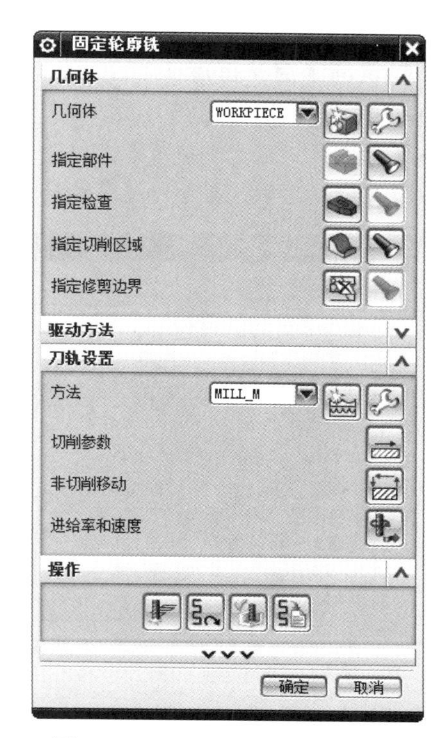

图 6-39 【固定轮廓铣】对话框

步骤 2：设置切削范围。

➘ 在【固定轮廓铣】对话框中单击指定切削区域图标按钮，系统弹出【切削区域】对话框，如图 6-26 所示。接着在作图区选取图 6-40 所示的面为切削区域，单击确定按钮完成切削区域选取，并返回【固定轮廓铣】对话框。

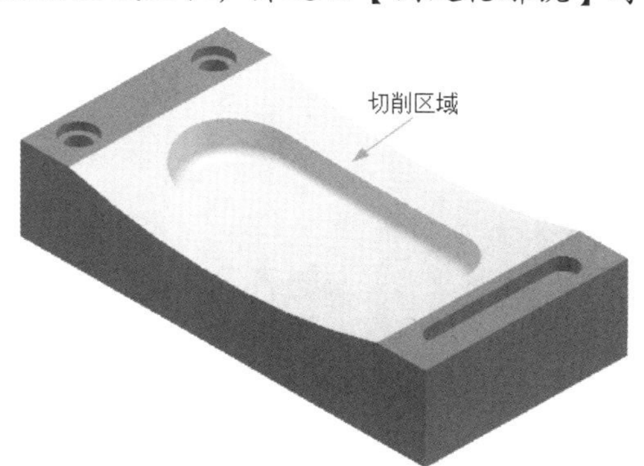

图 6-40　切削区域对象选取结果

步骤 3：驱动方法参数设置。

在【方法】下拉菜单中选择【区域铣削】，系统弹出【区域铣削驱动方法】对话框。

➘ 在【方法】下拉菜单中选择【非陡峭】，在【陡角】文本框中输入 55。

➘ 在【切削模式】下拉菜单中选择【往复】，在【步距】下拉菜单中选择【恒定】，在【最大距离】文本框中输入 0.3。

➘ 在【切削角】下拉菜单中选择【指定】，在【与 XC 的夹角】文本框中输入 45，其余参数按系统默认，单击确定按钮完成区域铣削驱动方法参数设置（图 6-41），并返回【固定轮廓铣】对话框。

步骤 4：设置主轴速度与进给率。

➘ 单击【进给率和速度】图标按钮，系统弹出【进给率和速度】对话框，接着按图 6-42 所示的参数设置主轴速度和进给率，单击确定按钮，完成进给率和主轴速度的设置。

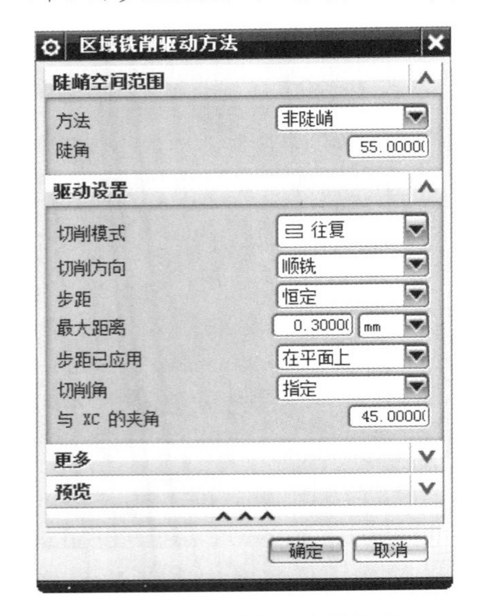

图 6-41 区域铣削参数设置

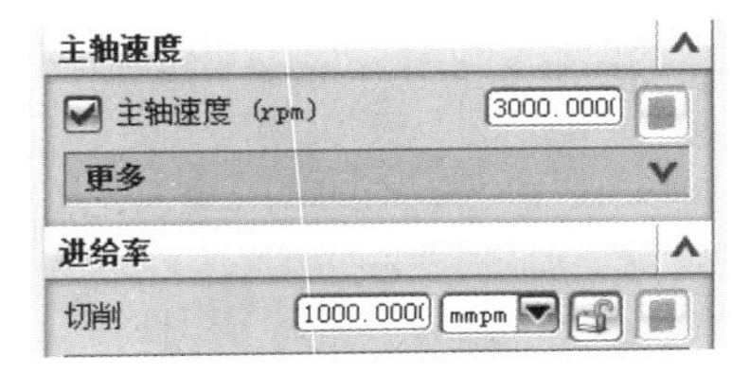

图 6-42 进给率和主轴速度参数设置

步骤 5：圆弧表面与底面半精刀具路径生成。

➘ 在【固定轮廓铣】对话框中单击生成图标按钮，系统计算刀具路径，计算完成后，单击确定按钮完成半精加工刀具路径操作，结果如图 6-43 所示。

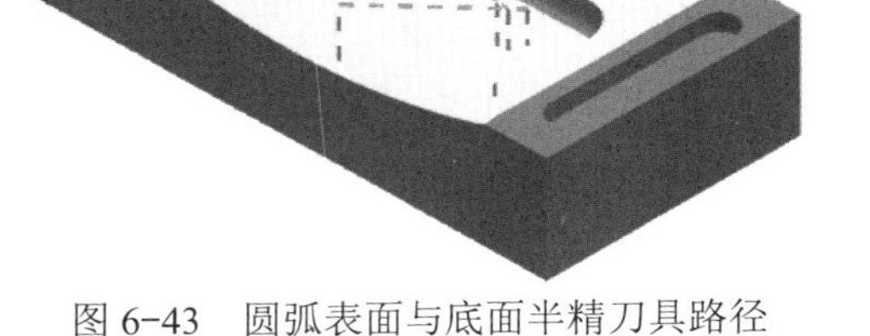

图 6-43 圆弧表面与底面半精刀具路径

7. 弧形表面与底面精加工

步骤 1：复制弧形表面与底面半精加工刀轨。

➘ 在显示资源条中单击工序导航器图标按钮，系统弹出工序导航器对话框，接着在工序导航器工具条中单击图标按钮，此时工序导航器对话框显示为加工方法视图。

➘ 单击 MILL_M 前面的 +，读者看到名为 FIXED_CONTOUR 的刀具路径，将鼠标移至 FIXED_CONTOUR 刀具路径中，右击，系统弹出快捷方式，接着单击【复制】，然后将鼠标移至 MILL_F 中，右击，系统弹出快捷方式。

➘ 单击【内部粘贴】，此时读者看到一个过时的刀具路径名 FIXED_CONTOUR_COPY，将鼠标移至 FIXED_CONTOUR_COPY 中，右击，系统弹出快捷方式，然后将 FIXED_CONTOUR_COPY 重命名为 FIXED_CONTOUR_1。双击 FIXED_CONTOUR_1 刀具路径或右击，在快捷方式中单击【编辑】，系统弹出【固定轮廓铣】对话框。

步骤 2：驱动方法参数设置。

在【方法】下拉菜单中选择【区域铣削】，系统弹出【区域铣削驱动方法】对话框。

- 在【方法】下拉菜单中选择【非陡峭】，在【陡角】文本框中输入 55。
- 在【切削模式】下拉菜单中选择【往复】，在【步距】下拉菜单中选择【恒定】，在【最大距离】文本框中输入 0.15。
- 在【切削角】下拉菜单中选择【指定】，在【与 XC 的夹角】文本框中输入 -45，其余参数按系统默认，单击 确定 按钮完成区域铣削驱动方法参数设置（图 6-44），并返回【固定轮廓铣】对话框。

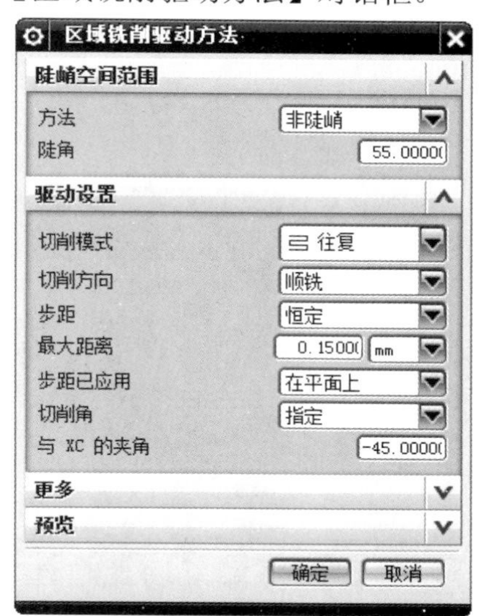

图 6-44　区域铣削参数设置

步骤 3：设置主轴速度与进给率。

- 单击【进给率和速度】图标按钮，系统弹出【进给率和速度】对话框，接着按图 6-45 所示的参数设置主轴速度和进给率，单击 确定 按钮完成进给率和主轴速度的设置。

步骤 4：圆弧表面与底面精刀具路径生成。

- 在【固定轮廓铣】对话框中单击生成图标按钮，系统计算刀具路径，计算完成后，单击 确定 按钮完成精加工刀具路径操作，结果如图 6-46 所示。

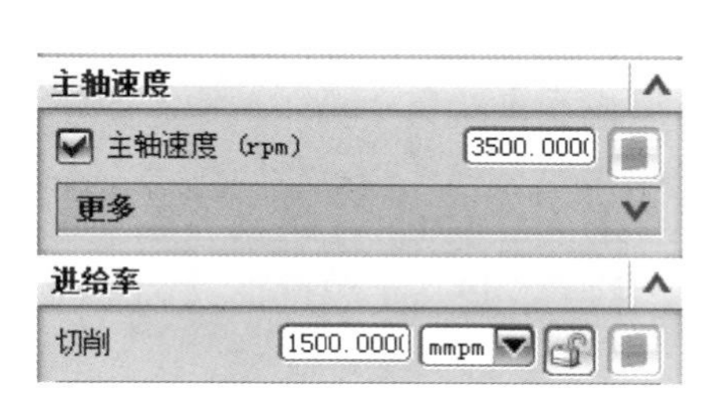

图 6-45　进给率和主轴速度参数设置

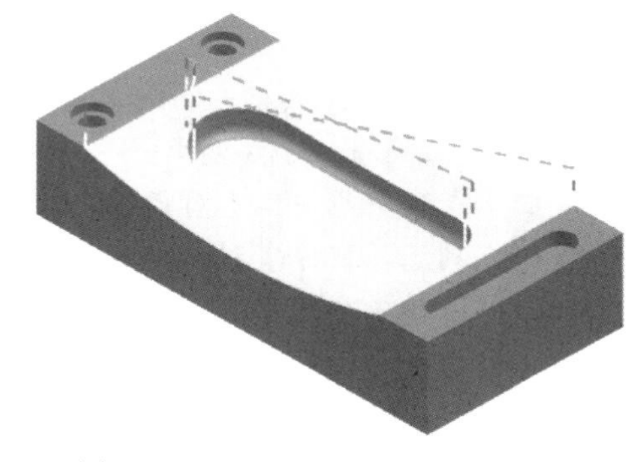

图 6-46　圆弧表面与底面精刀具路径

至此已完成典型曲面的整体形状加工，目前还有 ϕ8mm 的孔未加工。ϕ8mm 的孔可以采用钻与铰的方式来完成。

8．孔加工

步骤 1：在【刀片】工具栏中单击图标按钮，系统弹出【创建工序】对话框，如图 6-47 所示。

- 在【类型】下拉列表中选择【drill】选项，在【工序子类型】选项中单击图标按钮。
- 在【程序】下拉列表中选择【CA】选项为程序名，在【刀具】下拉列表中选择【DI7.8（钻刀）】，在【几何体】下拉列表中选择【WORKPIECE】选项，在【方法】下拉列表中选择【DRILL_METHOD】选项。
- 【名称】一栏为默认的【PECK_DRILLING】名称，单击 应用 按钮，进入【啄钻】

对话框，如图 6-48 所示。

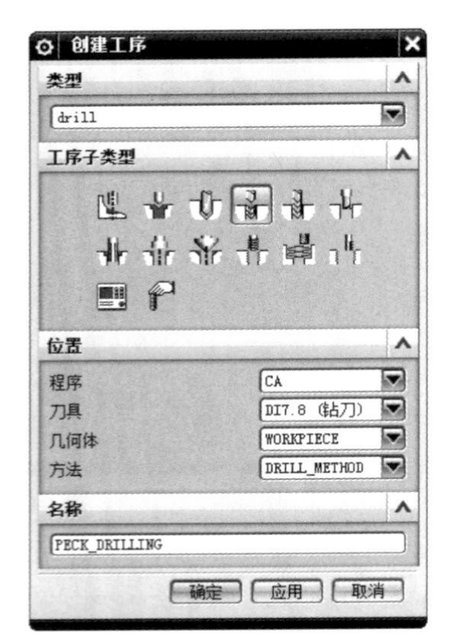

图 6-47 【创建工序】对话框

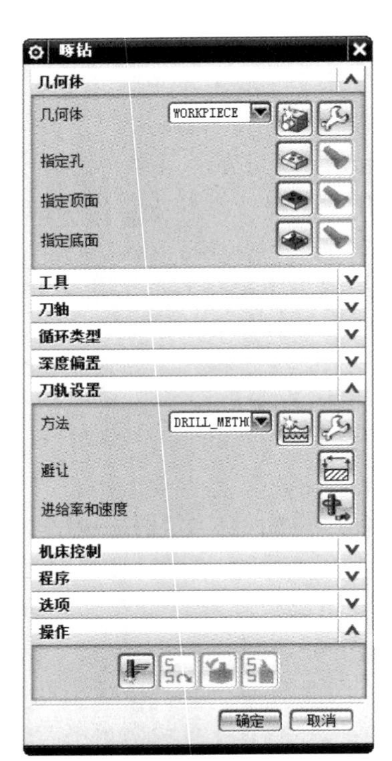

图 6-48 【啄钻】对话框

步骤 2：钻孔几何体设置。

- 在【指定孔】处单击图标按钮，系统弹出【点到点几何体】对话框，如图 6-49 所示。单击【选择】选项，系统弹出一对话框，然后在作图区选择两小孔，单击确定按钮，返回【点到点几何体】对话框，此时作图界面显示出数字号码，如图 6-50 所示。
- 在【点到点几何体】对话框中单击【避让】选项，系统提示“选择起点”，接着在作图区选择 1 为起点、2 为终点；然后在选项中单击【距离】选项，在【距离】文本框中输入 10，单击两次确定按钮返回【点到点几何体】对话框。

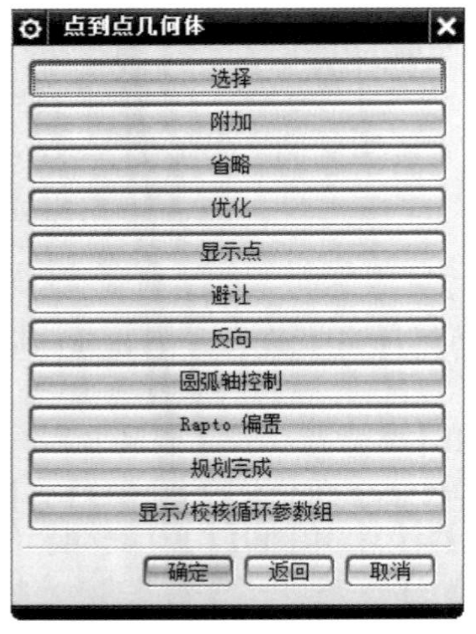

图 6-49 【点到点几何体】对话框

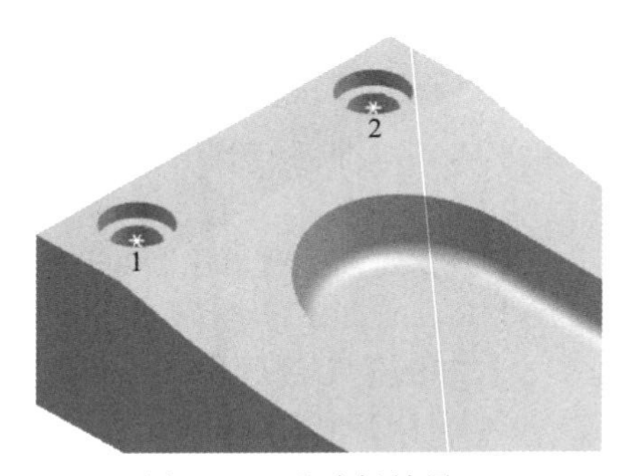

图 6-50 孔选择结果

步骤 3：设置钻孔参数。

➘ 在【循环】下拉选项中选择【啄钻】选项，系统弹出一对话框，接着在【距离】文本框中输入 3，单击 确定 按钮，系统弹出【指定参数组】对话框，如图 6-51 所示。在此不做更改，单击 确定 按钮系统弹出【Cycle 参数】对话框，在【Cycle 参数】对话框中设置参数，如图 6-52 所示（其余参数按系统默认）。

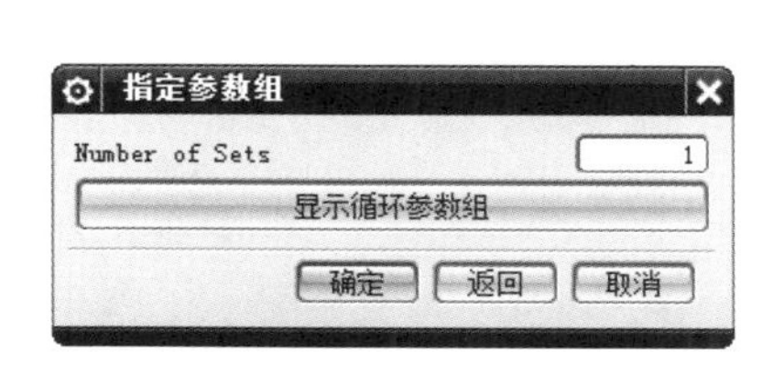

图 6-51 【指定参数组】对话框

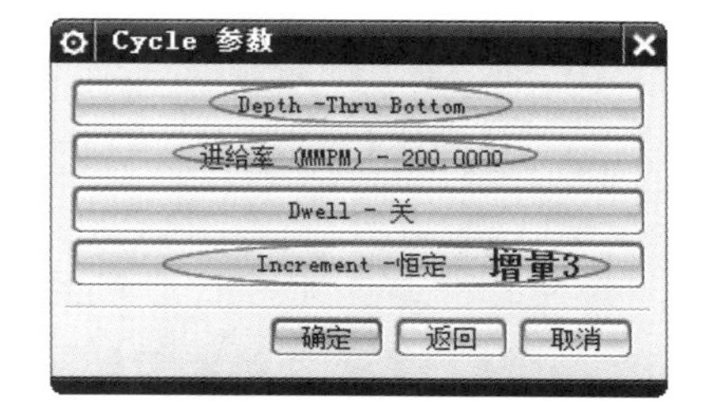

图 6-52　Cycle 参数设置结果

步骤 4：设置主轴速度与进给率。

➘ 单击【进给率和速度】图标按钮，系统弹出【进给率和速度】对话框，接着按图 6-53 所示的参数设置主轴速度和进给率，单击 确定 按钮完成进给率和主轴速度的设置。

步骤 5：啄钻刀具路径生成。

在【啄钻】对话框中单击生成图标按钮，系统计算刀具路径，计算完成后，单击 确定 按钮完成精加工刀具路径操作，结果如图 6-54 所示。

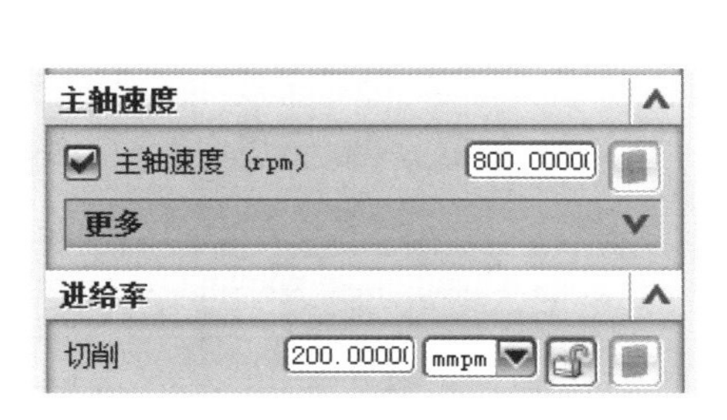

图 6-53　进给率和主轴速度参数设置

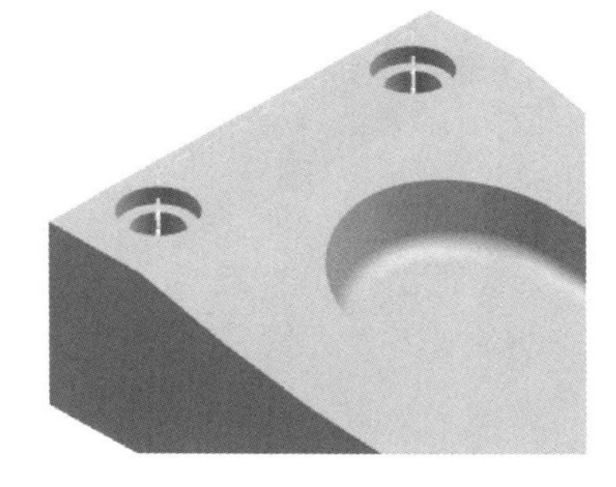

图 6-54　啄钻刀轨结果

技巧提示：一般在点位啄孔前是需要进行定位点加工，本例是省略了点钻加工。

步骤 6：在【刀片】工具栏中单击图标按钮，系统弹出【创建工序】对话框，如图 6-55 所示。

➘ 在【类型】下拉列表中选择【drill】选项，在【工序子类型】选项中单击图标按钮。

➘ 在【程序】下拉列表中选择【CA】选项为程序名，在【刀具】下拉列表中选择【REAMER8（铰刀）】，在【几何体】下拉列表中选择【WORKPIECE】选项，在【方法】下拉列表中选择【DRILL_METHOD】选项。

➘【名称】一栏为默认的【REAMING】名称，单击 应用 按钮，进入【铰】对话框，如图 6-56 所示。

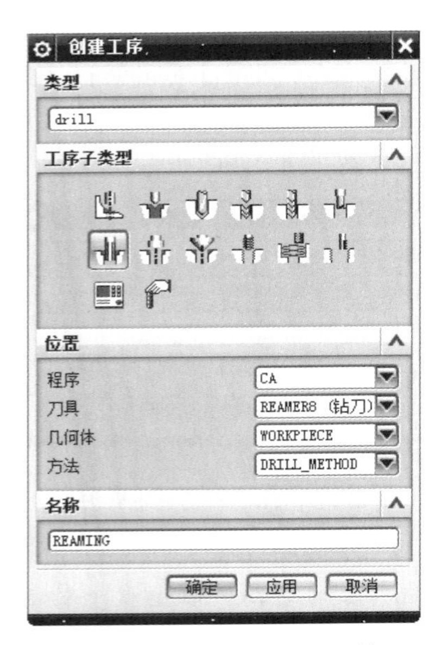

图 6-55 【创建工序】对话框

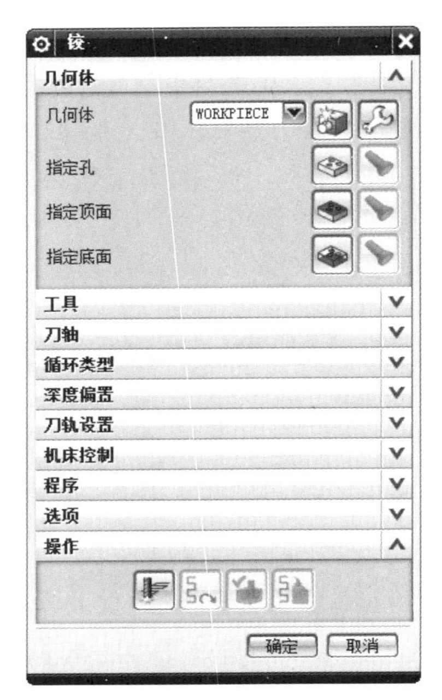

图 6-56 【铰】对话框

步骤 7：铰孔几何体设置。

铰孔几何体的创建方法与啄钻的几何方法设置一样，在此不再累述。

步骤 8：设置钻孔参数。

➘ 在【循环】下拉选项右侧单击编辑图标按钮，系统弹出【指定参数组】对话框，如图 6-57 所示。在此不做更改，单击确定按钮，系统弹出【Cycle 参数】对话框，在【Cycle 参数】对话框中设置参数，如图 6-58 所示（其余参数按系统默认）。

图 6-57 【指定参数组】对话框

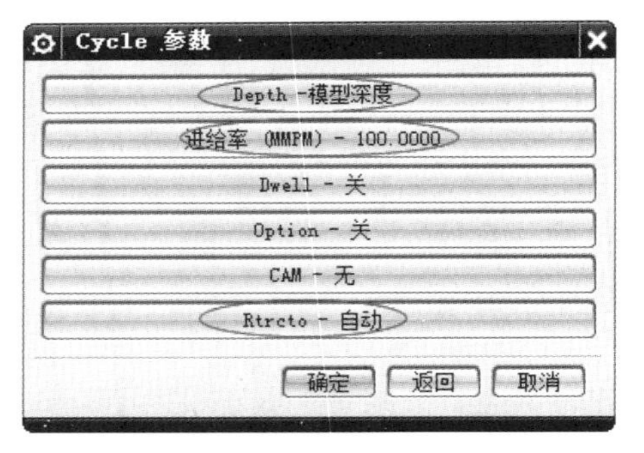

图 6-58 Cycle 参数设置结果

步骤 9：设置主轴速度与进给率。

➘ 单击【进给率和速度】图标按钮，系统弹出【进给率和速度】对话框，接着按图 6-59 所示的参数设置主轴速度和进给率，单击确定按钮，完成进给率和主轴速度的设置。

步骤 10：啄钻刀具路径生成。

➘ 在【啄钻】对话框中单击生成图标按钮，系统计算刀具路径，计算完成后单击确定按钮，完成精加工刀具路径操作，结果如图 6-60 所示。

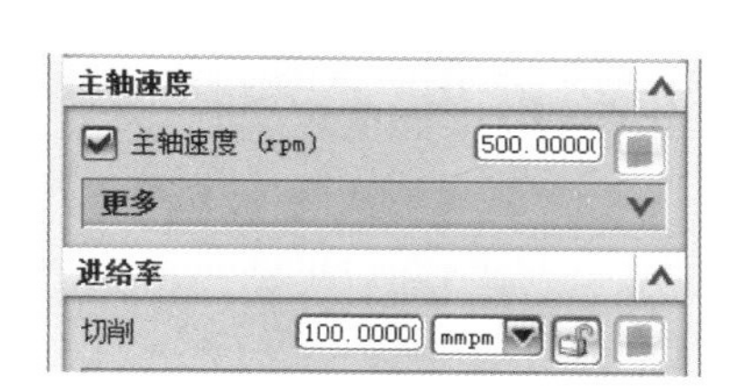

图 6-59　进给率和主轴速度参数设置

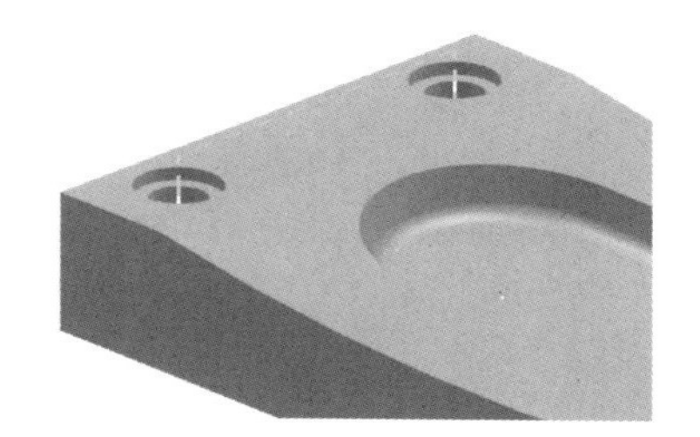

图 6-60　铰孔刀轨结果

6.2.3　刀具路径的仿真验证

在显示资源条中单击【工序导航器】图标按钮，系统会弹出工序导航器对话框，在工序导航器工具条中单击图标按钮，此时工序导航器对话框显示为几何视图。单击【MCS_MILL】，此时加工操作工具条激活，在操作工具条中单击图标按钮，系统弹出【刀轨可视化】对话框。在【刀轨可视化】对话框中单击 2D 动态 按钮，然后单击播放图标按钮，系统在作图区出现仿真操作，最终效果如图 6-61 所示。

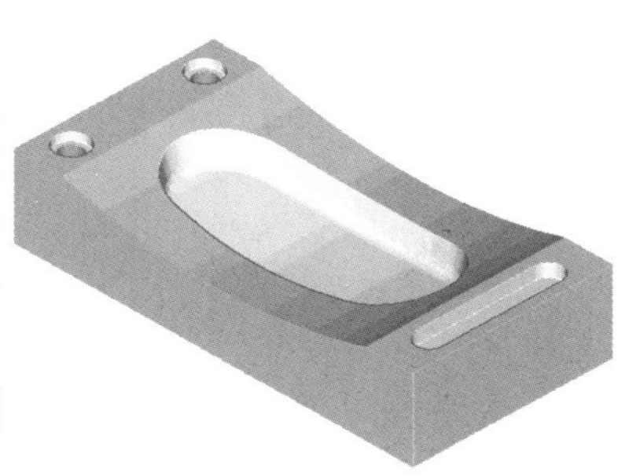

图 6-61　刀具路径的仿真验证

6.3　拓展练习

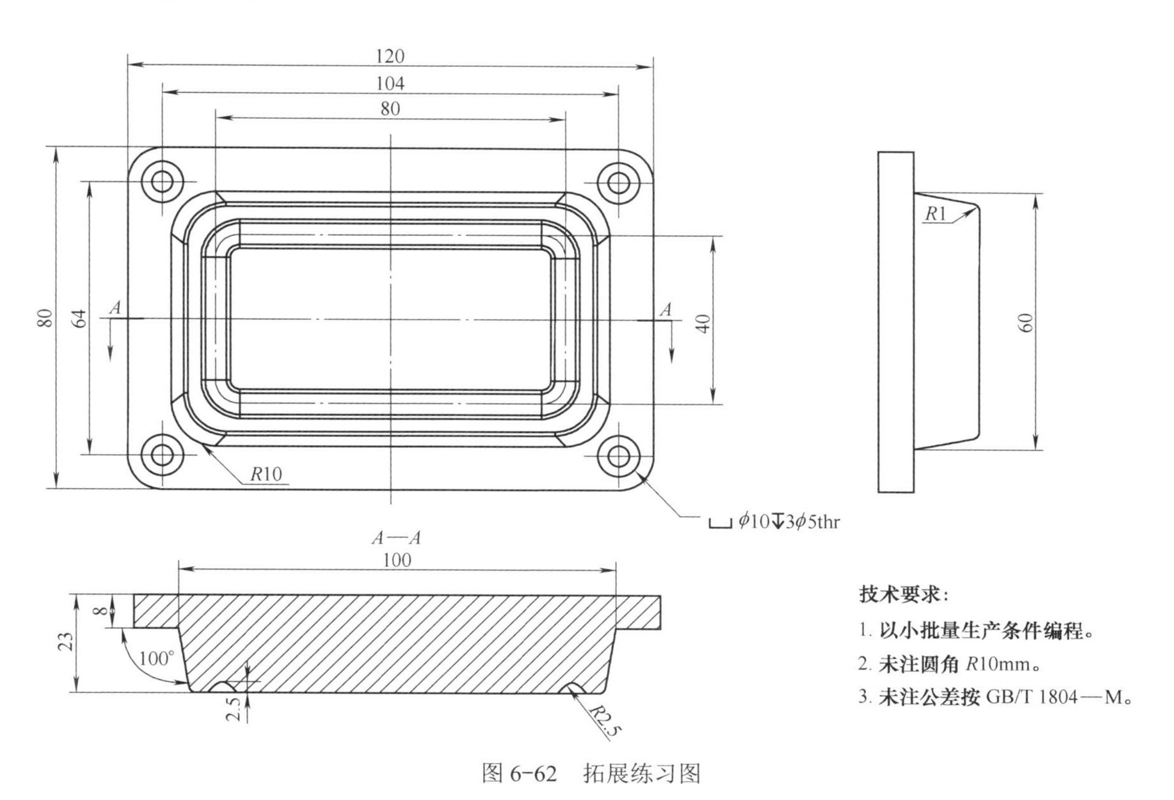

图 6-62　拓展练习图

第 7 章　典型多轴零件编程

7.1　典型多轴零件编程加工方案

典型多轴零件如图 7-1 所示，建模过程略。材料为铝，备料尺寸为 120mm×80mm×30mm。

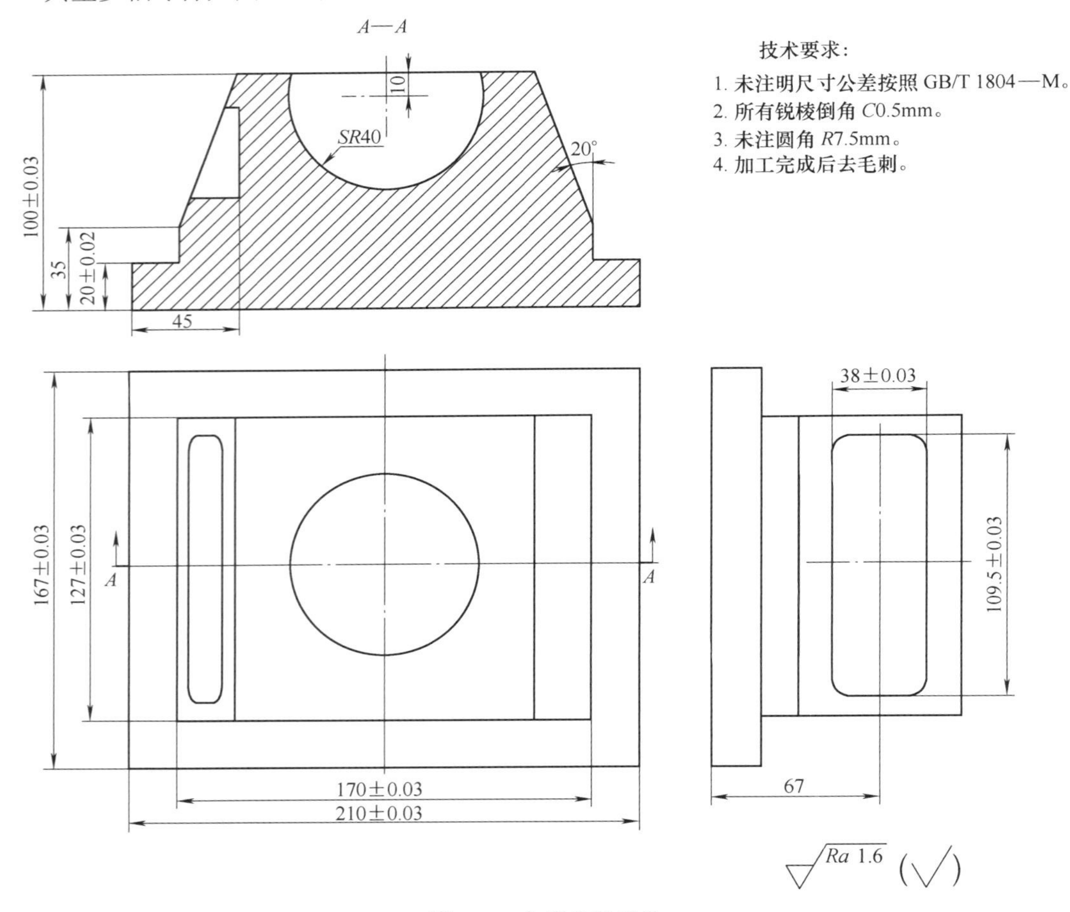

图 7-1　典型多轴零件

7.1.1　工艺分析

1）从图 7-1 所示可知此零件的球体及侧凹槽利用 3 轴加工中心无法完成，可以用 5 轴加工中心完成。球体可采用 5 轴联动，键槽及斜平面可采用 5 轴的定轴加工以保证表面质量。

2）由于工件尺寸为立方体，需要去除材料较多，选择刀具时可遵循大刀开粗、大刀精修方式，因此在开粗和精修时可选用 ϕ20mm 立铣刀。由于侧凹槽的半径为 *R*7.5mm，采用 ϕ20mm 立铣刀开粗后四个角落留的残料较多，因此可选用 ϕ12mm 的立铣刀进行二次开粗和精加工。由于球体加工区域较大，可在 ϕ20mm 立铣刀开粗完成后选用 *R*6mm 球头铣刀进行半精和精加工。

3）由于工件不大，可采用机用虎钳进行装夹，底面用等高垫铁垫平，同时可选用立式加工中心进行加工。采用四面分中，X、Y 轴取在工件的中心，Z 轴取在工件的最高顶平面。

7.1.2　填写 CNC 加工程序单

CNC 加工程序单见表 7-1。

表 7-1　CNC 加工程序单

零件名称：多轴典型件　　编程员：钟平福　　操作员：钟平福

计划时间：3:30		描述：
实际时间：3:45 上机时间：		
下机时间：		
工作尺寸		
XC/mm	210	
YC/mm	167	
ZC/mm	100	
工件数量：1 件		四面分中

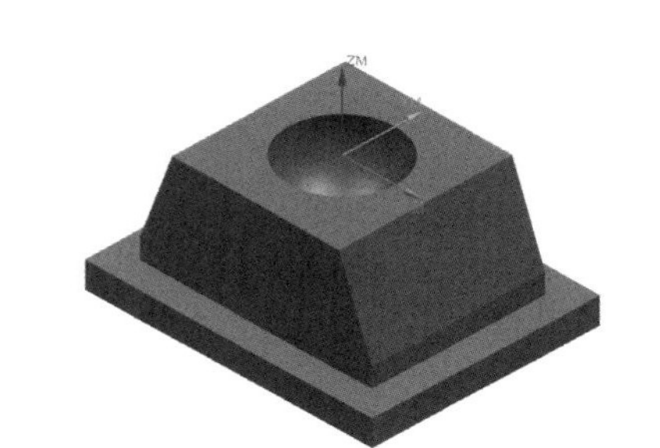

程序名称	加工类型	刀具直径 /mm	加工深度 /mm	加工余量 /mm	主轴转速 /（r/min）	进给速度 /（mm/min）	备　注
型腔铣	开粗	D20	−80	0.3	1600	1800	
型腔铣	开粗	D20	−80	0.3	1600	1800	
面铣	精修	D20	−80	0	3000	2000	
面铣	精修	D20	0	0	3000	2000	精斜面
面铣	精修	D20	−25	0	3000	2000	精侧槽
面铣	精修	D20	0	0	3000	2000	精侧面
面铣	精修	D20	0	0	3000	2000	精侧面
面铣	精修	D20	0	0	3000	2000	精斜面
型腔铣	开粗	D12	−25	0.3	2200	1000	
等高轮廓	精修	D12	−25	0	3500	2000	
可变轮廓铣	半精修	R6	−50	0.1	3500	1800	
可变轮廓铣	精修	R6	−50	0	4500	1800	

7.2　数控编程操作步骤

7.2.1　父节点创建

步骤 1： 运行 UG NX 8.5。

步骤 2： 选择主菜单的【文件】|【打开】命令，或在【标准】工具条单击打开图标按钮，弹出【打开部件文件】对话框，在此找到放置练习文件夹 ch4 并选择 exe1.prt 文件，单

击[OK]按钮进入加工界面，如图 7-2 所示。

步骤 3：创建程序组。

在【刀片】工具栏中单击图标按钮，系统弹出【创建程序】对话框。

- 在【类型】下拉列表中选择【mill_contour】选项。
- 在【程序】下拉列表中选择【NC_PROGRAM】。
- 在【名称】处按系统内定的名称【DZ】，单击两次[确定]按钮，完成程序组操作，如图 7-3 所示。

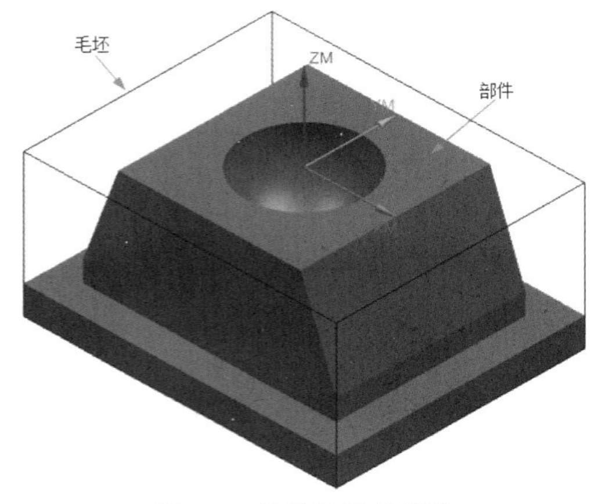

图 7-2 部件和毛坯模型

图 7-3 【创建程序】对话框

步骤 4：创建刀具组。

在【刀片】工具栏中单击图标按钮，系统弹出【创建刀具】对话框。

- 在【类型】下拉列表中选择【mill_contour】选项。
- 在【刀具子类型】选项组中单击图标按钮。
- 在【刀具】下拉列表中选择【GENERIC_MACHINE】选项。
- 在【名称】处输入 D16，单击[应用]按钮，进入【刀具参数】对话框，如图 7-4 所示。
- 在【直径】文本框中输入 16、【刀具号】文本框中输入 1、【补偿寄存器】文本框中输入 1、【刀具补偿寄存器】文本框中输入 1，其余参数按系统默认，单击[确定]按钮，完成第 1 把刀具创建操作，如图 7-5 所示。

图 7-4 【创建刀具】对话框

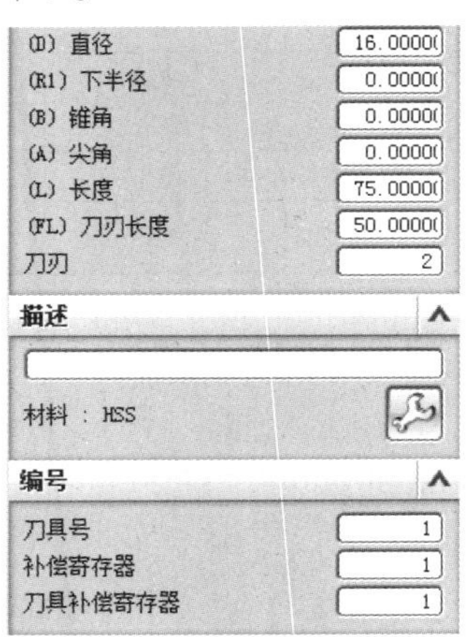

图 7-5 刀具参数设置对话框

➘ 按照上面步骤的操作，在名称处输入 D12、R6 完成第 2、3 把刀具的创建。

技巧提示：在创建刀具时，如果第一次创建的刀具号为 1，则第二次创建的刀具号就要为 2，依此类推；如果机床不带刀库，则可以不设置刀具号。

步骤 5： 创建几何体组。

在【刀片】工具栏中单击创建几何体图标按钮，系统弹出【创建几何体】对话框。

（1）创建机床坐标系

➘ 在【类型】下拉列表中选择【mill_contour】选项。

➘ 在【几何体子类型】选项组中单击图标按钮。

➘ 在【几何体】下拉列表中选择【GEOMETRY】。

➘ 【名称】处的几何节点按系统内定的名称【MCS_MILL】，如图 7-6 所示。

➘ 单击应用按钮进入【MCS】对话框，如图 7-7 所示。

图 7-6 【创建几何体】对话框

图 7-7 【MCS】对话框

➘ 在【指定 MCS】处单击（自动判断），接着在作图区选择毛坯顶面为 MCS 放置面，如图 7-8a 所示，然后单击确定按钮，完成加工坐标系的创建，结果如图 7-8b 所示。

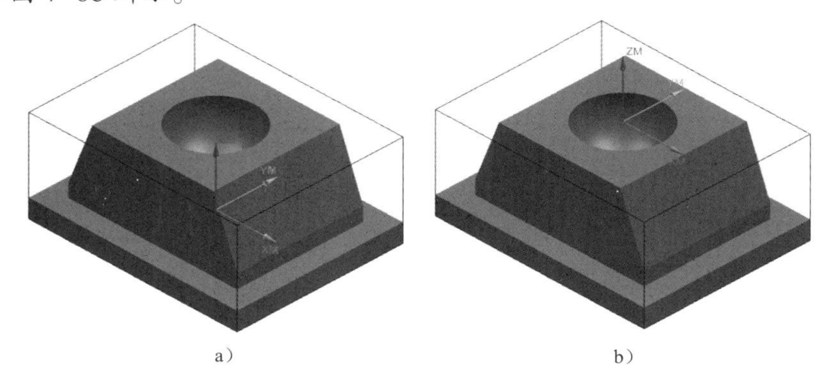

a)　　b)

图 7-8　MCS 放置面

（2）创建部件与毛坯

➘ 在【类型】下拉列表中选择【mill_contour】选项。

➘ 在【几何体子类型】选项组中单击图标按钮。

➘ 在【几何体】下拉列表中选择【MCS_MILL】。

- 【名称】处的几何节点按系统内定的名称【WORKPIECE】，如图 7-9 所示。
- 单击 应用 按钮，进入【工件】对话框，如图 7-10 所示。

图 7-9 【创建几何体】对话框

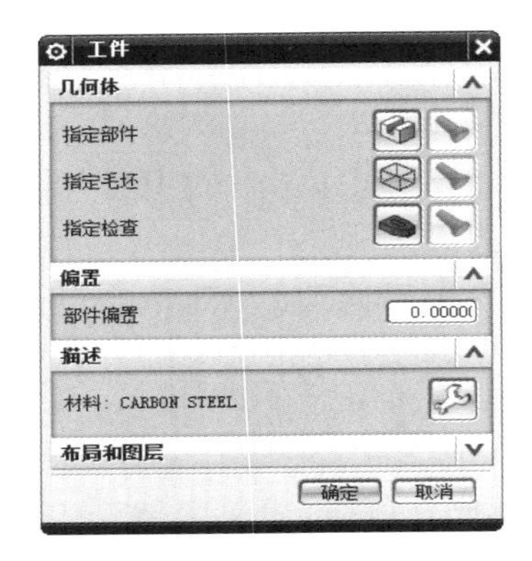

图 7-10 【工件】对话框

- 在【指定部件】处单击图标按钮，系统弹出【部件几何体】对话框，然后在作图区选择部件作为指定的部件，单击 确定 按钮完成部件几何体创建，并返回【工件】对话框。
- 在【指定毛坯】处单击图标按钮，系统弹出【毛坯几何体】对话框，然后在作图区选择工件作为毛坯几何体，单击 确定 按钮完成毛坯几何体操作，并返回【工件】对话框。在【工件】对话框中单击 确定 按钮完成工件创建。

（3）创建方法

在【刀片】工具栏中单击图标按钮，系统弹出【创建方法】对话框。

- 在【类型】下拉列表中选择【mill_contour】选项。
- 在【方法】下拉列表中选择【METHOD】选项。
- 【名称】一栏处输入 MILL_R，如图 7-11 所示。
- 单击 应用 按钮，进入【铣削方法】对话框，如图 7-12 所示。在【部件余量】处输入 0.3，其余参数按系统默认，单击 确定 按钮完成切削方法操作。
- 利用同样的方法创建 MILL_M（半精加工）、MILL_F（精加工），其中半精加工的部件余量为 0.1mm，精加工部件余量为 0。

图 7-11 【创建方法】对话框

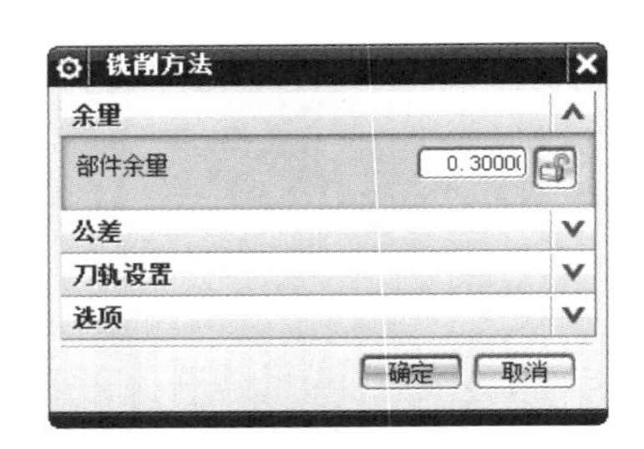

图 7-12 【铣削方法】对话框

7.2.2　创建刀轨路径

1．创建粗加工刀轨路径

步骤 1： 在【刀片】工具栏中单击图标按钮，系统弹出【创建工序】对话框，如图 7-13 所示。

- 在【类型】下拉列表中选择【mill_contour】选项。
- 在【工序子类型】选项中单击图标按钮。
- 在【程序】下拉列表中选择【DZ】选项为程序名。
- 在【刀具】下拉列表中选择【D20（铣刀—5 参数）】。
- 在【几何体】下拉列表中选择【WORKPIECE】选项。
- 在【方法】下拉列表中选择【MILL_R】选项。
- 【名称】一栏为默认的【CAVITY_MILL】名称，单击应用按钮，进入【型腔铣】对话框，如图 7-14 所示。

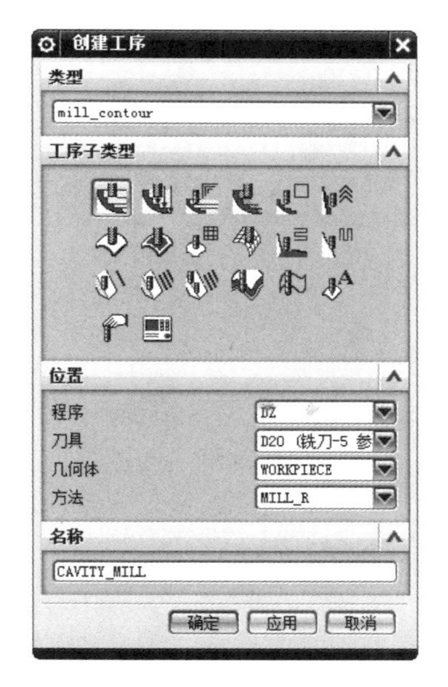

图 7-13　【创建工序】对话框

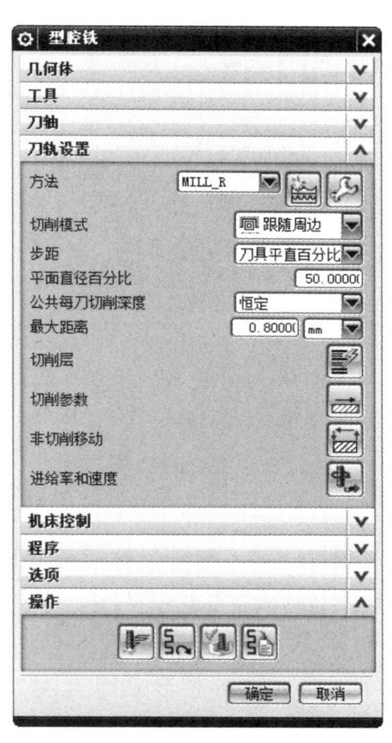

图 7-14　【型腔铣】对话框

步骤 2： 型腔铣切削参数的设置。

在【刀轨设置】对话框中设置如下参数：

- 在【切削模式】下拉菜单中选择【跟随周边】。
- 在【步距】下拉菜单中选择【刀具平直百分比】。
- 在【平面直径百分比】中输入 50，在【最大距离】文本框中输入 0.8，如图 7-15 所示。

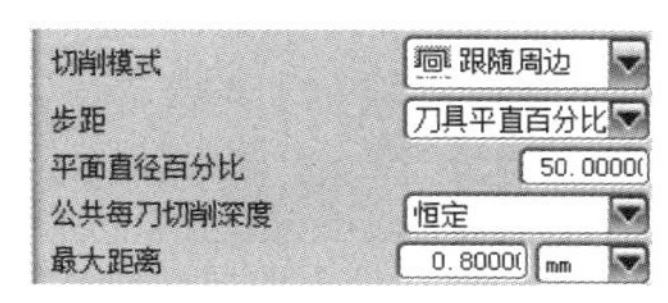

图 7-15　刀轨设置

➘ 单击【切削参数】图标按钮，系统弹出【切削参数】对话框，在【策略】选项卡中设置图 7-16 所示的参数，在【余量】选项卡中设置图 7-17 所示的参数，其余参数按系统默认，单击确定按钮完成切削参数设置。

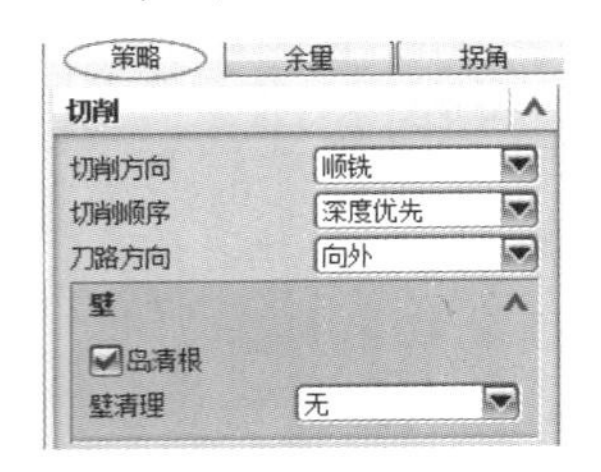

图 7-16 策略参数设置结果

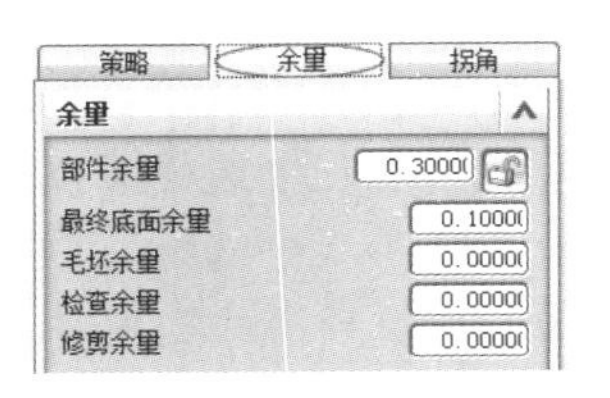

图 7-17 余量参数设置结果

➘ 单击【非切削移动】图标按钮，系统弹出【非切削移动】对话框，在【进刀】选项卡中设置图 7-18 所示的参数，在【转移/快速】选项卡中设置图 7-19 所示的参数，其余参数按系统默认，单击确定按钮完成非切削移动参数设置。

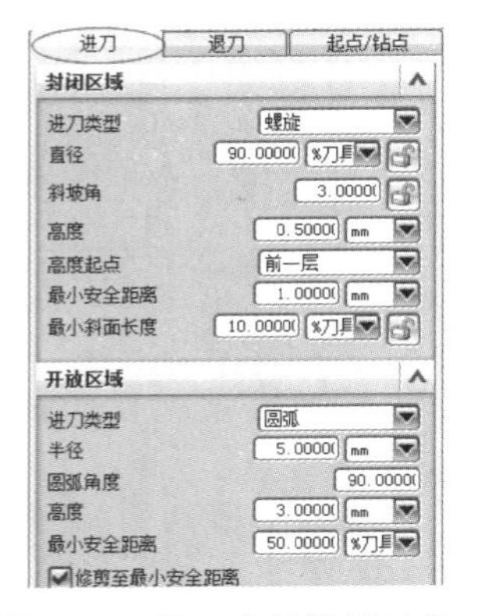

图 7-18 进刀参数设置结果

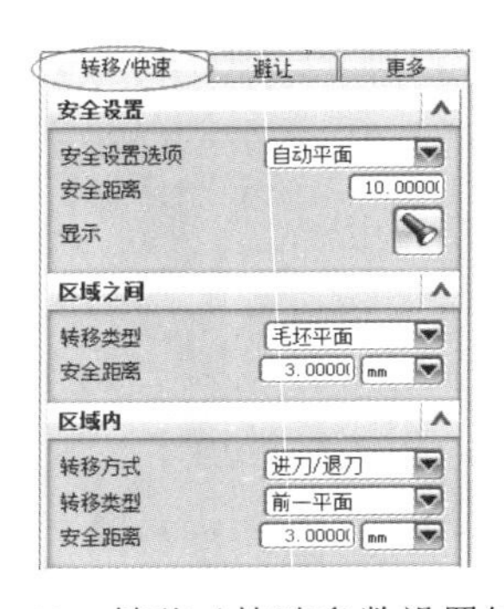

图 7-19 转移 / 快速参数设置结果

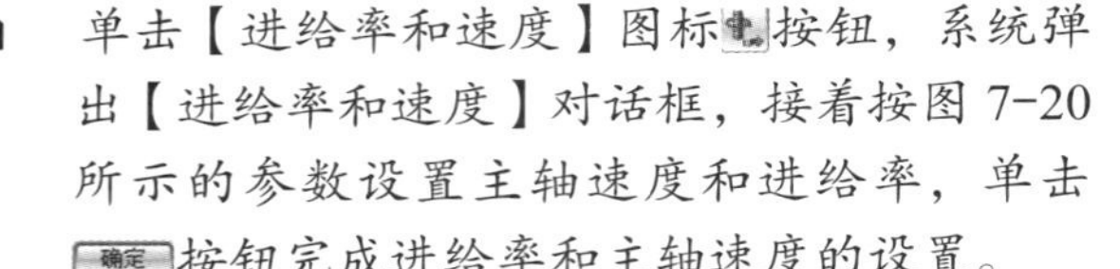

➘ 单击【进给率和速度】图标按钮，系统弹出【进给率和速度】对话框，接着按图 7-20 所示的参数设置主轴速度和进给率，单击确定按钮完成进给率和主轴速度的设置。

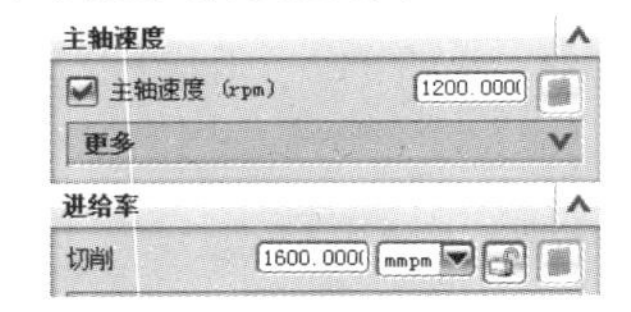

图 7-20 进给率和主轴速度参数设置结果

步骤 3： 粗加工刀具路径生成。

在【型腔铣】对话框中单击生成图标按钮，系统计算刀具路径，计算完成后单击确定按钮，完成粗加工刀具路径操作，结果如图 7-21 所示。

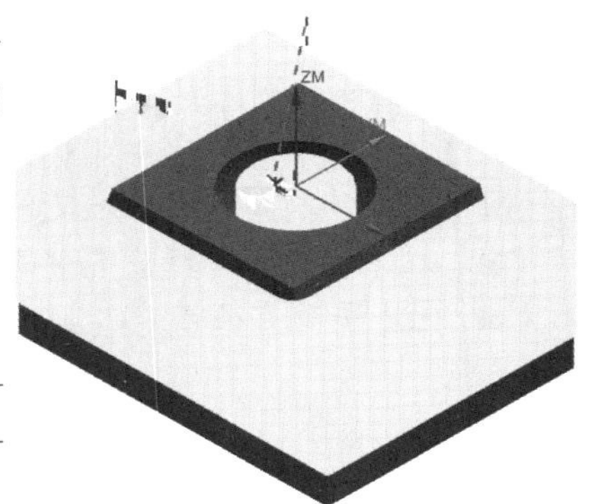

图 7-21 粗加工刀具路径

2. 侧凹槽粗加工

步骤 1： 复制粗加工刀轨。

➘ 利用前面章节的刀轨复制方法，复制“CAVITY_MILL”刀轨至“MILL_R”处，并将“CAVITY_MILL_COPY”更改为“CAVITY_MILL_1”。

步骤 2： 刀轨编辑与参数设置。

（1）选择加工区域

- 在工序导航器中双击“CAVITY_MILL_1”，系统弹出【型腔铣】对话框，在【指定切削区域】处单击图标按钮，系统弹出【切削区域】对话框，接着在作图区选择凹槽的所有面为加工对象，其余参数按系统默认，单击确定按钮返回【型腔铣】对话框。

（2）刀轴参数设置

- 单击【刀轴】选项，在【轴】下拉选项中选择【指定矢量】，然后在作图区选择凹槽底面为指定矢量面。

（3）刀轨参数设置

- 在【切削层】处单击图标按钮，系统弹出【切削层】对话框，接着在作图区选择图 7-22 所示的对象为范围 1 的顶面对象，选择图 7-23 中的范围定义对象，其余参数按系统默认，单击确定按钮完成切削层操作。

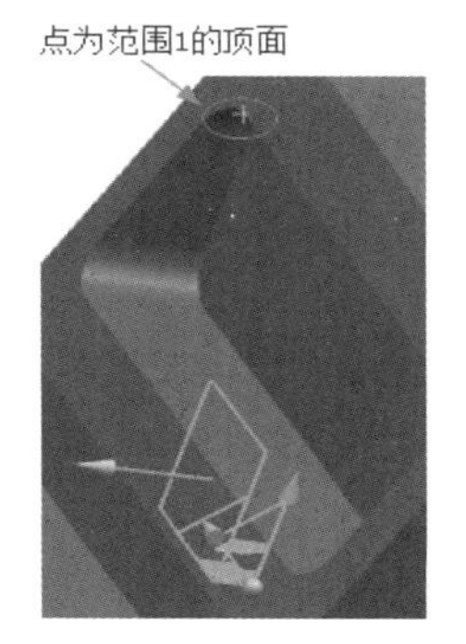

图 7-22 顶面对象选择结果

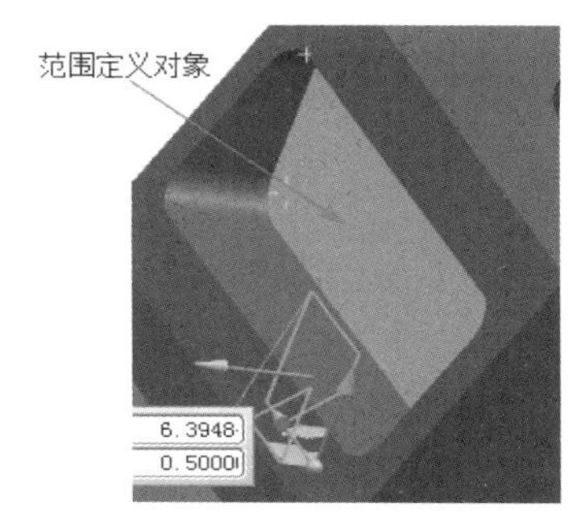

图 7-23 范围定义结果

步骤 3： 侧凹槽粗加工刀具路径生成。

- 在【型腔铣】对话框中单击生成图标按钮，系统计算刀具路径，计算完成后单击确定按钮，完成粗加工刀具路径操作，结果如图 7-24 所示。

图 7-24 侧凹槽粗加工刀轨结果

3. 精加工底面

步骤 1： 在【刀片】工具栏中单击图标按钮，系统弹出【创建工序】对话框，如图 7-25 所示。

- 在【类型】下拉列表中选择【mill_planar】选项。
- 在【工序子类型】选项中单击图标按钮。
- 在【程序】下拉列表中选择【DZ】选项为程序名。
- 在【刀具】下拉列表中选择【D20（铣刀—5 参数）】。
- 在【几何体】下拉列表中选择【WORKPIECE】选项。

- 在【方法】下拉列表中选择【MILL_F】选项。
- 【名称】一栏为默认的【FACE_MILLING】名称，单击 应用 按钮，进入【面铣】对话框，如图 7-26 所示。

图 7-25 【创建工序】对话框

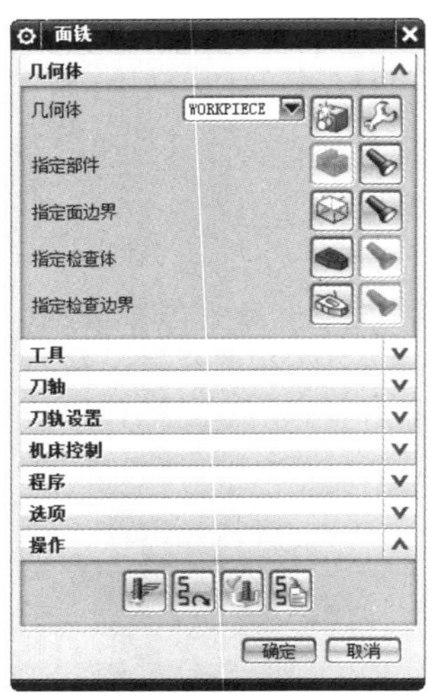

图 7-26 【面铣】对话框

步骤 2：面铣参数设置。

（1）指定面边界

- 单击【几何体】卷展栏，在【指定面边界】处单击图标按钮，系统弹出【指定面几何体】对话框，如图 7-27 所示。接着在作图区选择图 7-28 所示的面为指定面边界，其余参数按系统默认，单击 确定 按钮完成指定面几何操作，并返回【面铣】对话框。

图 7-27 【指定面几何体】对话框

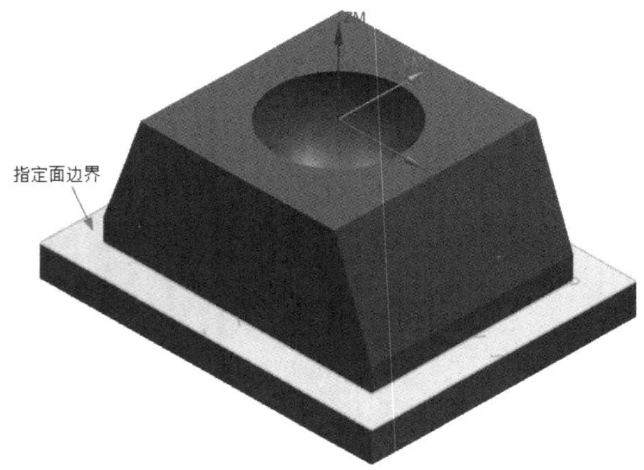

图 7-28 指定面边界

（2）刀轨设置

在【刀轨设置】对话框中设置如下参数：

- 在【切削模式】下拉菜单中选择【往复】。
- 在【步距】下拉菜单中选择【刀具平直百分比】。
- 在【平面直径百分比】中输入 75，结果如图 7-29 所示。

- 单击【切削参数】图标按钮，系统弹出【切削参数】对话框，接着在【策略】和【余量】选项卡中设置图 7-30 所示的参数，其余参数按系统默认，单击按钮完成切削参数设置。
- 单击【非切削移动】图标按钮，系统弹出【非切削移动】对话框，在【进刀】选项卡中设置图 7-31 所示的参数，在【转移 / 快速】选项卡中设置图 7-32 所示的参数，其余参数按系统默认，单击按钮完成非切削移动参数设置。
- 单击【进给率和速度】图标按钮，系统弹出【进给率和速度】对话框，接着按图 7-33 所示的参数设置主轴速度和进给率，单击按钮完成进给率和主轴速度的设置。

步骤 3：精加工底面刀具路径生成。

- 在【面铣】对话框中单击生成图标按钮，系统计算刀具路径，计算完成后单击按钮，完成精加工刀具路径操作，结果如图 7-34 所示。

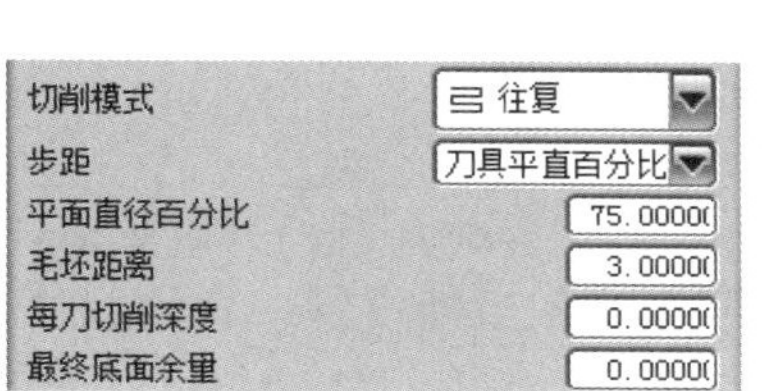

图 7-29　刀轨设置

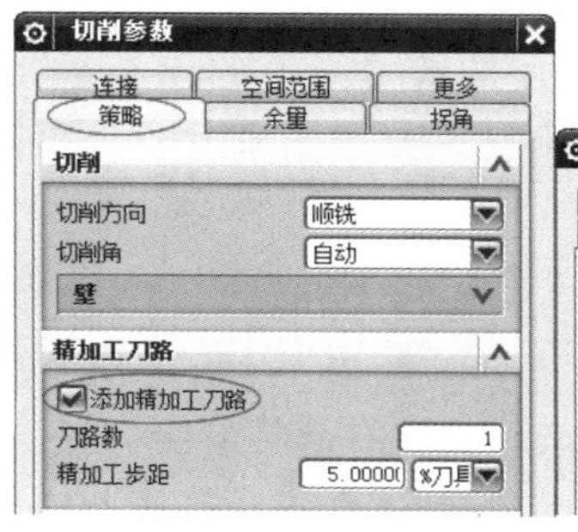

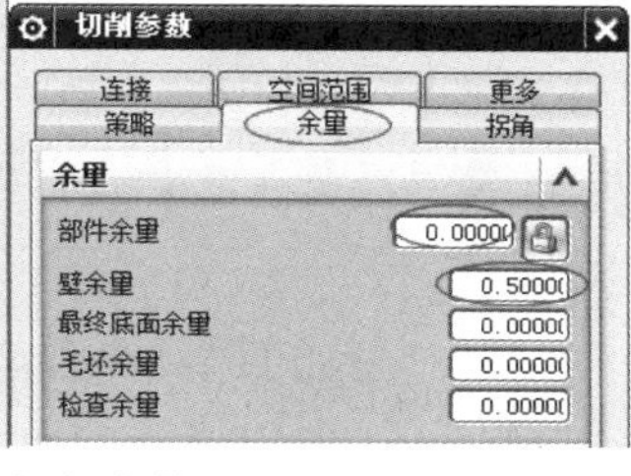

图 7-30　切削参数设置结果

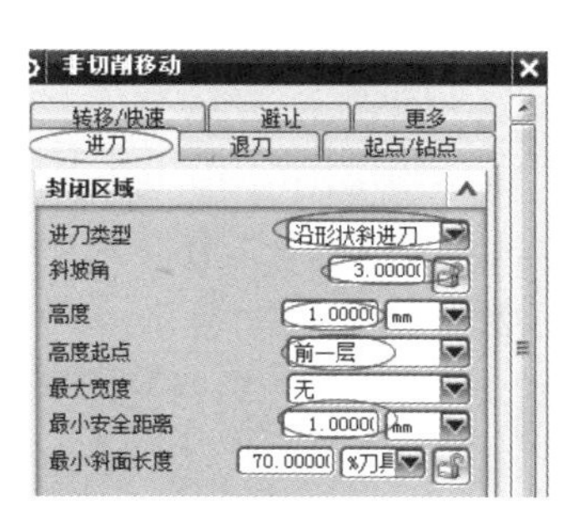

图 7-31　进刀参数设置结果

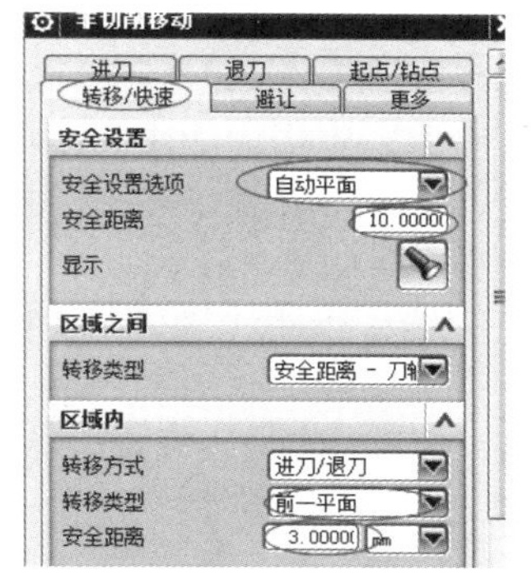

图 7-32　转移 / 快速参数设置结果

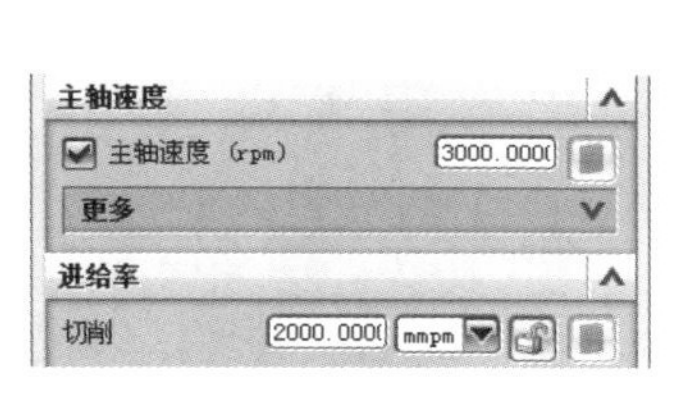

图 7-33　进给率和主轴速度参数设置结果

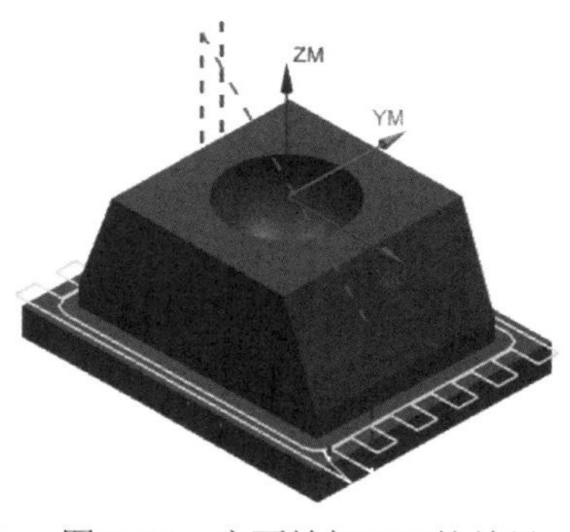

图 7-34　底面精加工刀轨结果

4. 精加工左侧斜面

步骤1：复制面铣精加工刀轨。

➘ 利用前面章节的刀轨复制方法，复制“FACE_MILL”刀轨至“MILL_F处，并将“FACE_MILL_COPY”更改为“FACE_MILL_1”。同时双击“FACE_MILL_1”刀轨，系统弹出【面铣】对话框。

步骤2：面铣参数设置。

（1）指定面边界

➘ 单击【几何体】卷展栏，在【指定面边界】处单击图标按钮，系统弹出【指定面几何体】对话框，如图7-35所示。接着在【指定面几何体】对话框中单击【移除】按钮，然后单击【附加】按钮，系统弹出【指定面几何体】对话框，最后在作图区选择左侧斜面为指定面边界。

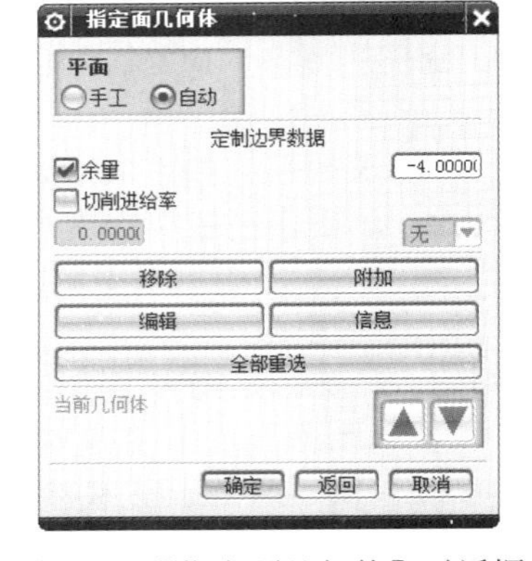

图7-35 【指定面几何体】对话框

➘ 接着勾选余量选项，并在文本框中输入-4，其余参数按系统默认，单击两次确定按钮返回【面铣】对话框。

技巧提示：如果不勾选【余量】选项，并输入相关数值时，ϕ20mm的刀会过切底平面，如图7-36所示。我们有两种解决方法：①可在余量处设置一合理数值，让刀尖避开底面，如上述操作。②换小一号的刀具，如ϕ16mm的刀，但一般建议能用大的刀具最好用大刀。

（2）设置刀轴

➘ 单击【刀轴】卷展栏，在【轴】的下拉选项中选择【指定矢量】，然后在作图区选择左侧斜面为指定矢量，其余参数按系统默认。

步骤3：精加工左侧斜面刀具路径生成。

➘ 在【面铣】对话框中单击生成图标按钮，系统计算刀具路径，计算完成后单击确定按钮，完成粗加工刀具路径操作，结果如图7-37所示。

步骤4：利用相同的方法完成其余侧面的加工，详细过程可参考本章视频。

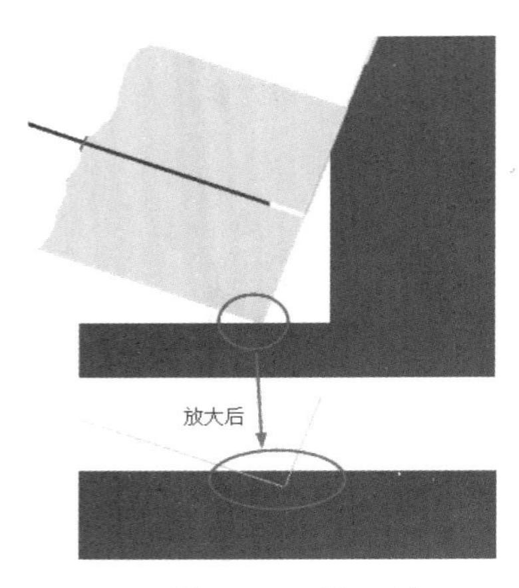

图7-36　过切示意

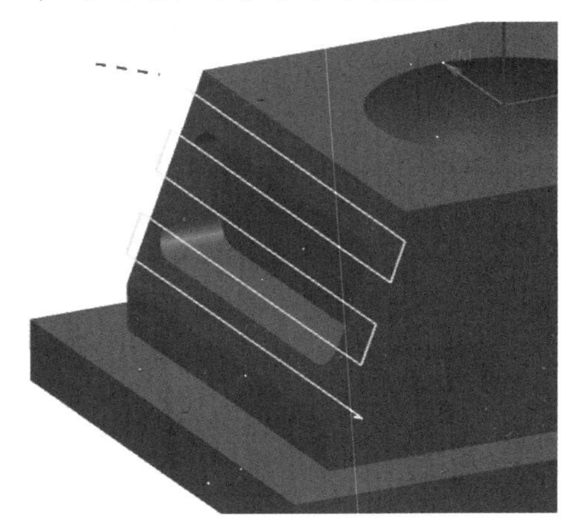

图7-37　左侧斜面精加工刀轨

5．二次开粗之残料加工

用大刀开粗和大刀精加工完成各面之后，侧凹槽的半径 $R7.5$mm 处还留有较多的余量，如果直接用小刀进行半精或精加工，必会造成刀具受力不均，增大刀具磨损。因此为保证刀具在各处受力都比较均匀，可以做一次残料加工。

步骤 1：复制型腔铣粗加工刀轨。

➘ 利用前面章节的刀轨复制方法，复制“CAVITY_MILL_1”刀轨至“MILL_R”处，并将“CAVITY_MILL_1_COPY”更改为“CAVITY_MILL_2”，同时双击“CAVITY_MILL_2”刀轨，系统弹出【型腔铣】对话框。

步骤 2：残料加工参数设置。

（1）设置刀具

➘ 单击【刀具】卷展栏，在【刀具】下拉选项中选择【D12（铣刀 -5 参数）】，其余参数按系统默认。

（2）设置切削参数

➘ 单击【切削参数】图标按钮，系统弹出【切削参数】对话框，接着在【空间范围】选项卡中设置图 7-38 所示的参数，其余参数按系统默认，单击确定按钮完成切削参数设置。

（3）设置主轴速度与进给率参数

➘ 单击【进给率和速度】图标按钮，系统弹出【进给率和速度】对话框，接着按图 7-39 所示的参数设置主轴转速和进给率，单击确定按钮完成进给率和主轴速度的设置。

图 7-38　切削参数设置结果

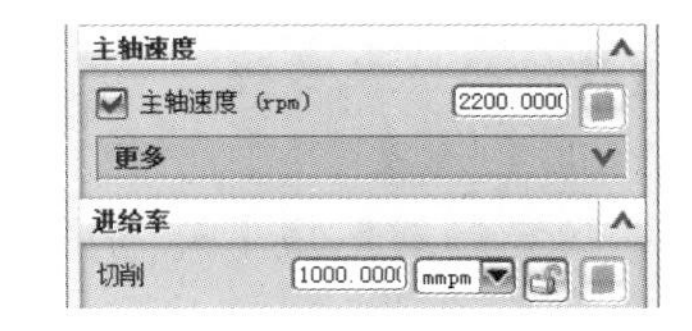

图 7-39　主轴速度与进给率参数设置结果

步骤 3：残料加工侧凹槽面刀具路径生成。

➘ 在【型腔铣】对话框中单击生成图标按钮，系统计算刀具路径，计算完成后，单击确定按钮，完成粗加工刀具路径操作，结果如图 7-40 所示。

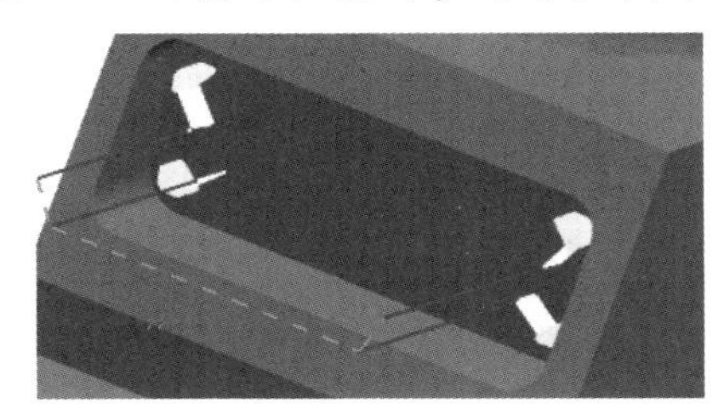

图 7-40　残料加工侧凹槽面刀具路径

6．精加工侧凹槽

步骤 1：在【刀片】工具栏中单击图标按钮，系统弹出【创建工序】对话框，如图 7-41 所示。

- 在【类型】下拉列表中选择【mill_contour】选项。
- 在【工序子类型】选项中单击图标按钮。
- 在【程序】下拉列表中选择【DZ】选项为程序名。
- 在【刀具】下拉列表中选择【D12（铣刀—5 参数）】。
- 在【几何体】下拉列表中选择【WORKPIECE】选项。
- 在【方法】下拉列表中选择【MILL_F】选项。
- 【名称】一栏为默认的【ZLEVEL_PROFILE】名称，单击应用按钮，进入【深度加工轮廓】对话框，如图 7-42 所示。

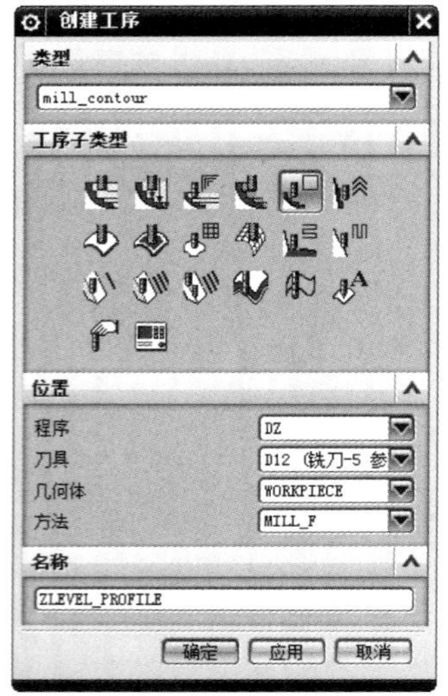
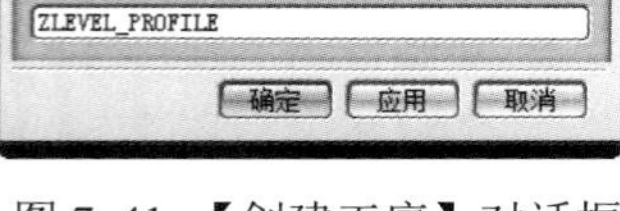

图 7-41 【创建工序】对话框

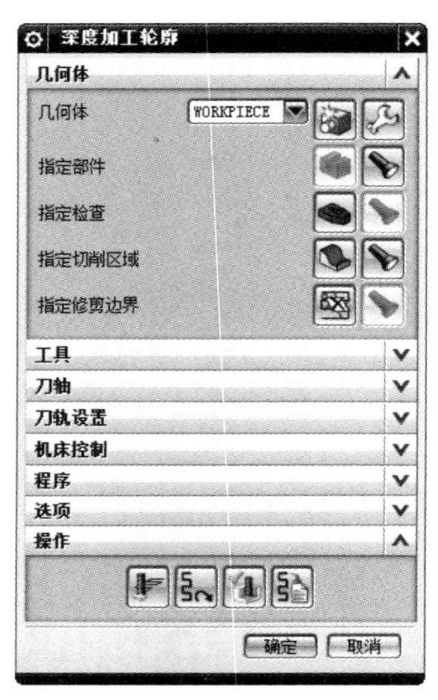

图 7-42 【深度加工轮廓】对话框

步骤 2：设置深度轮廓铣参数。

（1）选择加工区域

- 在【指定切削区域】处单击图标按钮，系统弹出【切削区域】对话框，接着在作图区选择凹槽的所有面为加工对象，其余参数按系统默认，单击确定按钮返回【深度轮廓铣】对话框。

（2）设置刀轴参数

- 单击【刀轴】卷展栏，接着在【轴】下拉选项中选择【指定矢量】，然后在作图区选择凹槽底面为指定矢量面。

（3）刀轨参数设置

- 在【切削层】处单击图标按钮，系统弹出【切削层】对话框，接着在作图区选择图 7-22 所示的对象为范围 1 的顶面对象，选择图 7-23 中的范围定义对象，然后在【每刀切削深度】文本框中输入 0.1，其余参数按系统默认，单击确定按钮完成切削层操作。
- 单击【切削参数】图标按钮，系统弹出【切削参数】对话框，接着在【连接】选项卡中设置图 7-43 所示的参数，其余参数按系统默认，单击确定按钮完成切削参数设置。

- 单击【非切削移动】图标按钮，系统弹出【非切削移动】对话框，在【进刀】选项卡中设置图 7-44 所示的参数，其余参数按系统默认，单击确定按钮完成非切削移动参数设置。
- 单击【进给率和速度】图标按钮，系统弹出【进给率和速度】对话框，接着按图 7-45 所示的参数设置主轴速度和进给率，单击确定按钮完成进给率和主轴速度的设置。

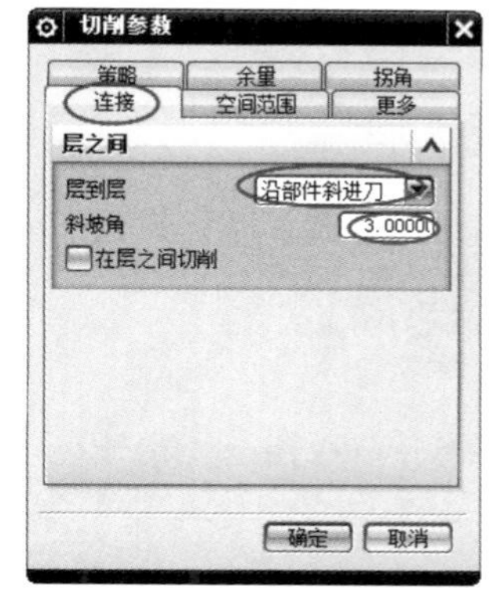

图 7-43　切削参数设置结果

图 7-44　非切削参数设置结果

图 7-45　主轴速度与进给率设置结果

步骤 3： 精加工侧凹槽刀具路径生成。

- 在【型腔铣】对话框中单击生成图标按钮，系统计算刀具路径，计算完成后单击确定按钮，完成精加工刀具路径操作，结果如图 7-46 所示。

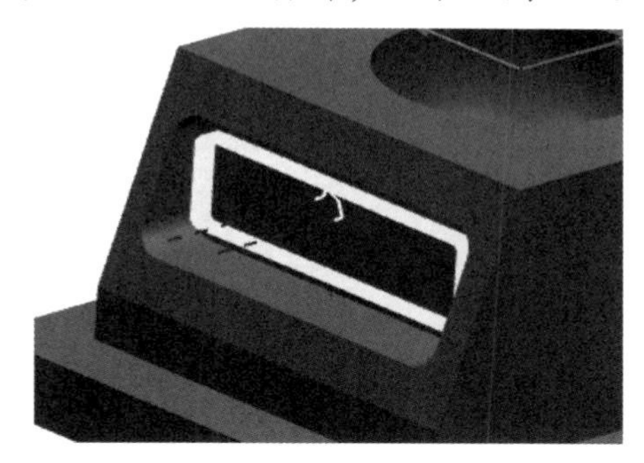

图 7-46　精加工侧凹槽刀轨

7．球体特征半精加工

步骤 1： 在【刀片】工具栏中单击图标按钮，系统弹出【创建工序】对话框，如图 7-47 所示。

- 在【类型】下拉列表中选择【mill_multi-axis】选项。
- 在【工序子类型】选项中单击图标按钮。
- 在【程序】下拉列表中选择【DZ】选项为程序名。
- 在【刀具】下拉列表中选择【R6（铣刀—5 参数）】。
- 在【几何体】下拉列表中选择【WORKPIECE】选项。
- 在【方法】下拉列表中选择【MILL_M】选项。
- 【名称】一栏为默认的【VARIABLE_CONTOUR】名称，单击应用按钮，进入【可变轮廓铣】对话框，如图 7-48 所示。

步骤 2：可变轮廓铣驱动方式的设置。

➘ 在【驱动方法】下拉菜单中选择【曲面】，系统弹出【驱动方法】对话框，如图 7-49 所示，单击对话框中的确定按钮，弹出【曲面区域驱动方法】对话框，如图 7-50 所示。在【指定驱动几何体】选项中单击图标按钮，系统弹出【驱动几何体】对话框，如图 7-51 所示，接着在作图区选择球面为驱动几何体对象，单击确定按钮完成驱动几何体的操作，同时系统返回【曲面区域驱动方法】对话框。

图 7-47 【创建工序】对话框

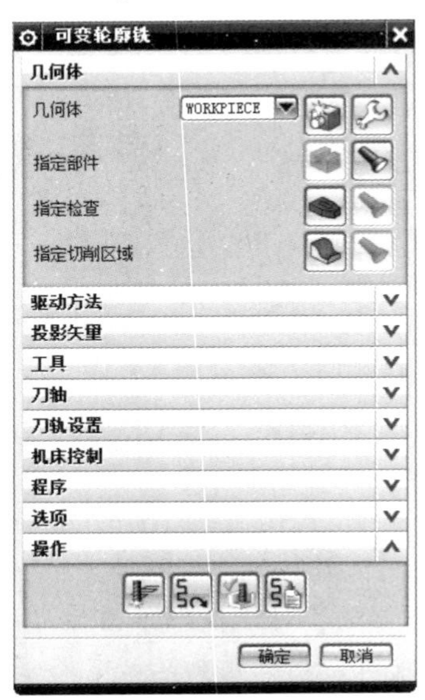

图 7-48 【可变轮廓铣】对话框

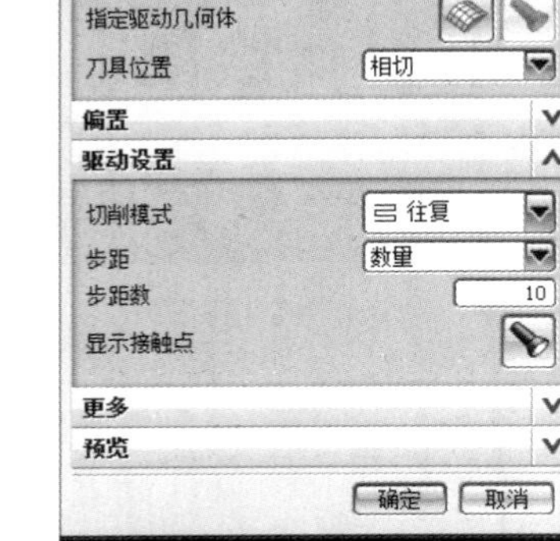

图 7-49 【驱动方法】对话框　图 7-50 【曲面区域驱动方法】对话框　图 7-51 【驱动几何体】对话框

➘ 在【切削方向】选项中单击图标按钮，接着在作图区选取图 7-52 所示的箭头方向为切削方向。在【步距数】文本框中输入 100，其余参数按系统默认，单击确定(O)按钮，系统返回【可变轮廓铣】对话框。

步骤 3：可变轮廓铣刀轴设置。

➘ 在【可变轮廓铣】对话框中单击【刀轴】选项，在【轴】下拉选项中选择【朝向点】选项，接着在【指定点】选项中单击图标按钮，系统弹出【点】对话框，如图 7-53 所示。

在【Z】文本框中输入 130，其余参数按系统默认，单击确定按钮，返回【可变轮廓铣】对话框。

步骤 4：可变轮廓铣刀轨设置。

（1）切削参数设置

➘ 单击【切削参数】图标按钮，系统弹出【切削参数】对话框，接着在【余量】选项卡中设置图 7-54 所示的参数，其余参数按系统默认，单击确定完成切削参数设置。

（2）主轴速度与进给率参数设置

➘ 单击【进给率和速度】图标按钮，系统弹出【进给率和速度】对话框，接着按图 7-55 所示的参数设置主轴速度和进给率，单击确定按钮完成进给率和主轴速度的设置。

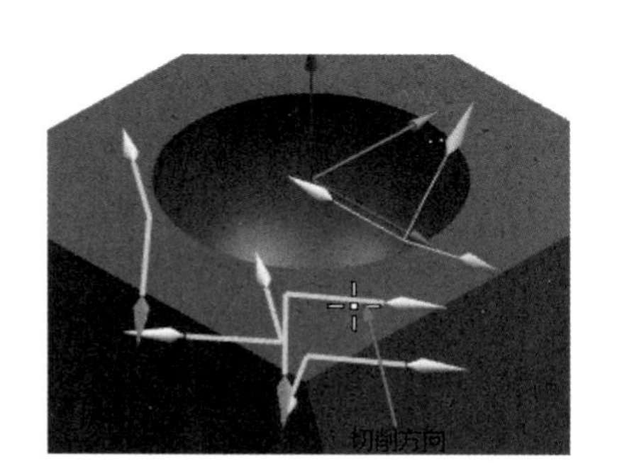

图 7-52　切削方向选择

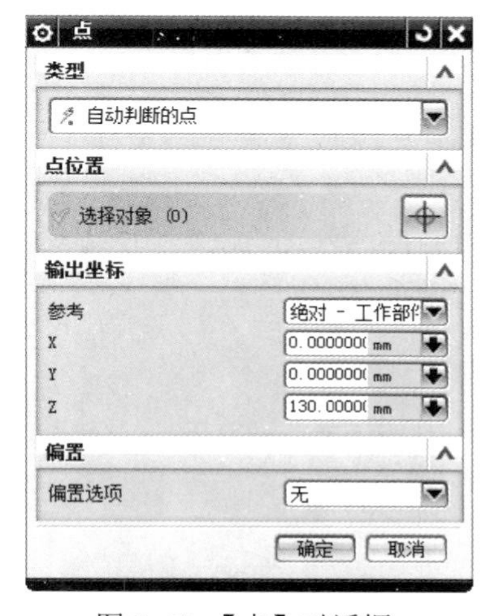

图 7-53　【点】对话框

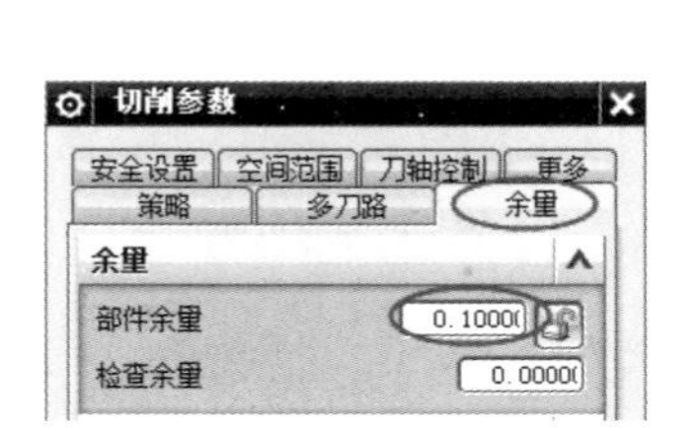

图 7-54　切削参数设置

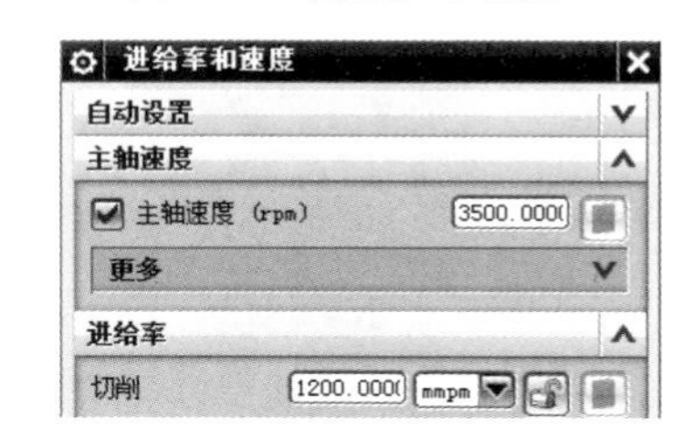

图 7-55　主轴速度与进给率设置

步骤 5：球体特征半精刀具路径生成。

➘ 在【可变轮廓铣】对话框中单击生成图标按钮，系统计算刀具路径，计算完成后单击确定按钮，完成边界驱动方法的创建，结果如图 7-56 所示。

步骤 6：利用球体特征半精加工的方法完成精加工操作。需要更改的参数是：【步距数】改为 150，切削参数的【余量】改为 0，【进给率】改为 1800mm/min，【主轴速度】改为 4500r/min。

步骤 7：刀具路径仿真验证。

➘ 在显示资源条中单击【工序导航器】图标按钮，系统弹出工序导航器对话框，在工序导航器工具条中单击图标按钮，此时工序导航器对话框显示为几何视图。单击【MCS_MILL】，此时加工操作工具条激活，在操作工具条中单击图标按钮，系统弹出【刀轨可视化】对话框。在【刀轨可视化】对话框中单击 2D 动态按钮，然后再单击播放图标按钮，系统在作图区出现仿真操作，最终效果如图 7-57 所示。

图 7-56 球体特征半精刀具路径　　图 7-57 刀具路径仿真加工结果

7.3 拓展练习

拓展练习题如图 7-58 所示，具体尺寸读者可自行定义。

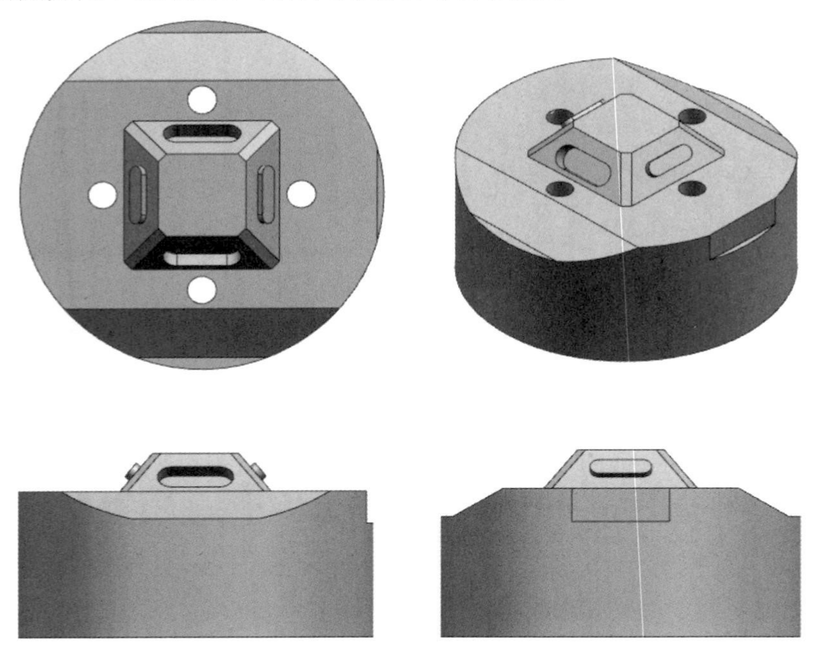

图 7-58 拓展练习

参 考 文 献

[1] 钟平福. UG NX 数控加工自动编程入门与技巧 100 例 [M]. 北京：化学工业出版社，2009.
[2] 李锦标，钟平福. 精通 UG NX 5.0 数控加工 [M]. 北京：清华大学出版社，2008.
[3] 周敏. Mastercam 数控加工自动编程经典实例 [M]. 3 版. 北京：机械工业出版社，2016.